中等专业学校教材

工 程 制 图

（第三版）

江苏省扬州水利学校　杨昌龄　主编

中国水利水电出版社
www.waterpub.com.cn

内 容 提 要

本书共分 13 章，其中第一章制图基本知识，第二章至第四章为图示的基本理论——投影作图，第五章轴测图，第六章至第八章为形体的表达方法，第九章标高投影，第十章水利工程图，第十一章房屋建筑图，第十二章机械图，以上为本书的基本内容。第十三章计算机绘图供选用。另编有《工程制图习题集》一册与本书配合使用。

本书可供中等专业学校水电工程建筑、农田水利、水利工程、水利工程管理等专业工程制图课程教学使用，同时可供水文、水电站等专业参考，也可供有关工程技术人员参考。

第 三 版 前 言

本书是根据前水利电力部第三轮教材编审规划组织修订编写的。

本书修订编写的依据是 1988 年 4 月前水利电力部颁布的中等专业学校（水电工程类）的《工程制图》教学大纲，并广泛吸取了 1989 年 8 月中专水电类专业教研会制图课程组山西会议关于编写第三轮教材的意见。

本书除保留了从感性入手、理论联系实践、结合专业、画图与读图并重等特点外，在基本理论方面突出了图示原理，加强了形体表达，立体一章分为基本体和立体表面交线两章，水利工程图、房屋建筑图、机械图和计算机绘图等章节的内容都作了较大修改，使更符合教学大纲的要求。本书在修订中注意文字力求简练严谨、叙述清晰、插图准确、步骤明确，便于自学。

配合本书使用，同时又重新选编了一套《工程制图习题集》供各校选用。

本书可作为中等专业学校"水电工程建筑"、"农田水利"、"水利工程"、"水利工程管理"等专业的工程制图课程的教科书，同时可供"水文"、"水电站"等专业参考，也可供有关工程技术人员参考。

参加本书修编工作的有江苏省扬州水利学校杨昌龄任主编，并编写了绪论、第一、二、三、六、七、十一、十三章；童正心编写第八、九、十章；邹葆华编写第十二章；黄河水利学校吴金华编写第四、五章。

本书由广西水电学校襕钟民同志主审。在本书修编过程中，还得到广东省水利电力学校饶聪辉同志提供的资料和一些兄弟学校的大力协助，编者谨在此表示衷心感谢。

由于我们水平有限，书中的缺点和不妥之处在所难免，恳请各兄弟学校的师生及广大读者给以批评指正。

编　者
1990 年 7 月

第 二 版 前 言

本书是根据水利电力部第二轮教材编审规划组织修订编写的。

本书第一版原名《水利工程制图》，为了与1980年修订的水利工程建筑和农田水利工程专业教育计划所设课程的名称一致，故改名为《工程制图》。1981年5月修订了中等专业水利工程建筑和农田水利工程的工程制图教学大纲。本书就是根据这一大纲所提出的课程目的、任务、要求和内容进行修编的。

本书除保留了第一版的体系和理论联系实际、结合专业、画图与读图并举等特点外，加强了点、线、面投影的基本理论，以利于培养空间想象力和分析能力。并增加了投影变换、立体表面展开、房屋建筑图和计算机绘图等章节，以适应不同专业选用。多数章节是重新编写的，并更新了一部分图例，力求由浅入深，循序渐进，分步叙述，便于自学。关于专业图部分在选择图例时，尽量照顾了山区和平原的特点，但由于地区性差别较大，只能供作参考。

为了配合本书使用，加强读者画图、读图的训练，同时重新选编了一套《工程制图习题集》供各校选用。

本书可供中等专业学校水利工程建筑和农田水利工程专业使用，同时可供水文、水电站等专业参考，也可供有关工程技术人员参考。

参加本书修编工作的有江苏省扬州水利学校杨昌龄（主编）、童正心、邹葆华、湖南省水利电力学校谢君祎等。

本书由广西水电学校禤钟民同志主审。在修编本书的过程中，还得到黄河水利学校、辽宁水利学校及各兄弟学校的大力协助，编者谨在此表示衷心感谢。

由于我们水平所限，书中还可能存在不少缺点和错误，恳切希望各兄弟学校的师生及广大读者给以批评指正。

编 者

1984 年 1 月

第 一 版 前 言

本教材是根据水利电力部教材编审规划组织编写的。

编写教材的大纲，经十一所兄弟学校先后三次讨论。在认真总结建国以来制图课程教学经验的基础上，提出编写本教材的指导思想是：力求以马克思主义、列宁主义、毛泽东思想为指导，运用辩证唯物主义的观点，阐明制图学科的基本规律；贯彻理论联系实际的原则，既要加强制图的理论基础，又要密切结合专业的生产实际；贯彻删繁就简，"少而精"的原则；注意阐明基本概念、基本原理、基本方法和基本技能的训练。

本教材第一章介绍制图工具、制图仪器、制图基本标准和几何作图的有关知识，给学生以绘图基本技能的训练。第二章至第六章叙述投影理论和形体的表达方法。这五章是本教材的重点。为了便于读者的理解，投影部分从体入手，对几何元素进行理论分析，总结出投影规律和特性，再运用这些规律和特性来研究形体表达和作图的方法。为培养读者分析问题和解决问题的能力，在阐明基本概念的基础上，采用数量较多的分步骤的插图和立体图，着重进行作图方法的分析。第七章标高投影，主要介绍地形等高线的标高投影和水工建筑物与地形面有关交线的问题。第八、第九两章水利工程图和机械图，分别介绍其图示特点及有关知识。书中图例以水工建筑物的形体为主，并照顾了山区和平原的特点。全书始终注意画图和读图这两个方面的基本要求，采取由浅入深，逐步提高的叙述方法。

为了配合本教材的使用，加强读者画图、读图的训练，同时选编了一套《水利工程制图习题集》，供各校选用。

参加本教材编写工作的有：江苏省扬州水利学校杨昌龄、邹葆华、童正心、湖南省水利电力学校谢君祎、陕西省水利学校李焕、黄河水利学校王宝善等六位同志，并由杨昌龄同志主编。

本教材由四川省水利学校喻泽良、吴光扬两位同志审阅。

在编写本教材的过程中，得到扬州水利学校、成都水力发电学校制图教研组的一些同志们的大力协助，编者谨在此表示谢意。

由于我们水平所限，书中一定存在不少缺点和错误，恳切希望各兄弟学校的师生以及广大读者提出改进意见，以便进一步提高教材质量。

编 者

1978 年 5 月

目　　录

第三版前言

第二版前言

第一版前言

绪论……………………………………………………………………………… 1

第一章　制图的基本知识…………………………………………………… 2

　　第一节　制图工具和仪器………………………………………………… 2

　　第二节　基本制图标准…………………………………………………… 11

　　第三节　平面图形的画法………………………………………………… 25

第二章　投影的基本方法…………………………………………………… 35

　　第一节　投影方法………………………………………………………… 35

　　第二节　几何元素投影的基本特性……………………………………… 37

　　第三节　物体的三视图…………………………………………………… 39

第三章　点、直线、平面…………………………………………………… 46

　　第一节　点的投影………………………………………………………… 46

　　第二节　直线的投影……………………………………………………… 51

　　第三节　平面的投影……………………………………………………… 59

　　第四节　直线与平面、平面与平面的相对位置………………………… 66

第四章　基本体的投影……………………………………………………… 71

　　第一节　平面体的投影…………………………………………………… 71

　　第二节　曲面体的投影…………………………………………………… 73

　　第三节　立体表面上点的投影…………………………………………… 77

　　第四节　基本体的尺寸注法……………………………………………… 81

　　第五节　读图的基本知识………………………………………………… 82

第五章　轴测图……………………………………………………………… 88

　　第一节　概述……………………………………………………………… 88

　　第二节　正等测图的画法………………………………………………… 90

　　第三节　斜二测图的画法………………………………………………… 96

第六章　立体表面的交线…………………………………………………… 101

　　第一节　平面与立体表面相交…………………………………………… 101

　　第二节　两立体表面相交………………………………………………… 110

第七章　组合体的视图……………………………………………………… 120

　　第一节　组合体视图的画法……………………………………………… 120

　　第二节　组合体视图的尺寸注法………………………………………… 125

第三节　组合体视图的识读 ……………………………………………………… 128

第八章　视图、剖视图和剖面图 …………………………………………………… 135

第一节　视图 ………………………………………………………………………… 135

第二节　剖视图 ……………………………………………………………………… 140

第三节　剖面图 ……………………………………………………………………… 150

第四节　其他表达方法 ……………………………………………………………… 152

第五节　剖视图和剖面图的识读 …………………………………………………… 154

第九章　标高投影 …………………………………………………………………… 157

第一节　点和直线的标高投影 ……………………………………………………… 157

第二节　平面的标高投影 …………………………………………………………… 160

第三节　曲面和地形面的表示法 …………………………………………………… 166

第四节　建筑物的交线 ……………………………………………………………… 169

第十章　水利工程图 ………………………………………………………………… 174

第一节　水工图的特点和分类 ……………………………………………………… 174

第二节　水工图的表达方法 ………………………………………………………… 176

第三节　水工图的尺寸注法 ………………………………………………………… 188

第四节　水工图的识读 ……………………………………………………………… 191

第五节　水工图的绘制 ……………………………………………………………… 208

第六节　钢筋混凝土结构图 ………………………………………………………… 208

第十一章　房屋建筑图 ……………………………………………………………… 213

第一节　房屋建筑图概述 …………………………………………………………… 213

第二节　建筑施工图 ………………………………………………………………… 218

第三节　建筑施工图的阅读 ………………………………………………………… 223

第十二章　机械图 …………………………………………………………………… 226

第一节　概述 ………………………………………………………………………… 226

第二节　螺纹及螺纹连接件的画法 ………………………………………………… 227

第三节　齿轮和键 …………………………………………………………………… 236

第四节　零件图 ……………………………………………………………………… 241

第五节　装配图 ……………………………………………………………………… 259

第十三章　计算机绘图 ……………………………………………………………… 263

第一节　概述 ………………………………………………………………………… 263

第二节　绘图机绘图 ………………………………………………………………… 265

第三节　图形显示 …………………………………………………………………… 267

绪　　论

一、工程图样在生产中的作用

在现代化的生产建设中，无论是一台机器的设计、制造、安装，或者是一个工程建筑物的规划、设计、施工、管理，都离不开工程图样。工程图样是按投影原理和制图方法绘制而成，它能正确地表达出物体的形状、大小、材料、构造以及有关技术要求等内容。图样是人们用以表达设计意图、组织生产施工、进行技术交流的重要技术文件。因此，工程图样被比喻为"工程技术语言"。作为工程技术人员，必须掌握这种"工程技术语言"，也就是"会说"（制图）和"会听"（读图）这种"工程技术语言"。

二、本课程的任务和要求

本课程是研究工程图样的一门学科，其主要任务是培养学生具有绘制和阅读工程图样的基本能力，空间想象力，认真细致的工作作风。学完本课程后，应达到下列基本要求：

(1) 掌握正投影的基本理论和图示方法。

(2) 了解轴测图的基本知识，并掌握其基本画法。

(3) 掌握标高投影的基本概念和作图方法。

(4) 能绘制和识读一般的水工建筑物图和房屋建筑图；能识读简单的机械图。

(5) 能够正确熟练地使用绘图工具和仪器，掌握仪器作图的基本技能。所绘图样应做到：投影正确，视图选择和配置适当，尺寸齐全，字体工整，图面整洁，符合制图标准。

(6) 对计算机绘图知识有初步了解。

三、本课程的学习方法

本课程是一门既有理论又有实践的技术基础课，学习时应注意以下几个方面。

首先应集中精力弄懂讲述的基本概念和基本理论，掌握作图和读图的方法和步骤。

投影制图是本课程的基本理论，必须学深学透。由于投影理论比较抽象，初学时可以借助模型增强感性认识，弄清基本概念和作图方法，但不能长期依赖模型，而应多画、多读、多思考，逐步建立空间概念，提高空间想象能力。

制图的练习和作业是本课程的实践性环节。各次练习和作业的目的是为了巩固所学的知识。因此，必须认真做好每次练习和作业。做作业前，首先要了解题意，分析作图的方法和步骤；画图时要认真对待图中的每一条图线、每一个数字、每一个符号，做到作图准确、线型分明、字体工整、图面整洁。

工程图样的内容还涉及到许多专业知识，本课程只着重于研究形体的分析、视图的表达、读图的方法和绘图的技能，其余只作概要的介绍。因此，学完本课程后，还应结合专业课程的学习和以后的生产实践，不断地充实、完善和提高识图绘图能力。

第一章 制图的基本知识

第一节 制图工具和仪器

我国有句俗语："工欲善其事，必先利其器"。制图工作应备有必要的制图工具和仪器，并学会正确使用的方法，才能提高图样质量和加快制图的速度。

常用的制图工具和仪器有：铅笔、图板、丁字尺、三角板、比例尺、曲线板、绘图仪器、针管绘图笔、擦图片、橡皮等。下面分别介绍其使用和维护的方法。

（一）铅笔

绘图铅笔的铅芯有软、硬之分，"B"表示软，"H"表示硬，前面数字越大则铅芯越软或越硬，"HB"表示铅芯软硬适中。绘图时一般用 2H 或 3H 的铅笔画底稿，用 HB 或 B 的铅笔加深底稿，用 H 的铅笔写字。

削铅笔应从没有标号的一端开始，保留标号是便于识别铅芯软硬程度。削去的笔杆长度约为 25～30mm，露出的铅芯长度 6～8mm 为宜，铅芯磨成圆锥形或楔形，如图 1-1。圆锥形用于画底稿和写字，楔形用于加深描粗图线。

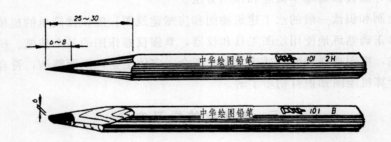

图 1-1 铅笔的削法

铅笔划线时的工作位置如图 1-2 (a)，铅笔中心线与画出的直线所构成的平面应垂直纸面，笔杆并向画线的方向倾斜约 30°，铅芯须靠着尺的边缘。铅笔尖紧贴尺缘或远离尺缘都是不正确的，如图 1-2 (b)。

（二）图板

图板板面一般用质软而平整的三合板制成，两短边或四边镶有质硬而平直的木条，四角成 90°直角。使用时应将图板平置桌上（或使图板与桌面倾斜一个适当的角度），长边为水平方向，左侧短边是图板的工作边，如图 1-3。

在图板上固定图纸的方法，如图 1-4。图纸应置于图板的左上方，使图板下方留有放置丁字尺的部位。移动丁字尺（丁字尺的尺头应靠紧图板的工作边），使丁字尺尺身的上边缘和图纸的上边缘重合，然后用胶带纸先后贴住图纸四角。固定图纸不宜使用图钉，

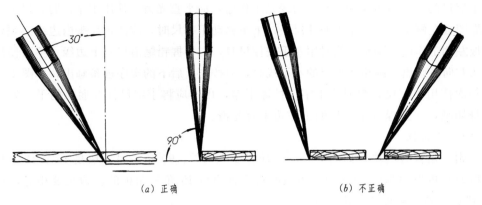

（a）正确   （b）不正确

图 1-2　铅笔的工作位置

以免影响丁字尺的上下移动和图钉扎孔损坏板面。

　　丁字尺应沿靠图板左侧的工作边上下滑动，如图 1-4。不准沿靠图板的非工作边使用，如图 1-5。

　　图板不可受潮、曝晒或作其他用途。板面应保持清洁平整，工作边不应有损伤，否则会影响图样的质量。

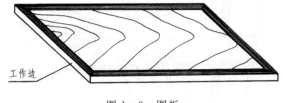

图 1-3　图板

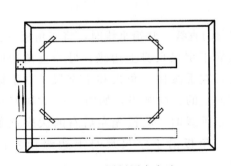

图 1-4　图纸固定方法

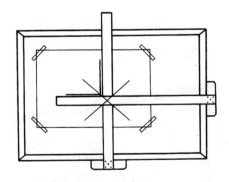

图 1-5　丁字尺不能沿靠图板的非工作边使用

（三）丁字尺

丁字尺由尺头、尺身两部分组成，尺头和尺身相互垂直，如图 1-6。

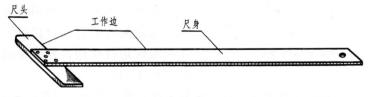

图 1-6　丁字尺

3

丁字尺的尺头内边缘和尺身上边缘是工作边，应平直光滑。使用丁字尺时，尺头内边缘应紧靠图板左侧工作边，左手握住尺头；上下移动丁字尺时，应注意尺头内边缘必须始终紧靠图板左侧工作边。画水平线时用左手按住尺身，右手握铅笔沿尺身上边缘（不可使用下边缘）从左向右画出。画相互平行的水平线时，应按先上后下的次序逐条画出，如图1-7。

每次使用丁字尺，都要将丁字尺拭擦干净，用毕应将丁字尺挂在通风的干燥处。不能沿尺身切纸，注意保持丁字尺的工作边平直光滑。

（四）三角板

一副三角板有两块，如图1-8，一块是30°、60°、90°角，另一块是45°、45°、90°角，用塑料或有机玻璃制成。60°角三角板的长垂直边与45°角三角板的斜边长度相等，这个长度 L 就是一副三角板的规格尺寸。

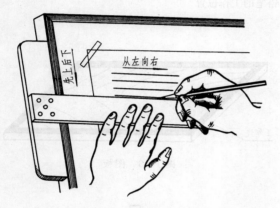

图1-7 画水平线的方法

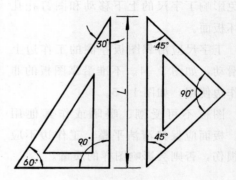

图1-8 三角板

三角板与丁字尺配合使用可画铅垂和倾斜方向的直线。画铅垂线时，将三角板一直角边紧靠丁字尺尺身上边缘，另一直角边向着左方，左手按住三角板和丁字尺，右手握笔从下向上的方向画出，如图1-9。画互相平行的铅垂线时，应按先左后右的次序逐条画出，三角板沿丁字尺尺身上边缘由左向右滑动。

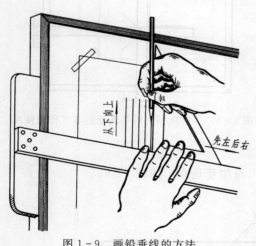

图1-9 画铅垂线的方法

一块或两块三角板与丁字尺配合使用，可画15°角整倍数的倾斜方向直线，如图1-10。

两块三角板配合使用，可画各种位置互相平行或垂直的直线，其中一块三角板代替丁字尺起定位作用，另一块用来画直线，画法如图1-11。

应保持三角板各边的平直光滑，各个角的完整准确。不能沿三角板各边切纸。用毕后须将三角板拭擦干净，收入纸套内妥善保管。

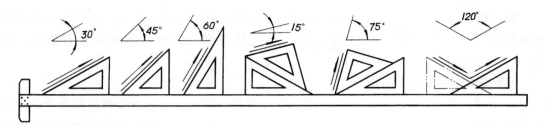

图 1-10 三角板与丁字尺配合画 15°角整倍数的斜线

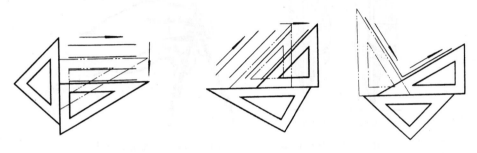

图 1-11 用两块三角板作平行线与垂直线

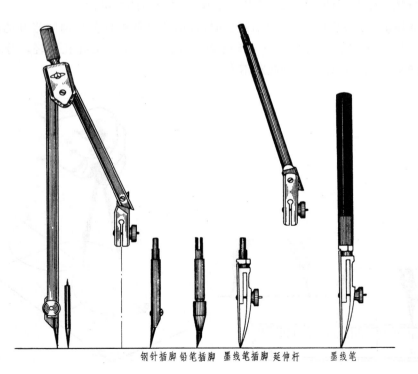

钢针插脚 铅笔插脚 墨线笔插脚 延伸杆　　墨线笔

图 1-12 五件制图仪器

（五）制图仪器

制图仪器有单件的或成套多件的，多件的仪器以件数多少相区别。常用的五件仪器中有圆规（包括铅笔插脚）、钢针插脚、墨线笔插脚、延伸杆和墨线笔等部件，如图1-12。

现将仪器的使用和维护分述于下。

1. 分规　分规是用来量测距离、截取线段和等分线段的。分规两脚都装有钢针，两脚合拢时两钢针尖端应汇集一点，如图1-13（a）。使用分规是用右手握持分规调整两腿张开的距离，如图1-14。

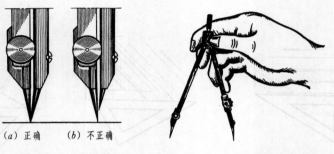

(a) 正确　　(b) 不正确

图1-13　分规校验　　　　　图1-14　分规正确拿法

量测距离时，分规两钢针尖应位于所测距离两端点的中央，如图1-15。在量测过程中应保持分规所张开的两腿不动，否则将影响量测距离的精确性。

截取线段的方法如图1-16。先按已知线段的长度调整好分规两腿张开的距离，从线段端点0开始截取01、12、23、…等于已知线段长度。钢针尖扎孔要轻，分规两腿要采取不同方向交替截取，以便保持截距不变。

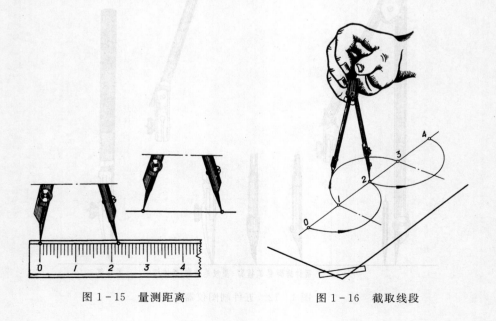

图1-15　量测距离　　　　　图1-16　截取线段

等分圆弧和线段的方法如图 1-17。若三等分已知圆弧 AB，可先使分规两腿张开约为 $AB/3$ 圆弧的弦长距离，由 A 点开始在 AB 圆弧上截取 3 段到 B_1 点，当 B_1 点在 AB 圆弧内时，再将分规两腿原张开距离增大约 $B_1B/3$ 圆弧的弦长距离，再从 A 点开始在 AB 圆弧上截取 3 段，如此多次试分即可将圆弧 AB 三等分。等分直线亦采用同样的方法。

2. 圆规　圆规是用来画铅笔线、墨线的圆或圆弧的。圆规的一腿应装有锥形台肩的钢针，这样可在定圆心的部位扎孔不深，画同心圆时，图纸上圆心孔不会过于扩大而影响作图的准确。圆规的另一腿装上铅笔插脚或墨线笔插脚，可分别画出铅笔线或墨线的圆或圆弧。铅笔插脚的铅芯应选用比绘图铅笔铅芯软一号的 H、HB 或 B 的标号，以便画出图线浓淡一致。铅芯露出圆规铅芯套外约 6~8mm，削磨成圆锥形或与水平方向倾斜 75° 的斜柱形（削磨面是椭圆形）。两腿合拢时，铅笔插脚的铅芯要与另一钢针脚的台肩平齐。铅芯太短或太长、磨角小于 75° 都是不正确的，如图 1-18。

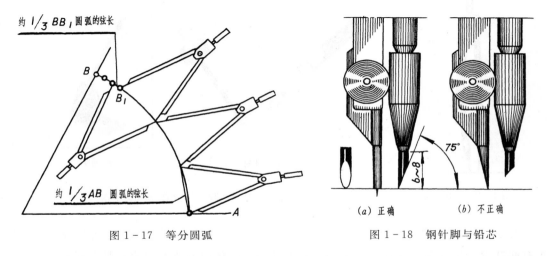

图 1-17　等分圆弧　　　　　　　　　　图 1-18　钢针脚与铅芯

画圆时，按已知半径大小调整圆规两腿张开的距离，用左手食指将钢针尖导入圆心位置如图 1-19（a），用右手拇指和食指握住圆规手柄，顺时针方向旋转并稍微向前倾斜画

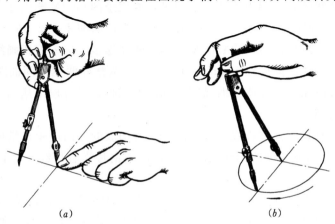

(a)　　　　　　　　　　　(b)

图 1-19　画圆方法

7

圆如图 1-19 (b)。

画大圆时,在圆规一腿的肘形关节处接装延伸杆,再接上铅笔插脚,钢针尖与铅芯都要垂直纸面,用双手握持可画出半径为 200～300mm 的大圆,如图 1-20。画半径为 1～3mm 的小圆,应使圆规两脚稍向里弯曲,如图 1-21。

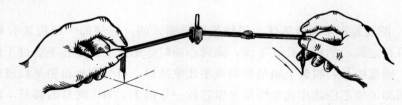

图 1-20 装延伸杆画大圆

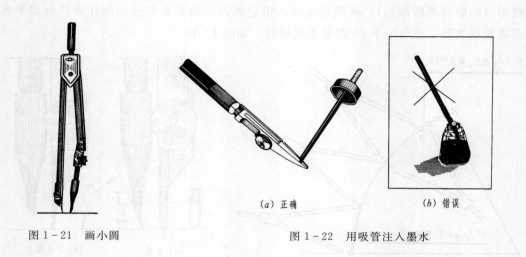

(a) 正确   (b) 错误

图 1-21 画小圆   图 1-22 用吸管注入墨水

3. 墨线笔 墨线笔是用来在描图时画墨线的。墨线笔由笔杆和笔头两部分组成,笔头有两叶尖端呈椭圆形的弹性薄钢片,其上的调节螺丝能调节两钢片的张合程度,可画出不同粗细的墨线。

把墨汁注入墨线笔,要用墨水瓶盖上的吸管或用绘图小钢笔蘸墨注入两钢片之间,如图 1-22 (a),不要把墨线笔直接插入墨水瓶内注墨,如图 1-22 (b)。两钢片的外侧有墨污时应拭擦干净,以免沾污尺边和图纸。钢片间注墨多少应根据所画线条的长短粗细而定,通常在钢片间的注墨高度以 6mm 为宜。注墨后调整好两钢片间的距离,使符合所画图线的宽度,一般应先在同样质量的描图纸纸片上试画,经过校正达到所要求的图线宽度后再在图纸上正式画线。

用墨线笔画线时,笔杆中心线与画出的直线所构成的平面应垂直纸面,笔杆并向画线方向倾斜约 20°,有调节螺母的钢片应向外方,内侧钢片靠着尺缘,轻轻用力而速度均匀地一次画完整条图线,如图 1-23 (a)。

两钢片间注入墨水过少,画出的图线则较细且会中途形成空心线,如图 1-23 (b);注入墨水过多,则画出的线条变粗且易漏墨,如图 1-23 (c);笔杆外倾只有前叶片接触纸面,墨水易渗入尺下而沾污图纸,图线内侧亦不光滑,如图 1-23 (d);笔杆内倾只有后叶片接触纸面，图线外边不光滑，如图1-23（e）。由此可见，正确掌握注墨高度和笔杆位置是十分重要的。

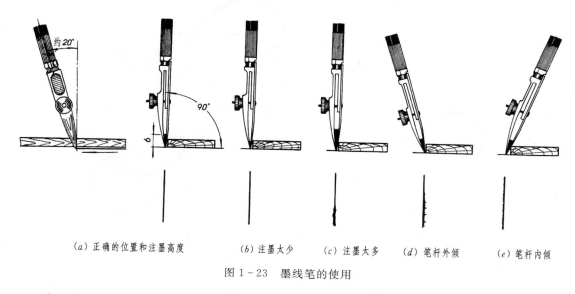

（a）正确的位置和注墨高度　　　　（b）注墨太少　　　（c）注墨太多　　　（d）笔杆外倾　　　（e）笔杆内倾

图1-23　墨线笔的使用

4. 制图仪器的维护　仪器用毕后，都要拭擦干净。上墨后的墨线笔及墨线插脚的两钢片内外侧要用湿布拭擦，不能用小刀去刮留在钢片上的墨迹，以免损坏表面涂层而导致生锈。仪器上有弹性的部分要放松到张开状态，以免日久失去弹性。仪器的钢针尖应保持完整无损，仪器的零部件不要任意拆卸，以免影响精度。仪器所有的部件和附件均应放入盒内固定位置，防止碰撞损坏。

（六）曲线板

曲线板是用来画非圆曲线的。用塑料或有机玻璃材料制成，有单块的或多块成套的。图1-24为单块曲线板。

曲线板的边缘由抛物线、双曲线、椭圆、渐开线等平面曲线混合组成，其边缘应是平滑地将这些平面曲线相互连接，不能有任何缺口或伤痕。

图1-24　曲线板

用曲线板画曲线的方法如图1-25。首先徒手用铅笔轻轻地依次连接曲线上各已知点，如图1-25（a）；继找出曲线板边缘与曲线相重合的第一段1～5点（重合的每段不能少于3个点），画曲线时要留下最后4、5两个点暂不连接，如图1-25（b）；再找出曲线板边缘与曲线相重合的第二段（包括第一段留下的4、5两个点）4～8点，画曲线4～7点，留下最后7、8两个点暂不连接，如图1-25（c）；如此重复，如图1-25（d）直至全部画出1～13点的曲线。如果是画封闭曲线，最后一段还应包括曲线起始段的1、2两个点，这样才能使整个封闭曲线平滑连接。

画曲线时，如曲线上各点与曲线板边缘每段重合的点数较多，留下暂不连接的点数

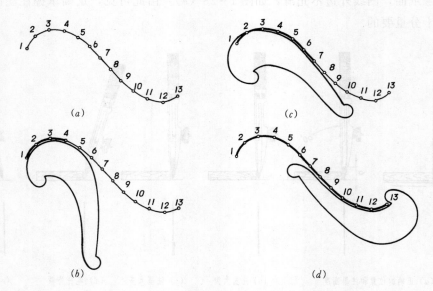

图 1-25 画曲线的方法

亦可相应增多，这样就可使画出的整条曲线更显得平滑。

（七）比例尺

工程建筑物形体庞大，必须按一定的比例缩小才能画到图纸上。用比例尺可在尺上按一定的比例直接截取所需要的长度或者在图上量出已画线段的实际长度。

比例尺一般用木料做成三棱形（又称三棱尺）如图 1-26。在三个棱面上分别刻有 6 种不同的缩小比例，如 1：100、1：200、1：300、1：400、1：500、1：600 等。

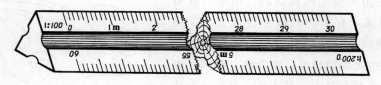

图 1-26 比例尺

比例尺上刻度读数的方法如图 1-27。在 1：100 的刻度上，尺上第一个大格（1cm）刻度处标数是 1m（100cm），这就说明已将实际的 1m 长度缩小为百分之一，所以绘图时不必再作繁琐的计算，而可以在 1：100 比例尺上按其标数直接截取缩小至百分之一以后所需要的长度，或量出图上已画出线段的实际长度。

1：100 的缩小比例也可作为 1：1、1：10、1：1000 等比例使用，这时尺面上一大格的相应读数为 1cm、10cm、1000cm（10m）。例如在 1：100 尺面的第二大格六小格的地方，用作 1：1 时，读数为 2.6cm；用作 1：10 时，读数为 26cm；用作 1：100 时，读数为 260cm（2.6m）；而用作 1：1000 时，则要读作 2600cm 或 26m，如图 1-27。

同理，1：200 的尺面也可作为 1：2、1：20、1：2000 的缩小比例使用。

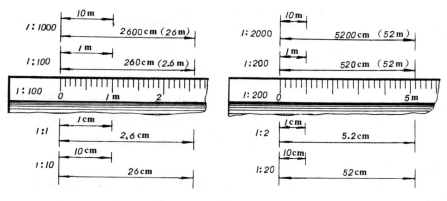

图 1 - 27 比例尺读数方法

图 1 - 28 针管笔

（八）针管笔

针管笔的笔尖是一支细针管，如图 1 - 28。针管直径有 0.3、0.6、0.9mm 等几种规格，可画出不同粗细的墨线。画线时，象普通钢笔那样能吸入墨水，使用比较方便，可以提高绘图的速度。但要注意，针管笔必须配用特制的碳素墨水。

（九）擦图片

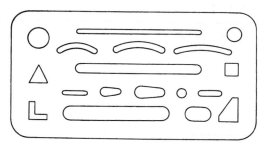

图 1 - 29 擦图片

擦图片是用来擦去图样上多余的或画错的图线。擦图片是用金属或塑料薄片制成，如图 1 - 29。使用时，应将擦图片上的缺口对准要擦去的图线，这样用橡皮拭擦就不影响相邻的图线。

第 二 节 基 本 制 图 标 准

本节将介绍国家标准《机械制图》和部标准《水利水电工程制图标准》（试行）中的基本制图标准。包括图幅、图线、字体、比例、尺寸注法及建筑材料图例等。

一、图纸幅面、图框及标题栏

（一）图纸幅面

为了便于图纸的装订、保管及合理利用，对图纸幅面的大小规定有 6 种不同的尺寸，以 $A0$、$A1$、$A2$、$A3$、$A4$、$A5$ 为其代号。它们的短边（B）和长边（L）的尺寸如表 1 - 1。

11

表 1-1   图 纸 幅 面

幅 面 代 号	A0	A1	A2	A3	A4	A5
$B \times L$（短边×长边）	841×1189	594×841	420×594	297×420	210×297	148×210

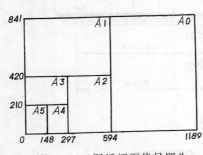

图 1-30　图纸幅面代号即为
对开次数

从表 1-1 中可以看出，后一个幅面的数码即表示将 A0 幅面沿长边对开的次数，如 A4 幅面就是将 A0 幅面对开 4 次而得到的，如图 1-30。

（二）图框

不论图样采用何种幅面，都要用粗实线画出边框，称为图框，如图 1-31。图形只能画在图框以内。图框的左边距离图纸左边缘 $a=25$mm，作为打孔装订的装订边，其余三边距离图纸边缘为 c。不留装订边时，各边距离图纸边缘均为 e，如图 1-32。c、e 的值是根据幅面的大小而决定，如表 1-2。

表 1-2

幅 面 代 号	A0	A1	A2	A3	A4	A5
a	25					
c	10			5		
e	20		10			

（三）标题栏

各号图纸都要在图框内右下角沿图框边线画出水平方向的标题栏，如图 1-31。标题栏的内容与格式根据需要可按图 1-33（a）所示式样绘制。特殊用的标题栏，可根据需要自行规定。在本课程作业中，建议采用图 1-33（b）的格式。标题栏的边框用粗实线，边框内的分栏线用细实线。

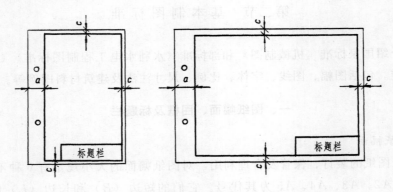

图 1-31　图框及标题栏的位置

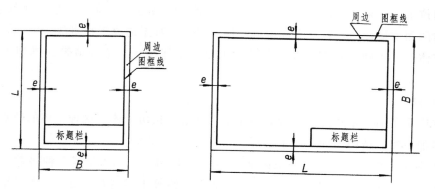

图 1-32 不留装订边的图框

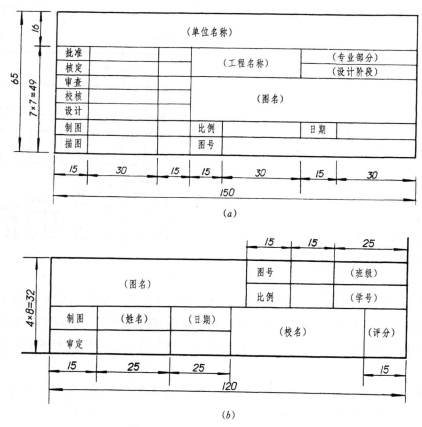

(a)

(b)

图 1-33 标题栏的内容与格式
(a) 工程设计图标题栏格式；(b) 校内使用的标题栏格式

标题栏内的汉字、数字、拉丁字母应按"国家标准"中有关字体的规定书写。校内作业时，除图名用 10 号字体，校名用 7 号字体外，其余均用 5 号字体。

二、字　　体

图样上除绘有图形外，还要用汉字填写标题栏、技术要求或说明事项；用数字来标注尺寸；用拉丁字母来表示代号、符号等。这些字体应书写得正确、工整、规范化。否则，不仅影响图面质量，而且容易引起误解和读数错误，甚至造成工程事故。因此，在制图标准中对字体作了明确的规定。规定总的要求是：字体端正、笔划清楚、排列整齐、间隔均匀。

（一）汉字

汉字应采用国家正式公布推行的简化字，并书写长仿宋体。这种字体的特点是：笔划挺直、粗细一致、结构匀称、便于书写。

1. 长仿宋体字的规格　长仿宋体字有 30、20、14、10、7、5、3.5 等 7 种号数。字体的号数就是字体的高度 h（单位为 mm）。字体的宽度 b 约等于字高 h 的 2/3。本号字高为上一号字的字宽。两字之间的间隔约为字高 h 的 1/4，两行之间的行距约为字高 h 的 1/2 或 1/3。练习书写长仿宋体字应按表 1-3 的尺寸画好大小一致间隔均匀的字格，然后书写。

表 1-3　　　　　　　　　　　　　　　　长仿宋体字的规格　　　　　　　　　　　　　　单位:mm

字号 h（即字高）	30	20	14	10	7	5	3.5
字宽 $b \approx \frac{2}{3}h$	20	14	10	7	5	3.5	2.5
间隔 $\approx \frac{1}{4}h$	7	5	3	2	1.5	1	0.5
行距 $\approx \frac{h}{2} \sim \frac{h}{3}$	10	6	5	4	3	2	1.5

2. 长仿宋体字的写法

（1）基本笔划：长仿宋体字有横、竖、撇、捺、点、挑、钩、折等 8 种基本笔划，掌握基本笔划的写法是写好长仿宋体字的基本功。这些基本笔划的一般运笔方法是：起笔有锋，落笔稍重，直如悬垂，横宜水平，收笔略呈三角形或尖端。长仿宋体字基本笔划写法如表 1-4。

（2）整个字写法：要写好长仿宋体字，除掌握其基本笔划的写法外，还要进一步研究整个字体的形状和结构特征。根据汉字字形的结构特征，大致可概括为 4 类，各类的书写要领如表 1-5。

从表 1-5 中可看出，书写好长仿宋体字必须注意：中心对正看齐，各部比例恰当，偏旁位置互让，围包部分居中。但是对具体字形还须进行具体分析，以求达到字体结构匀称，字形端正。书写时，还应注意对于长形字及扁形字（如日和曰）需将其左右或上下适当地缩进，以适应视觉习惯，否则容易使人错认。

（3）书写要领：总结上述基本笔划和整字的分析，书写长仿宋体字的要领是：横平竖直，起落有锋，排列整齐，布格匀称。初学时先练基本笔划，再练偏旁字首，然后描格照

表 1 - 4 长仿宋体字基本笔划写法举例

笔划名称		笔划形状	笔 法	运笔方法说明	字 例
横				起笔有尖锋，笔划略水平，落笔稍重，收笔呈三角形	土 工
竖				起笔有尖锋，笔划如悬垂，落笔稍重，收笔呈三角形	闸 槽
撇	斜撇			起笔有锋并稍重，笔划左斜下似弧，收笔渐细带尖端	防 波
	平撇			起笔有锋并稍重，笔划左斜渐细尖	利 程
捺	斜捺			起笔轻细，笔划右斜下渐粗，收笔重而平尖	水 堤
	平捺			起笔有锋，笔划略右下渐粗，收笔重而渐尖	建 造
点				起笔尖细而稍重，回笔中间轻挑尖	洪 道
挑				起笔有锋略粗，向右上斜挑渐细尖	挡 墙
钩	直钩			"竖划"下端接钩，落笔呈三角形，收笔斜上渐细尖	制 船
	弯钩			起笔与"竖划"同，微向右下弯曲，钩尖垂直向上	总 低
	平钩			形似勾股，钩尖垂直向上	配 电
折	平折			形如"横"、"竖"，转折呈三角形	纽 置
	直折			形如"竖"、"横"，转折呈三角形	枢 断

表 1-5　　　　　　　　　　字形种类、特征及书写要领

种类	字　例	特　征	书写要领
单不分	上中下	不能拆分的单一字	笔划长短与平直要安排匀称
竖重叠	渠审盖	上下可分为两部分或三部分	上下中心对正，各部布格合理，书写上紧下松，注意下托上盖
横排列	输坎和	左右可分为两部分或三部分	左右中心看齐，占格比例适宜，偏旁位置互让，笔划少的上提
多面围	习区图	从二三四面去围住另一部分	靠边直笔向里缩，被围部分居内中

贴临摹。如此由简到繁，循序渐进，耐心细致地逐笔逐字深入领会写法，勤学苦练，持之以恒，必能运用自如，写出质量好的长仿宋体字。

　　临摹练习参考字例如图 1-34。

（10 号长仿宋体字例）

枢纽总布置图水库土坝电力排灌站厂房船闸墩
涵隧洞渡槽渠廊溢洪鱼滑坑道工作公路拱曲桥
翼岸挡墙上下游护木柱桩梁板台铁筋混凝建筑
结构干浆砌块条石防波堤启闭机开关设计施位

（7 号长仿宋体字例）

正平侧俯左剖视面图纵横全半局部阶段旋转斜复合切平面移出

（5 号长仿宋体字例）

制图审核图号比例班级学号水工建筑农田水利水文最高低正常水位材料重量单位毫厘米

图 1-34　长仿宋体字例

（二）数字和拉丁字母

数字和拉丁字母有：20、14、10、7、5、3.5 和 2.5 七种号数。字的号数即为该号字的高度（单位为 mm）。字宽、间隔、行距与字高的关系和汉字相同。

数字和拉丁字母的基本笔划，有直线和圆弧两种。但要写好数字和拉丁字母必须注意书写的顺序和字体的结构，要把直线笔划写得挺直，圆弧笔划写得圆滑，并使所有笔划粗细一致。小写拉丁字母的高度约等于同号大写拉丁字母高度的 2/3，有些小写拉丁字母要向上或向下超出本身高度的 1/2。

图样上的数字和拉丁字母都有直体和斜体的写法。斜体字向右倾斜，与水平横线成 75°。图样上的数字一般采用斜体书写，当与汉字混合书写时，则宜采用直体。

数字和拉丁字母的字例如图 1－35。

阿拉伯数字（斜体）

罗马数字（斜体）

I II III IV V VI
VII VIII IX X

拉丁字母（大写斜体）

拉丁字母（小写斜体）

图 1－35　数字和拉丁字母的字例

三、图　线

图纸上所画出的图形是用各种不同的图线组成的。在制图标准中对各种不同图线的名称、型式、宽度和应用作了明确的规定，如表1-6绘图时必须遵守这个规定。

表1-6　　　　　　　　　　　　图　线　及　其　应　用

图线名称	图线型式及代号	图线宽度	一般应用
粗实线	——————A	（约0.5～2.0mm）	可见轮廓线、可见过渡线、剖切线、移出剖面轮廓线、*钢筋、*结构分缝线、*材料分界线
细实线	——————B	约b/3	尺寸线、尺寸界线、剖面线、重合剖面轮廓线、螺纹的牙底线及齿轮的齿根线、引出线、分界线及范围线、示坡线、*钢筋图的构件轮廓线、*地形等高线、曲面上的素线、表格中的分格线
波浪线	～～～～C	约b/3	局部剖视或局部放大图的边界线、断裂处的边界线
双折线	——/\——D	约b/3	断裂处的边界线
虚线	- - - - - F	约b/3	不可见轮廓线、不可见过渡线、*不可见结构分缝线、*假想投影轮廓线（b/4）、*运动件在极限或中间位置的轮廓线
细点划线	—·—·—·—G	约b/3	轴线、中心线、对称线
粗点划线	━·━·━·━J	b	有特殊要求的线或表面的表示线
双点划线	—··—··—K	约b/3	假想投影轮廓线、相邻辅助零件的轮廓线、运动件在极限位置或中间位置的轮廓线

注　有符号"＊"者在水利水电工程图中应用。

各种不同图线的应用举例如图1-36、图1-37。

画各种图线时应注意下列几点：

（1）粗实线的宽度 b 应根据图形大小及复杂程度在0.5～2.0mm的范围内选用，细线约为 b/3。图线宽度的推荐系列为：0.18，0.25，0.35，0.5，0.7，1，1.4，2mm。由于图样复制中所存在的困难，应避免采用0.18mm。

（2）在同一张图样上同类图线的宽度应基本一致。虚线、点划线及双点划线的线段长短和间隔应各自大致相等。

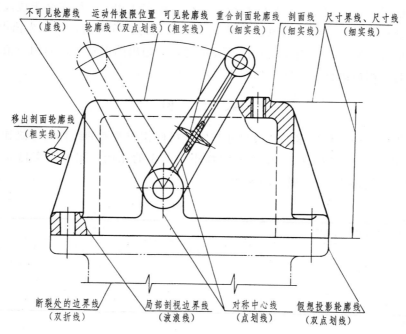

图 1-36　各种图线在机械图中的应用

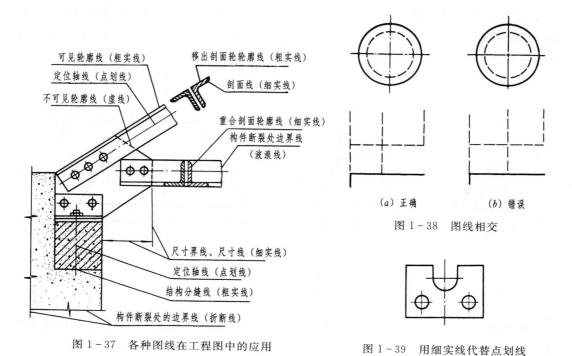

图 1-37　各种图线在工程图中的应用

（a）正确　　　　（b）错误

图 1-38　图线相交

图 1-39　用细实线代替点划线

（3）绘制圆的中心线时，圆心应为线段的交点。点划线和双点划线的首末两端应是线段，并应超出图形轮廓外 3～5mm，如图 1-38（a）为正确的画法，（b）为错误的画法。当图形较小用点划线绘制有困难时，可用细实线代替，如图 1-39。

（4）两虚线相交、虚线与点划线相交、虚线与粗实线相交，均应交于线段处；当虚线为粗实线的延长线时，应留有间隙，如图1－38（a）为正确画法，（b）为错误画法。

（5）图形被折断，在断裂处用双折线表示时，应超出图形轮廓；如用波浪线表示断裂处的边界线时，则应画到轮廓线，如图1－36、图1－37。

四、比　　例

比例是指图样中机件要素的线段尺寸与实际机件相应要素的线性尺寸之比。图形大小与实物大小相同，比例为1：1。图形比实物小用缩小的比例，图形比实物大用放大的比例。绘图时应采用表1－7所规定的比例。

表1－7　　　　　　　　　　　　　　　比　　例

图形大小与实物大小相同	1：1				
缩小的比例	1：1.5　　1：2　　1：2.5　　1：3　　1：4　　1：5　　$1:10^n$　　$1:1.5\times10^n$　　$1:2\times10^n$　　$1:2.5\times10^n$　　$1:5\times10^n$				
放大的比例	2：1　　2.5：1　　4：1　　5：1　　$(10\times n):1$				

注　n为正整数。

在图样上比例的标注形式如1：1、1：2、2：1等。

图样上的比例只反映图形与实物大小的缩放关系，而图样上所注尺寸数字永远是反映物体的实际大小。如图1－40，用不同比例画同一物体，尽管图形有大有小，但所注的尺寸数字都是物体的实际大小尺寸。

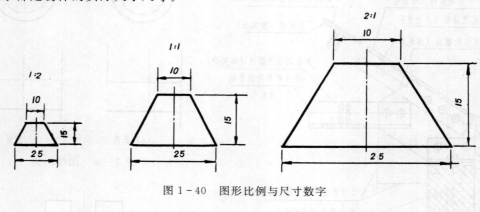

图1－40　图形比例与尺寸数字

五、尺　寸　注　法

物体的真实大小应以图样上所注的尺寸数值为依据，与图形的大小及绘图的准确度无关。

下面介绍尺寸注法的一般规则，至于各种物体及工程图的尺寸标注方法，将在以后有关章节中分别介绍。

（一）尺寸界线、尺寸线和尺寸数字

在图样上标注一个完整的尺寸一般应包括尺寸界线、尺寸线和尺寸数字等3个部分，如图1-41。

1. 尺寸界线　用来限定所注尺寸范围。用细实线绘制，并应由图形的轮廓线、轴线或对称中心线处引出。也可利用轮廓线、轴线或对称中心线作尺寸界线，如图1-41。

2. 尺寸线　用来表示尺寸的方向。用细实线绘制。尺寸线应与所注的线段平行，一般相距不小于5mm，尺寸线与尺寸界线相互垂直，如图1-41。在任何情况下，尺寸线都不能与其他图线重合，也不能利用轮廓线、轴线或中心线作尺寸线，如图1-42。

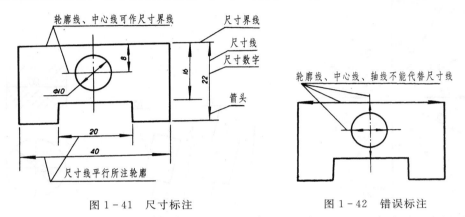

图1-41　尺寸标注　　　　　　　　　图1-42　错误标注

尺寸线的终端可以有下列两种形式：

（1）箭头　箭头的形式如图1-43，箭头要指向尺寸界线，并与尺寸界线接触，但不得超出或不接触尺寸界线，箭头不能画成开口的或粗大的尾部。

（2）斜线　斜线用细实线绘制，其方向为尺寸线逆时针转45°，画法如图1-44（a）。当尺寸线的两端采用斜线形式代替箭头时，尺寸线与尺寸界线必须相互垂直，如图1-44（b）。

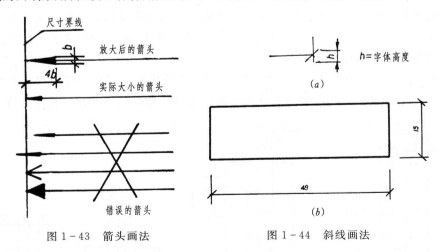

图1-43　箭头画法　　　　　　　　　图1-44　斜线画法

3. 尺寸数字　用斜体阿拉伯数字书写，以mm为单位。因此，图上不需再标注计量单位的代号或名称。如果采用其他单位时，则必须说明（图上高程以及建筑工程布置图的单位一般以m为单位）。

尺寸数字应注写在尺寸线的上方，也允许注写在尺寸线的中断处。水平方向尺寸数字的字头在上，铅直方向尺寸数字的字头在左，倾斜方向尺寸数字的字头要偏左上或右上方，如图1-45。尽可能避免在图示30°范围内标注尺寸，当无法避免时可按图1-46的形式标注。

为了保证尺寸数字的清晰无误，图样上任何图线都不得穿越尺寸数字。若不可避免时应将图线断开，如图1-47。

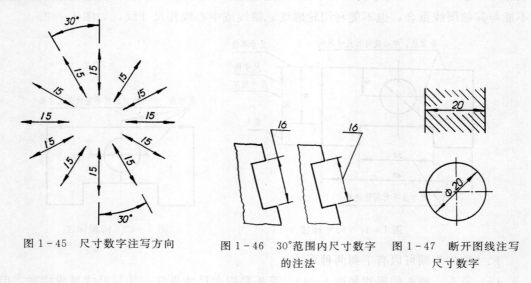

图1-45　尺寸数字注写方向　　　图1-46　30°范围内尺寸数字　图1-47　断开图线注写
　　　　　　　　　　　　　　　　　　的注法　　　　　　　　尺寸数字

（二）线性尺寸的注法

（1）同一方向相邻的线性尺寸，应排列在同一尺寸线上，如图1-48（a）中的尺寸10和14。同一方向相互平行的线性尺寸，其尺寸线相互平行，间距不小于5mm，小尺寸数字应靠近图形轮廓，并按尺寸数字从小到大依次远离图形轮廓，这样可避免尺寸界线与尺寸线相交，如图1-48（a）中的尺寸30和50及尺寸10或14和32等。违反上述规定的线性尺寸注法都是错误的，如图1-48（b）。

（2）线性小尺寸的注法如图1-49。相邻而连续的线性小尺寸，可将尺寸数字引出注写或注写在尺寸界线的外侧，中间部分无法画箭头时，允许用圆点或斜线代替箭头。

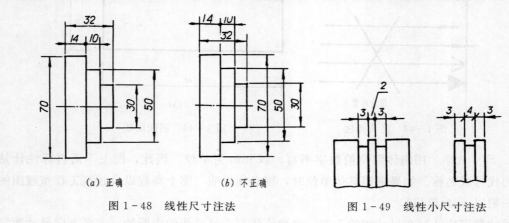

（a）正确　　　　　（b）不正确

图1-48　线性尺寸注法　　　　　图1-49　线性小尺寸注法

（三）圆和圆弧尺寸的注法

（1）完整的圆及大于半圆的圆弧，一般注其直径尺寸，并在直径的尺寸数字前加注直径代号"φ"（金属材料）或"D"（其他材料）。小于或等于半圆的圆弧，一般注其半径尺寸，并在半径的尺寸数字前加注半径代号"R"，如图1－50，图1－51。

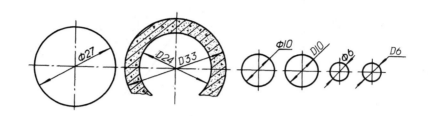

图1－50　圆的尺寸注法

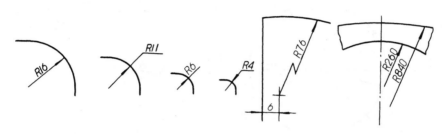

图1－51　圆弧的尺寸注法

（2）大圆直径的尺寸线要通过圆心，两端应画箭头，从圆内指向圆周。直径小于12mm的圆，可将两端箭头由圆外指向圆周，直径代号"φ"或"D"及尺寸数字也可移出圆外，如图1－50。

（3）圆弧半径的尺寸线应从圆心引向圆弧，并一端应画箭头指向圆弧。小半径圆弧的尺寸线可将箭头由圆外指向圆弧，但尺寸线也要通过圆心，半径代号"R"及尺寸数字同时移出圆弧外。大半径的圆弧应注上圆心定位尺寸，圆心用符号"＋"表示，其半径的尺寸线可用折线画出，若不需要表示其圆心位置时，尺寸线可不画到圆心，如图1－51。

（4）标注弦长或弧长的尺寸界线应平行该弦的垂直平分线。标注弦长的尺寸线应平行该弦；弧长的尺寸线可简化为同心圆弧，尺寸数字上方应加注符号"⌒"，如图1－52。

（四）角度尺寸的注法

（1）标注角度尺寸，角度的尺寸界线应沿径向引出，尺寸线是以角顶点为圆心画的圆弧。尺寸数字一律按水平方向书写在尺寸线的中断处，必要时可以写在尺寸线的上方或外面，也可以引出标注。数字右上角加注计量单位代号"°"，如图1－53。

（2）小角度可将尺寸线的箭头指向角两边的外侧并采用引出标注，在引出线端部加水平横线，注写角度数字及角的计量单位代号，如图1－53（a）。

（3）当圆弧的半径过大，图纸范围内无法标出其圆心角时，可按图1－53（b）所示的形式标注。

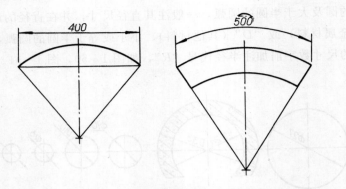

图 1-52 弦和弧长的尺寸注法

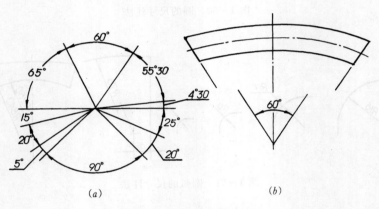

图 1-53 角度注法

（五）坡度的注法

坡度的标注形式一般用 $1:l$，如图 1-54（a）。

当坡度平缓时，坡度也可用百分数形式标注，如 $i=n\%$。此时在相应的图中应画出箭头，以示下坡方向，如图 1-54（b）。

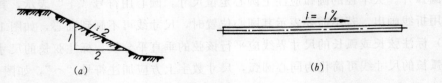

图 1-54 坡度的注法

六、建筑材料图例

工程中使用的建筑材料类别很多。在剖视图与剖面图中，常要根据建筑物所用的材料画出建筑材料图例，使图样中能够清楚地表示材料类别而便于生产和施工。表 1-8 为常用建筑材料图例。

表 1-8　　　　　　　　　常用建筑材料图例

序号	名　称	图　例	序号	名　称	图　例	序号	名　称	图　例
1	岩石	（图例）或（图例）	8	金属	（图例）	14	玻璃透明材料	（图例）
			9	混凝土	（图例）			
2	天然土壤	（图例）	10	钢筋混凝土	（图例）	15	条石	干砌（图例）　浆砌（图例）
3	夯实土	（图例）						
4	回填土	（图例）	11	二期混凝土	（图例）			
5	粘土	（图例）	12	砂、灰土、水泥砂浆	（图例）	16	木材	纵剖面（图例）　横剖面（图例）
6	水、液体	（图例）	13	块石	干砌（图例）　浆砌（图例）	17	塑料、橡皮沥青、填料	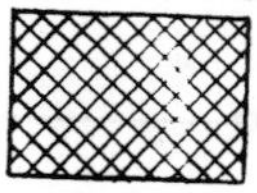 （图例）
7	砖	（图例）				18	灌浆帷幕	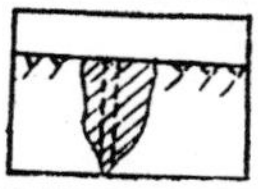 （图例）

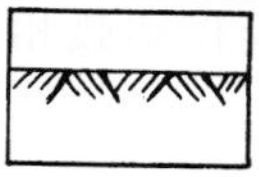

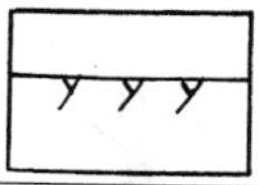

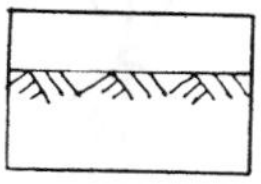

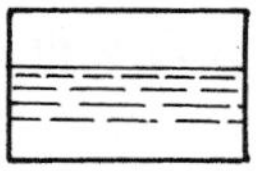

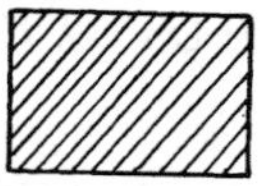

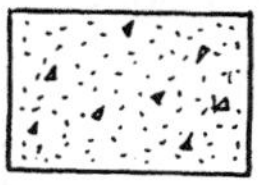

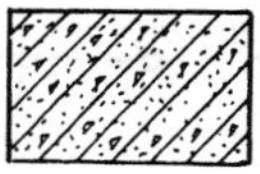

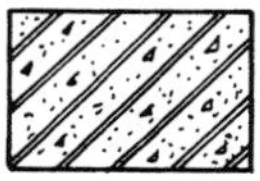

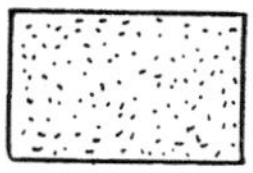

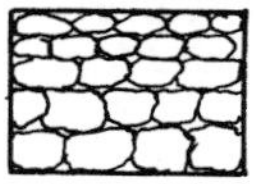

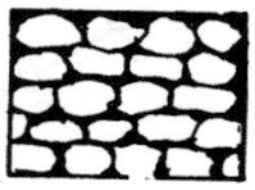

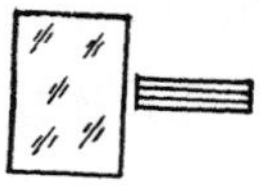

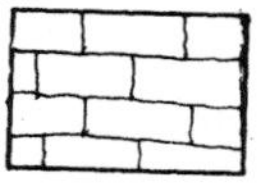

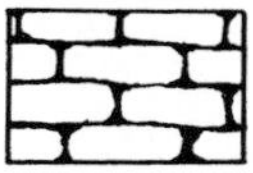

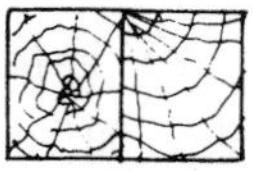

第三节　平面图形的画法

在工程图中，无论机件或建筑物的构造、形状如何复杂，就其轮廓而言不外是由一些直线、圆弧、规则或不规则的曲线按一定规律组成的平面图形。正确使用绘图仪器和工具，掌握几何作图的基本方法和技能是绘好工程图的基础。

一、几　何　作　图

几何作图的理论在平面几何学中已经讲述过，制图课程主要介绍几何作图的方法和准确性。

（一）等分线段

（1）已知线段 AB，如图 1-55 (a)。试将其二等分。

作法：

1）分别以 A、B 两端点为圆心，以 R（$>AD/2$）为半径作圆弧相交于 C、D 两点，如图 1-55 (b)。

2）连接 CD 与 AB 相交于 E，则 $AE=EB$，如图 1-55 (c)。

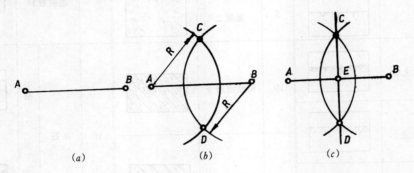

(a) $\qquad$ (b) $\qquad$ (c)

图 1-55　二等分线段

（2）已知线段 AB，如图 1-56 (a)。试将其任意五等分。

作法：

1）过 A 点作任意直线 AC，自 A 点在 AC 直线上用分规截取五等分，得 1、2、3、4、5 各点，如图 1-56 (b)。

2）连接 $5B$，过其余各等分点分别作 $5B$ 的平行线与 AB 线段交得 4 个等分点，即为所求，如图 1-56 (c)。

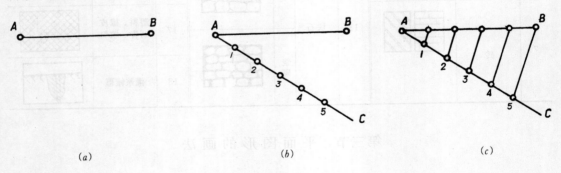

(a) $\qquad$ (b) $\qquad$ (c)

图 1-56　任意等分线段

（二）等分圆周及作正多边形

（1）三、六等分圆周及作正三、六边形，如图 1-57。

作法：

1）以 AB 为直径作圆，如图 1-57 (a)。

2）以 A 点为圆心，$AB/2$ 为半径 R，作圆弧与圆周相交于 C、D 两点，则 B、C、D 即为圆周的 3 个等分点，连接各点成正三边形，如图 1-57 (b)。

3）再以 B 点为圆心，$AB/2$ 为半径 R，作圆弧与圆周相交 E、F 两点，连接 B、F、

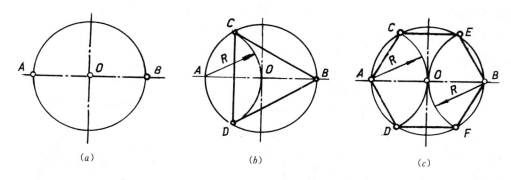

图 1-57 三、六等分圆周及作正三、六边形

D、A、C、E 各点即得正六边形，如图 1-57 （c）。

（2）任意等分圆周及作正多边形，以五等分为例，如图 1-58。

作法：

1）以 AB 为直径作圆，等分直径为五等分，得 1、2、3、4 各点，如图 1-58 （a）。

2）以 B （或 A）为圆心，AB 为半径作圆弧与 CD 的延长线相交于 E、F 两点，由 E、F 两点分别与直径 AB 上的偶数（或奇数）等分点 2、4 连接，并延长与圆周相交于 G、H、K、L 四点，如图 1-58 （b）。

3）连接 AK、KL、LH、HG、GA 即得正五边形（近似法），如图 1-58 （c）。如果间隔连接各点即得五角星。

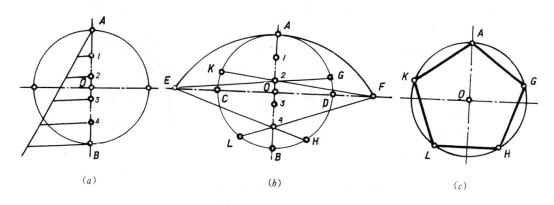

图 1-58 五等分圆周

（三）圆弧连接

圆弧连接是指用圆弧连接两已知直线、两已知圆弧、已知直线和圆弧。作图时要根据已知条件求出连接圆弧的圆心位置，以及连接圆弧与已知直线或圆弧连接点（切点）的位置。圆弧连接的形式虽然很多，但求连接圆弧的圆心及连接点的位置是具有一定的规律的。

当圆弧与直线连接时，连接圆弧的圆心位置在与已知直径相距为 R（连接圆弧半径）的平行线上，连接点位置即为连接圆弧圆心向已知直线作垂线的垂足，如图 1-59 （a）。

当圆弧与圆弧连接时（已知圆弧半径 R_1、连接圆弧半径 R），连接圆弧的圆心位置在已知圆弧的同心圆上。若为外连接，此同心圆的半径为两圆弧的半径之和（$R+R_1$），连接点位于两圆弧的连心线上，如图1-59（b）；若为内连接，此同心圆的半径为两圆弧的半径之差（R_1-R），连接点位于两圆弧的连心线的延长线上，如图1-59（c）。

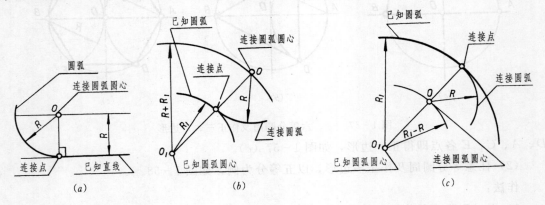

图1-59 圆弧连接

（1）已知直角ABC，作半径为R的圆弧连接AB、BC两边，如图1-60（a）。

作法：

1）以直角顶点B为圆心，R为半径，作圆弧与直角两边相交于M、N两点；再分别以M、N两点为圆心，R为半径，作两圆弧相交于O点，如图1-60（b）。

2）以O点为圆心，R为半径，作$\overset{\frown}{MN}$连接AB、BC两边，如图1-60（c）。

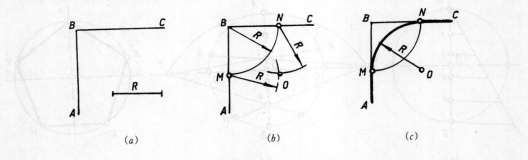

图1-60 圆弧连接直角两边

（2）已知任意角ABC，作半径为R的圆弧连接AB、BC两边，如图1-61（a）。

作法：

1）分别作AB、BC的平行线，间距为R；上述两直线相交于O即连接圆心，如图1-61（b）。

2）自O点分别向AB和BC作垂线，得垂足M、N两点，即为连接点，如图1-61（c）。

3）以O点为圆心、R为半径，作$\overset{\frown}{MN}$连接AB和BC两边，如图1-61（d）。

（3）已知圆O_1和圆O_2，作半径为R的圆弧外连接两已知圆，如图1-62（a）。

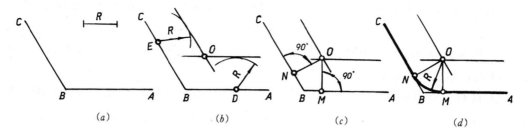

图 1－61　圆弧连接钝角两边

作法：

1）分别以 O_1 和 O_2 为圆心、$R+R_1$ 和 $R+R_2$ 为半径作圆弧，两圆弧相交于 O 点，即为连接圆弧的圆心，如图 1－62（b）。

2）自 O 点连接 OO_1 和 OO_2 分别与 O_1 圆和 O_2 圆相交于 M、N 两点，为连接点；再以 O 点为圆心、R 为半径作 $\overset{\frown}{MN}$ 连接两已知圆，如图 1－62（c）。

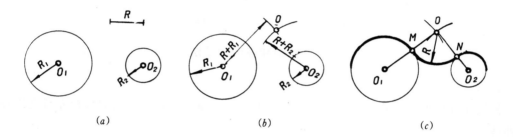

图 1－62　圆弧外连接两已知圆

（4）已知圆 O_1 和圆 O_2，作半径为 R 的圆弧内连接圆 O_1，外连接圆 O_2，如图 1－63（a）。

作法：

1）以 O_1 为圆心、$R-R_1$ 为半径，作圆弧；再以 O_2 为圆心、$R+R_2$ 为半径，作圆弧，两圆弧相交于 O，即连接圆弧的圆心，如图 1－63（b）。

2）自 O 点连接 OO_1 延长与圆 O_1 相交于 M 点；连接 OO_2 与圆 O_2 相交 N 点，M、N 为两连接点；再以 O 为圆心、R 为半径，作 $\overset{\frown}{MN}$ 连接两已知圆，如图 1－63（c）。

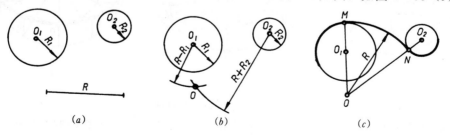

图 1－63　圆弧内外连接两已知圆

(5) 已知圆 O_1 和直线 AB，作圆弧与圆 O_1 外连接并与直线 AB 连接，如图 1-64(a)。

作法：

1）作与直线 AB 间距为 R 的平行线；以 O_1 为圆心、$R+R_1$ 为半径作圆弧，两者相交于 O 点，即连接圆弧的圆心，如图 1-64（b）。

2）自 O 点作直线 AB 的垂线得垂足 M 点，连接 OO_1 与圆 O_1 相交于 N 点，M、N 为连接点；再以 O 点为圆心、R 为半径，作 $\overset{\frown}{MN}$ 外连接圆 O_1 和直线 AB，如图 1-64(c)。

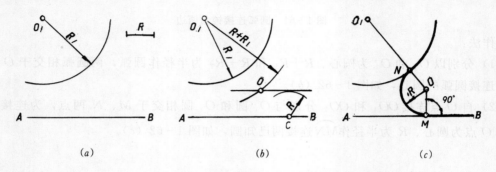

(a) (b) (c)

图 1-64　圆弧与已知圆和直线连接

二、椭圆和扁圆的画法

（一）椭圆

椭圆是非圆曲线，作图的关键是先作出曲线上一系列点，然后用曲线板光滑连接各点成曲线。

图 1-65 已知椭圆的长轴和短轴，用同心圆法作图。

作法：

1）作两条相互垂直的中心线，以交点 O 为圆心，分别以长轴和短轴为直径，作两个同心圆，如图 1-65（a）。

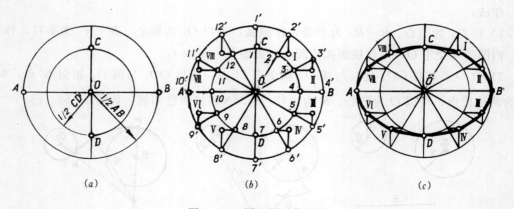

(a) (b) (c)

图 1-65　同心圆法作椭圆

2）通过 O 点作半径与小圆、大圆分别相交于 2、2′；由 2 作长轴的平行线，由 2′ 作短轴的平行线，两线相交于 I，即为椭圆上的一点；同法可作出若干个点。为了作图准确和美观，可取圆周上等分点作图，得Ⅰ、Ⅱ、Ⅲ、…、ⅩⅢ各点，如图 1-65（b）。

3）用曲线板光滑地连接Ⅰ、Ⅱ、Ⅲ、…、ⅩⅢ、Ⅰ各点，完成椭圆，如图 1-65（c）。

（二）扁圆

扁圆是椭圆的近似画法，用 4 段圆弧连接而成，故称四圆心法。

已知长轴和短轴，用四圆心法作扁圆，如图 1-66。

作法：

1）作两条相互垂直的中心线，截取 OA、OB 等于长半径，OC、OD 等于短半径，如图 1-66（a）。

2）连接 AC，取 CF＝OA－OC；作 AF 的垂直平分线，与 AB、CD 分别相交于 1、2 两点，取对称点 3、4，即得四圆心，如图 1-66（b）。

3）连接 41、43、21、23 四条连心线；分别以 4、2 为圆心，R_1（＝4D＝2C）为半径，作圆弧 $\overparen{ⅠⅡ}$、$\overparen{ⅢⅣ}$；再以 1、3 为圆心，R_2（＝1A＝3B）为半径，作圆弧 $\overparen{ⅡⅤ}$、$\overparen{ⅡⅢ}$，四圆弧连接成扁圆，如图 1-66（c）。扁圆可作为椭圆的近似画法。

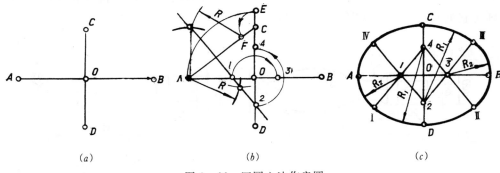

(a)   (b)   (c)

图 1-66 四圆心法作扁圆

三、平面图形的分析

平面图形是由许多线段组成的，要了解这些线段的性质，必须对所注尺寸进行分析，才能确定合理的作图步骤。

（一）平面图形的尺寸分析

平面图形上的尺寸，按其作用可分为定形尺寸和定位尺寸两种。

定形尺寸是表示图形中各部分的大小尺寸，如线段的长度、圆或圆弧的直径或半径、角度的大小等。如图 1-67 中的 50、20、ϕ10、R10、60°等。

定位尺寸是确定图形各部分之间相对位置的尺寸，如图 1-67 中 30、21 等。

标注定位尺寸时，必须以图形中的某点或某

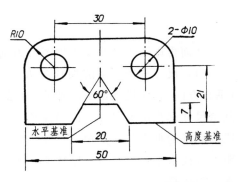

图 1-67 平面图形的尺寸分析

线为起点，这些起点称为尺寸基准，如图1-67中两孔的水平方向定位尺寸30是以对称线作为基准的，高度方向的定位尺寸21则以底边作为基准。

（二）平面图形的线段分析

平面图形中的线段按其形状来分，有直线段和曲线段，直线段又有水平方向、垂直方向和倾斜方向；曲线段有圆弧曲线和非圆曲线等。各类线段在平面图形的尺寸分析基础上又可分为已知线段、中间线段和连接线段三种。

已知线段，既确定了线段的定形尺寸，又确定了定位尺寸的线段。如图1-68（a）中直线段完全是已知线段，因为它们的长度和位置都已确定。圆弧线段只有R8圆弧的圆心位置和半径已经确定，为已知线段，可以画出，如图1-68（b）。

中间线段，尺寸不齐全，其中一个定形尺寸或定位尺寸是由连接条件来确定的线段。如图1-68（a）中R50圆弧，它只有一个方向的定位尺寸，如图1-68（c）中的50，另一定位尺寸要借助与R8已知圆弧的连接来确定，所以它是中间线段。

连接线段，缺少定位尺寸，它需要由两个连接（或过已知点）的条件来确定的线段。如图1-68（a）中R30圆弧是由过线段（长8）的右端点和与R50圆弧相连接的两个条件来确定它的圆心位置，如图1-68（d）。

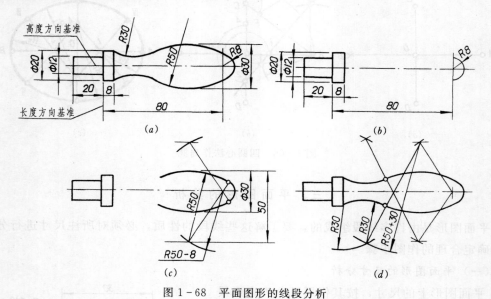

图1-68　平面图形的线段分析

下面再以图1-69溢流坝图形为例，进行尺寸和线段分析。

（1）尺寸分析　溢流坝顶部R30圆弧中心的定位尺寸是40（水平方向）和38－30（垂直方向），廊道顶部R5圆弧中心的定位尺寸是45（水平方向）和8＋2（垂直方向）。其余尺寸都是定形尺寸。应当注意，倾斜方向的直线段一般不注其长度尺寸，而是注该线段两端点的垂直与水平距离尺寸，如坝底部的尺寸2和5。也可以注该线段两端点的垂直距离（或水平距离）与坡度数值，如坝左侧的10和1：2。因为根据坡度1：2，可以算出水平距离是20。

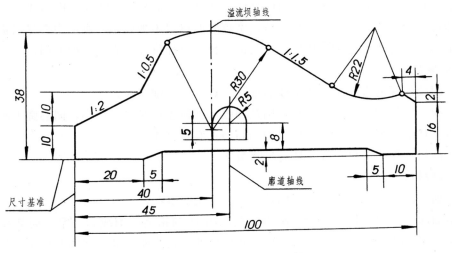

图 1-69　平面图形分析举例

高度方向的尺寸基准是坝底线，长度方向的尺寸基准是左端线。

（2）线段分析　该图形大部分线段是已知线段，可直接画出。1∶0.5 线段的两端点，是由 1∶2 线段和 R30 圆弧决定的。坝顶的 1∶1.5 坡度的倾斜线段是中间线段，必须在画出 R30 圆弧以后才能画出。R22 的圆弧中心的两个定位尺寸均未给出，属于连接线段，要到最后才能画出。

四、制图的步骤和方法

（一）制图前的准备工作

（1）擦净制图工具和仪器，削好铅芯，洗净双手。

（2）布置好制图工作地点，光线应从左前方照射图板；将常用的制图工具和仪器放在图板右上角处，便于取用。

（3）准备并阅读必要的参考资料，了解所画图样的内容与要求。确定图样的比例、图纸幅面的大小，把图纸固定到图板上。

（4）在制图工作暂停的间隙，应当用洁净的纸盖住未完成的图样，避免弄脏图面。

（二）画铅笔图的方法和步骤

1. 画铅笔底稿的步骤

（1）画出图框和标题栏。

（2）根据选定的比例，使图形在图框内的布置匀称，一般用图形的轴线、中心线或主要轮廓线来定位。

（3）根据图形的特点，逐步画出图形各部分的轮廓。一般的顺序是先画已知线段，再画中间线段，后画连接线段，由整体到局部地画出所有图线。

（4）仔细检查图形中图线及尺寸有无错误或遗漏，改正错误补全遗漏后，擦去多余的作图线。

画底稿宜用 2H 铅笔，画线时动作要轻，画出的线条要细，特别是作图线，只要自己能看清即可。线型种类要分清，但图线的宽度暂时可以不加区别。画图中要尽量避免频繁地换用工具，注意培养连续使用同一工具的习惯，这样可以节省绘图的时间。

2. 铅笔加深图线的步骤

（1）图线加深的次序是：粗实线、虚线、点划线、细实线。

（2）同一类线型加深的次序是：圆及圆弧（圆弧连接时先大后小，同心圆先小后大）；水平直线（从上到下）；铅垂直线（从左到右）；倾斜直线。

（3）画尺寸界线、尺寸线、填写尺寸数字。

（4）画材料剖面符号。

（5）加深图框、标题栏、填写标题栏内容及说明事项。

铅笔加深时，用 HB 或 B 铅笔画粗实线，用 H 的铅笔画细线和写字。同类线型加深后的粗细和铅色的浓淡应一致。图线接头和相交处的画法要正确。字体大小应一致，书写要工整。

（三）描图的方法和步骤

将透明描图纸覆盖在铅笔底图上，用墨线描绘图样称为描图。描图时用墨线笔画线，用绘图小钢笔写字、画符号。描图的步骤与铅笔加深的步骤相同。描图时应注意：

（1）描图纸与底图同时固定在图板上，避免在描图过程中描图纸与底图之间产生相对移动。

（2）墨汁应有足够的浓度。使用墨汁时，应先摇动墨汁瓶，使墨汁浓度均匀。

（3）同类线型的墨线应粗细一致，不同粗细线型应当分明。描图前可先在相同质量试纸上试画，调节好粗细，然后再正式描绘。

（4）描图时应耐心细致，墨线未干前，不要使工具、仪器或手腕触及墨线，以免弄污图画。

（5）描图应尽量地连续工作，以免描图纸收缩，影响图样质量。

（6）发现错画墨线或多画了墨线时，需待全图画完，墨线干透后统一修饰。修饰的方法是用锋利的双面刀片的刀刃（不要用刀尖）垂直纸面顺着一个方向轻轻刮除不需要的墨线，刮除墨线后的部位要用橡皮擦净。刮线时描图纸下应垫入平滑光面的三角板，避免刮破纸面。

第二章 投影的基本方法

　　任何物体都占有一定的空间，物体各个部分的形状、大小以及在空间的相对位置等都可以直接量得，或者经过适当的计算确定。但是在研究物体的形状、大小及相对位置等几何性质时，往往不是根据物体的本身，而是把物体画在平面上，利用它的图形来进行研究。

　　在工程上常用的图有：透视图、轴测图和视图。透视图和轴测图能够同时反映物体的长、宽、高3个方向，因此，这种图比较直观，富有立体感，容易看懂。如图2-1（a）、（b）是挡土墙的透视图和轴测图。但是这种图有失真变形和内部形状不易表达等缺陷。所以，不能满足生产上的要求，一般只作为表达物体外貌的一种辅助图样。

　　视图是工程上广泛采用的一种图示方法。通常假定人的视线为一组相互平行，且垂直于投影面的投影线，这样把物体向投影面投影所得的图形称为视图。如用几个视图综合起来表达一个物体，就能够全面而准确地反映出物体的形状、大小和相对位置。图2-2为采用3个视图表达挡土墙的图样。

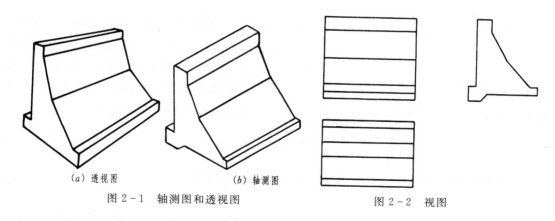

（a）透视图　　　　　　　（b）轴测图

图2-1　轴测图和透视图　　　　　　　　　　图2-2　视图

　　无论视图，透视图或轴测图都是按投影的方法画出来的，因此，学习制图必须首先懂得投影的基本方法。

第一节　投影方法

一、投影的概念

　　光线照射物体，在地面或墙面上产生影子，当光线对物体的照射角度或光源与物体的距离改变时，影子的位置、形状也随之改变，这些都是生活中常见的现象。人们从这些现象中认识到光线、物体和影子之间存在着一定的联系。例如桌面上方的灯光照射桌面，在地面上产生的影子比桌面大，如图2-3（a），设想将灯的位置移到无限远的高度，像阳

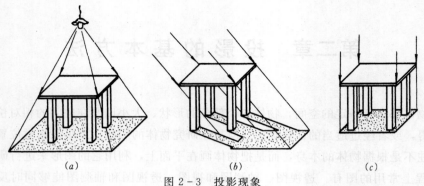

(a)   (b)   (c)

图 2-3 投影现象

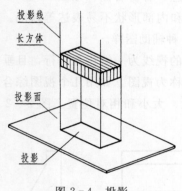

图 2-4 投影

光照射到地面那样，就可以把这些光线看作是互相平行的。当光线从斜上方照射时（如上、下午的阳光），地面上不但产生与桌面大小相同的影子，桌腿也在地面上留下了影子，如图 2-3（b）。当光线从正上方照射时（夏日正午的阳光比较近似这种情况），即光线与地面垂直，这时地面上就仅有和桌面大小一样的影子了，如图 2-3（c）。

投影方法就是从这些现象中总结出来的一些规律。它是制图的基本理论。在制图中把表示光线的线称为投影线，把落影的平面称为投影面，把所产生的影子称为投影，如图 2-4。一般的影子是漆黑一片的，而投影则只要画出物体的轮廓线（不可见轮廓线用虚线表示）。因此，物体、投影线和投影面是产生投影的必要条件。

二、投 影 法 分 类

依据投影线之间的相互位置不同，投影法可分为两类：

（一）中心投影法

当光源 S 点距投影面为有限距离时，投影线都由 S 点放影，该放射点称为投影中心。这样所产生的投影称为中心投影。这种方法称为中心投影法，如图 2-5。

（二）平行投影法

当光源距投影面为无限远时，投影线趋近于平行，这样所产生的投影，称为平行投影。这种方法称为平行投影法，如图 2-6 所示。平行投影法按投影线与投影面的相对位置不同又可分为两种：

1. 斜投影法 相互平行的投影线与投影面倾斜时，所得到的投影称为斜投影，如图 2-6

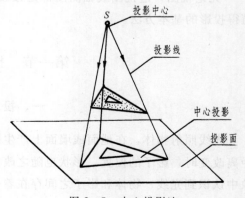

图 2-5 中心投影法

（a）。这种方法称为斜投影法。

2. 正投影法　相互平行的投影线与投影面垂直时，所得到的投影称为正投影，如图 2 - 6（b）。这种方法称为正投影法。

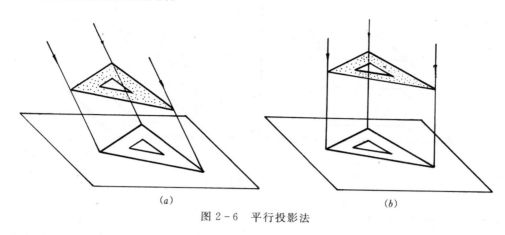

(a)　　　　　　　　　　　　　(b)

图 2-6　平行投影法

上述透视图就是按中心投影法绘制的，轴测图是按平行投影法绘制的，视图是按平行投影法中的正投影的方法绘制的，它具有度量性好，作图简便等优点，为工程上广泛采用。

本书在以后各章中所讨论的投影（除指明者外）均为正投影，并简称投影。

第二节　几何元素投影的基本特性

点、线、面是组成立体的基本元素。因此，掌握点、直线、平面的投影特性，将有助于学习立体的投影。

（一）平面的投影特性

以长方体的顶面（长方形平面）ABCD 的投影为例进行分析。如果长方形平面 ABCD 与投影面平行时，它的投影 abcd 必定反映长方形平面的真实形状，如图 2 - 7（a）。

当长方形平面 ABCD 与投影面垂直时，它的投影积聚成一条直线 b（a）c（d），如图 2 - 7（b）。

当长方形平面 ABCD 与投影面倾斜时，它的投影仍然是四边形，但形状、大小和原长方形既不全等也不相似，如图 2 - 7（c）。

综合上述分析，可以归纳出平面图形的投影特性如下：

（1）平面与投影面平行时，它的投影反映实形，即形状、大小都不变，称为实形性。

（2）平面与投影面垂直时，它的投影积聚成直线，称为积聚性。

（3）平面与投影面倾斜时，它的投影形状与原平面形状类似，但面积缩小，称为类似性。

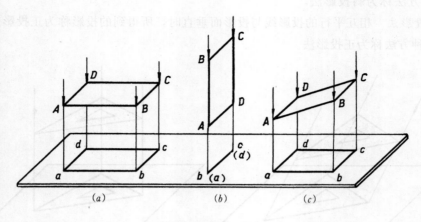

图 2-7　平面的投影

（二）直线的投影特性

如果将上述长方形平面中的 AB 边线取出进行分析，可以看出：当直线 AB 与投影面平行时，它的投影 ab 仍是直线，并且等于线段 AB 的实长，如图 2-8（a）。当直线 AB 与投影面垂直时，它的投影积聚为一点 b（a），如图 2-8（b）。当直线 AB 与投影面倾斜时，它的投影 ab 仍是直线，但不反映线段 AB 的实长（$ab = AB \cdot \cos\alpha$），如图 2-8（c）。因此，直线的投影特性，可以归纳为：

（1）直线与投影面平行时，它的投影是直线，反映线段实长，称为实长性。

（2）直线与投影面垂直时，它的投影积聚为一点，称为积聚性。

（3）直线与投影面倾斜时，它的投影仍是直线，但其线段投影长度比原线段短，称为类似性。

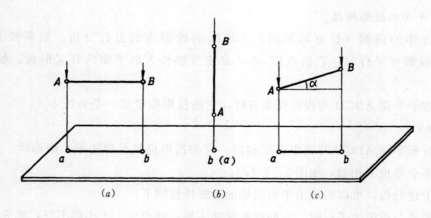

图 2-8　直线的投影

（三）点的投影特性

点的投影仍然是点。当已知空间一点 A，就可以求出它的唯一投影 a，因为一条确定的投影线与投影面只能交于一点，如图 2-9。

作直线的投影时，只要分别作出线段的两个端点的投影，然后用直线连接起来即得直线的投影。如图 2-10，作 CD 直线的投影时，先分别求出 C 和 D 两点的投影 c 和 d，再连接 cd 即得。

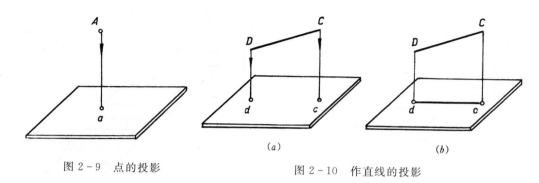

图 2-9　点的投影　　　　　　　　　图 2-10　作直线的投影

作平面图形的投影时，也只要分别作出图形各顶点的投影，然后依次连接各点的投影，即为所求平面图形的投影。如图 2-11，作平面 ABCD 的投影时，先分别求出 A、B、C、D 各点的投影 a、b、c、d，然后依次连接 ab、bc、cd、da 即得。

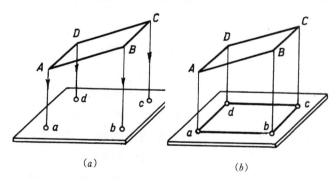

图 2-11　作平面的投影

第三节　物体的三视图

一、物体的视图

对于一个物体来说，为了表达它的形状，应将其表面放置与投影面平行的位置，这样才能在该投影面上获得反映实形的投影。

现以长方体为例来说明如何画出它的投影图。如图 2-12，将长方体的前表面放置与投影面平行（这时投影面正立放置），则它在投影面上的投影反映了前表面的真实形状为一长方形。长方体的上下和左右 4 个表面都与投影面垂直，因此，它们的投影都积聚成一条直线，分别和前表面的投影长方形的 4 条边线相重合。长方体的后表面和前表面相互平行且全等，所以后表面的投影是与前表面的投影相重合的。这样，就得出长方体在正立投影面上的投影为一长方形。工程上把物体的正投影图称为视图。

如果再取一个三角块，使它的后表面与投影面平行，它的视图也是一个长方形，如图2-13。因此，在一般情况下，用一个视图是不能全面地、真实地反映物体的形状和大小的。在工程中常用三个投影面上的视图来表达物体。

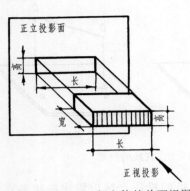

图2-12 长方体的单面视图

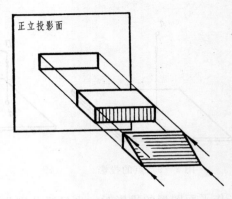

图2-13 三角块和长方体投影的比较

二、三视图的形成

（一）三个投影面的设置

三个投影面是在上述一个正立投影面的基础上，加上一个水平投影面和一个侧立投影面，这三个投影面是相互垂直的，称为三面投影体系，如图2-14。

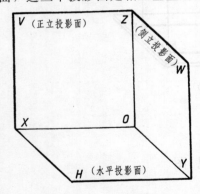

图2-14 三面投影体系

正立投影面简称正面，用"V"标记；

水平投影面简称水平面，用"H"标记；

侧立投影面简称侧面，用"W"标记。

三个投影面之间的交线称为投影轴。V面与H面、H面与W面、V面与W面的交线分别用OX、OY、OZ标记，如图2-14。

（二）三视图的形成

物体置于三面投影体系内进行投影时，应注意使物体的主要表面与投影面平行，以利视图能反映物体的真实形状。例如作长方体的投影时，应使其前、后表面与正立投影面平行，上、下表面与水平投影面平行，左、右表面则平行于侧立投影面。

作正面投影时，投影线垂直于正立投影面，由前向后作投影，此投影称为正视图，如图2-15（a）。

作水平投影时，投影线垂直于水平投影面，由上向下作投影，此投影称为俯视图，如图2-15（b）。

作侧面投影时，投影线垂直于侧立投影面，由左向右作投影，此投影称为左视图，如图2-15（c）。

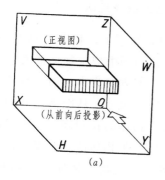

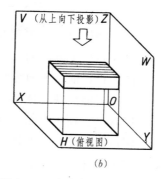

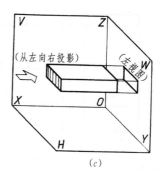

图 2-15 长方体三视图的形成

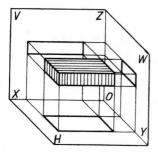

图 2-16 长方体在三个投影
面上的视图

这样，就得到长方体在三个投影面上的视图，如图 2-16。可是这三个视图分别在三个相互垂直的投影面上，而工程图样要求视图均画在同一张图纸上。因此，就设想把长方体移开，保持正立投影面位置不变，水平投影面绕 OX 轴向下旋转 $90°$，侧立投影面绕 OZ 轴向右旋转 $90°$，如图 2-17 (a)，从而获得在同一平面上的三视图，如图 2-17 (b)。

当水平投影面和侧立投影面旋转时，OY 轴被分成两条线，一条线随着水平投影面向下旋转 $90°$，终止位置和 OZ 轴成一直线，称为 OY_H 轴。另一条线随着侧立投影面向右旋转 $90°$，终止位置和 OX 轴成一直线，称为 OY_W 轴。

三个视图的位置关系是：正视图在 OX 轴的上方，俯视图在 OX 轴的下方。正视图在 OZ 轴的左边，左视图在 OZ 轴的右边，如图 2-17 (b)。画三视图必须遵守这个位置关系。

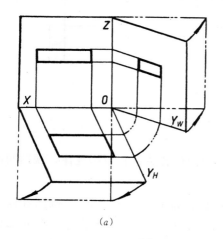

(a)

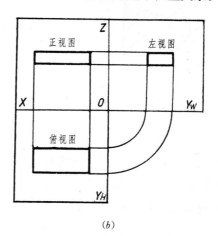

(b)

图 2-17 三视图的展开和位置关系

为了简化作图，并体现投影面是无限大的平面，一般省去投影面界限的线框，视图名称也不必标注，如图 2-18。

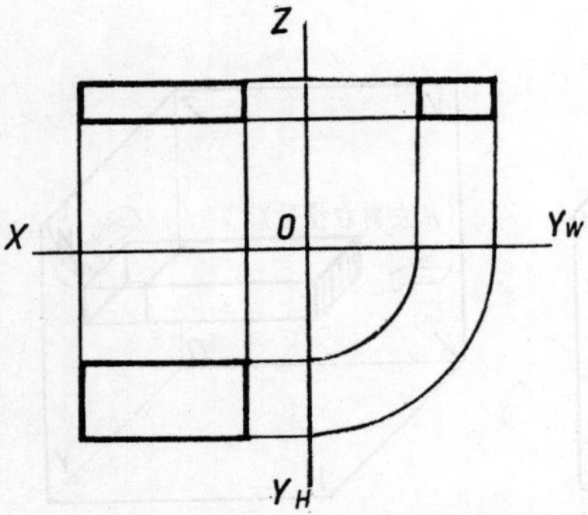

图 2-18　画视图时省去投影面线框

三、三视图的投影规律

物体的三个视图是相互联系的。物体都具有长、宽、高三个方向的尺寸，在制图中规定物体的左右方向为长，前后方向为宽，上下方向为高。但是每一个视图只能反映物体两个方向的尺寸。从图 2-19 中可以看出：在正视图上反映了物体的长和高，但不反映物体的宽度；在左视图上反映了物体的高和宽，但不反映物体的长度；在俯视图上反映了物体的长和宽，但不反映物体的高度。

三视图是物体在同一个位置时分别向三个投影面所作的投影，所以三视图之间必然具有下面的投影规律。

正视图和俯视图，长对正。可以用垂直于 OX 轴的连线将两个视图联系起来。

正视图和左视图，高平齐。可以用垂直于 OZ 轴的连线将两个视图联系起来。

俯视图和左视图，宽相等。可以通过俯视图作垂直于 OX_H 轴的连线和左视图作垂直于 OY_W 轴的连线用圆弧联系起来，如图 2-19（b）。也可以用过 O 点的 45°斜线联系起来，如图 2-20。

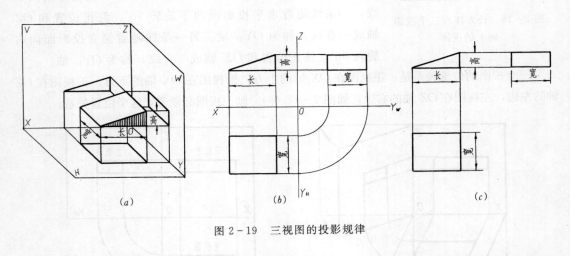

图 2-19　三视图的投影规律

在实际工程图样中，三视图只要符合它们之间的位置关系和投影规律，视图间的投影轴也可以省略不画，如图 2-19（c）。

三视图的投影规律可以简单地概括为"长对正、高平齐、宽相等"。画图和读图时均须遵循这个最基本的投影规律。对于物体的整体是这样，对于物体的每一个局部也是这样。长对正、高平齐的关系比较直观，易于理解。宽相等的关系，初学时概念往往模糊，因此，要切实搞清楚从空间物体到三视图形成的过程，反复地进行由物到图和由图对照物的画图和读图的训练，牢固地掌握三视图的规律。

四、三视图和物体位置的对应关系

现以图 2-20 为例，来分析视图与物体的前后、上下和左右各位置的对应关系。从图 2-20 中可以看出：

正视图中反映物体的上、下和左、右位置，但不能反映物体的前、后位置。

俯视图中反映物体的前、后和左、右位置，但不能反映物体的上、下位置。

左视图中反映物体的上、下和前、后位置，但不能反映物体的左、右位置。

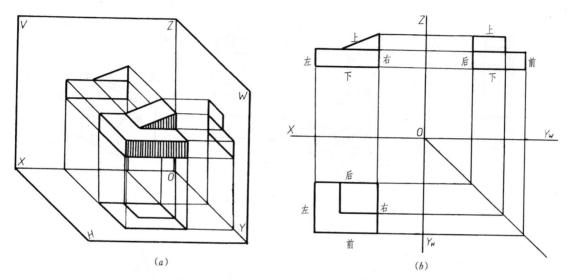

图 2-20　三视图与物体位置的对应关系

需要特别指出，俯视图中所反映的物体前、后位置，不要错认为是物体的上、下位置。要记住俯视图和左视图中，靠近正视图的一边是物体的后面，远离正视图的一边是物体的前面。视图和物体位置的对应关系可概括如下：

正、左两个视图看上下；正、俯两个视图分左右；俯、左两个视图，远正是前、近正是后。

图 2-21 画出一些物体的三视图，可供读者分析视图与物体位置的对应关系。

五、三视图的画法

下面举例说明，根据物体的立体图或模型画三视图的方法和步骤。

例 2-1　按图 2-22（a）所示立体图，作三视图。

分析　该形体可分上下两个部分，下部为长方体，上部为一块半圆头竖板中间有一圆孔。

作图

（1）作长方体的三视图，如图 2-22（b）。

（2）作半圆头竖板的三视图，注意与长方体的后面靠齐，俯视图与左视图的"宽相

43

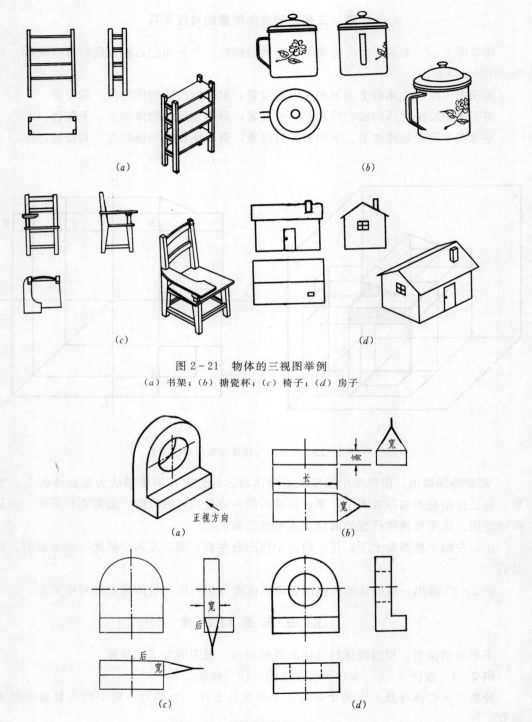

图 2-21 物体的三视图举例

(a) 书架；(b) 搪瓷杯；(c) 椅子；(d) 房子

图 2-22 三视图的画法 (一)

等"，如图 2-22 (c)。

(3) 作圆孔的三视图，正视图反映实形，俯视图和左视图均为虚线，如图 2-22

（d）。

例2-2 按图2-23（a）所示立体图，作三视图。

分析 该形体可看作是一个长方体切去一个小长方体和一个三角块而形成。

作图

（1）按总长、总高和总宽画长方体的三视图，如图2-23（b）。

（2）在左视图切去一小长方形，按"高平齐"画出正视图的投影，由"宽相等"定出俯视图的投影，如图2-23（c）。

（3）再由左视图作三角形，根据切去三角块的长度作正视图和俯视图，如图2-23（d）。

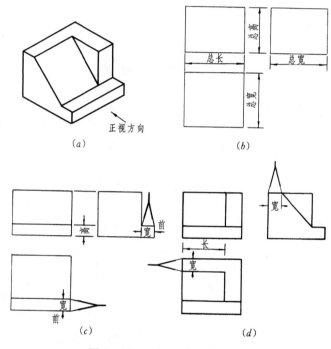

图2-23 三视图的画法（二）

第三章 点、直线、平面

通过第二章的学习，已初步掌握了物体三视图的画法，对视图和空间物体的对应关系有了一些认识。为了进一步弄清物体在三投影面体系中的投影规律，还必须对组成物体的点、直线、平面等几何元素的投影进行分析，以便更深入地掌握其投影特性，从而提高对物体投影的分析能力，解决画图和读图中的问题。

第一节 点 的 投 影

一、点 的 三 面 投 影

(一) 点在三投影面体系中的投影

如图 3-1，将空间点 A 置于三投影面体系中，然后由 A 点分别向 H、V、W 三个投影面作投影，即过 A 点作各投影面的垂线，其垂足就是 A 点在各投影面上的投影。

在教学中，规定空间点用大写拉丁字母标记，如 A、B、C、…。点的水平面投影用相应的小写拉丁字母标记，如 a、b、c、…；点的正面投影用相应的小写拉丁字母并在拉丁字母的右上角加一撇标记，如 d'、b'、c'、…；点的侧面投影用相应的小写拉丁字母并在拉丁字母的右上角加两撇标记，如 a''、b''、c''、…。

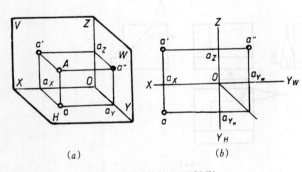

图 3-1 点的三面投影

空间点 A 在 H 面上的投影 a，称为 A 点的水平投影；在 V 面上的投影 a'，称为 A 点的正面投影；在 W 面上的投影 a''，称为 A 点的侧面投影。

由图 3-1 (a) 可以看出，Aa 垂直于 H 面，Aa'，垂直于 V 面，所以它们所决定的平面 Aaa_xa'，必垂直于 H 面和 V 面及其交线 OX 轴，因此，aa_x 垂直于 OX 轴，$a'a_x$ 也垂直于 OX 轴。同理得出 $a'a_z$、$a''a_z$ 分别垂直于 OZ 轴，三个投影面摊平后，可以得出点的三面投影规律是：

(1) 空间点的水平投影和正面投影的连线垂直于 OX 轴，即 $aa' \perp OX$（长对正的理论基础）。

(2) 空间点的正面投影和侧面投影的连线垂直于 OZ 轴，即 $a'a'' \perp OZ$（高平齐的理论基础）。

46

（3）空间点的水平投影至 OX 轴的距离等于侧面投影至 OZ 轴的距离，即 $aa_z=a''a$，（宽相等的理论基础）。

（二）点的直角坐标与投影关系

点的空间位置可以用直角坐标来表示。将三投影面体系作为直角坐标系，三个投影面 H、V、W 作为 3 个坐标面，三条投影轴 OX、OY、OZ 作为坐标轴，三轴交点 O 作为坐标原点，如图 3-2（a）。这时：

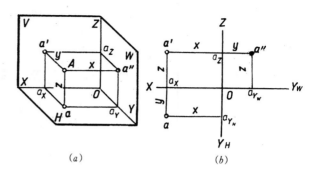

图 3-2 点的直角坐标

空间点至 W 面的距离为 x 坐标；

空间点至 V 面的距离为 y 坐标；

空间点至 H 面的距离为 z 坐标。

如以图 3-2 空间点 A 为例，则：

A 点至 W 面的距离 $=Aa''=aa_{Y_H}=a'a_z=x$；

A 点至 V 面的距离 $=Aa'=aa_X=a''a_Z=y$；

A 点至 H 面的距离 $=Aa=a'a_X=a''a_{Y_W}=z$。

空间点 A 用坐标表示时，可写成 A（x，y，z）。其三面投影与坐标的关系如下 ［图 3-2（b）］。

A 点的水平投影 a 是由 x 和 y 坐标所决定，a（x、y、0）；

A 点的正面投影 a' 是由 x 和 z 坐标所决定，a'（x、0、z）；

A 点的侧面投影 a'' 是由 y 和 z 坐标所决定，a''（0、y、z）。

由此可知在三投影面体系中，点的每一个投影只能反映出点的两个坐标。因此，点的一个投影是不能确定该点的空间位置。但是点的任何两个投影都能反映出点的三个坐标，即确定该点在三投影面体系中的空间位置。所以，只要知道点的两个投影，就可以根据点的投影规律，求出它的第三个投影。

例 3-1 已知 A 点 $x=15$，$y=12$，$z=20$，试作其三面投影图。

分析 根据点的投影与坐标的关系，可以由点的已知坐标定出各面投影的位置。在 H 面的投影 a 的位置是以 $x=15$，$y=12$ 作出；在 V 面的投影 a'，的位置是以 $x=15$，$z=20$ 作出；在 W 面的投影 a'' 的位置是以 $y=12$，$z=20$ 作出。

作图

（1）作相互垂直的投影轴，如图 3-3（a）。

（2）分别在各投影轴上截取 $Oa_x=15$，$Oa_{Y_H}=Oa_{Y_W}=12$，$Oa_z=20$，如图 3-3（b）。

（3）由 a_x、a_{Y_H}、a_{Y_W} 和 a_z 各点分别作所在投影轴的垂线，并相交于 a、a' 和 a'' 三点，即得 A 点的三面投影图，如图 3-3（c）。

例 3-2 已知空间点 B 的 b 和 b'，如图 3-4（a），试求出 b''。

分析 根据点的三面投影特性可知，b'' 必定位于过 b'，而垂直于 OZ 轴的直线上，同时 b'' 至 OZ 轴的距离应等于 b 至 OX 轴的距离。

作图 如图 3-4（b）所示。

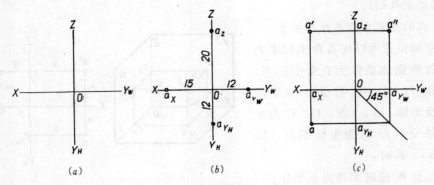

图 3-3　作点的三面投影

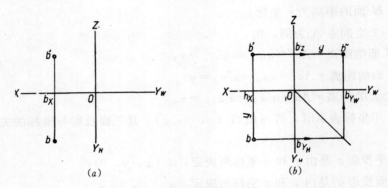

图 3-4　由点的二投影求第三投影

（1）过 b' 作 OZ 轴的垂线，并相交于 b_z。

（2）取 $b''b_z=bb_x$，即得所求 b''。

另也可用 45°辅助线连系 Y 坐标的关系，求得 b''，如图 3-4（b）。

（三）点的直观图

直观图又称立体图，它是根据轴测投影方法画出来的，轴测投影将在第五章中详细介绍。在此只就直观图的画法作一简要介绍。

根据图 3-5（a）所示 C 点的三面投影图，画出它的直观图。

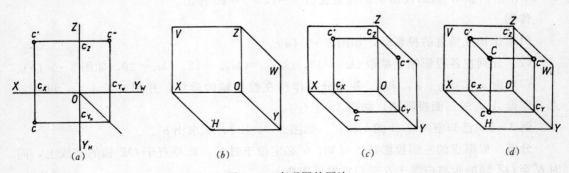

图 3-5　直观图的画法

作图步骤：

（1）过点 O（原点）作铅垂线（OZ）、水平线（OX）、45°斜线（OY），得 3 条投影轴；分别由各轴端点作其余二轴的平行线得 H、V、W 三个投影面，如图 3-5（b）。

（2）在 OX、OY、OZ 三投影轴上分别截取 c_X、c_Y、c_Z 各点，并通过上述各点在投影面内作二投影轴的平行线分别相交于 c、c'、c''，如图 3-5（c）。

（3）由 c、c'、c'' 各点分别作 OZ、OY、OX 轴的平行线相交于 C 点，即完成 C 点的直观图，如图 3-5（d）。

二、两点的投影

（一）两点的相对位置

两点的相对位置是指两点之间上下、左右和前后的位置在投影图上的反映，如图 3-6（a）。

A 点在左，B 点在右。因此，$x_A > x_B$，反映在投影图上，则 a 远离 OY_H 轴，b 靠近 OY_H 轴；a' 远离 OZ 轴，b' 靠近 OZ 轴。

B 点在前，A 点在后。因此，$y_B > y_A$，反映在投影图上，则 b 远离 OX 轴，a 靠近 OX 轴；b'' 远离 OZ 轴，a'' 靠近 OZ 轴。

A 点在上，B 点在下。因此，$z_A > z_B$，反映在投影图上，则 a' 远离 OX 轴，b' 靠近 OX 轴；a'' 远离 OY_W 轴，b'' 靠近 OY_W 轴。

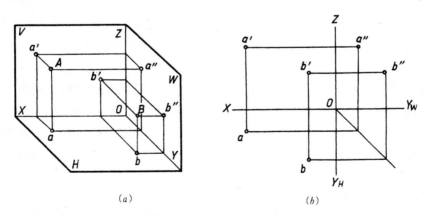

(a)   (b)

图 3-6　两点的相对位置

由以上得出，如图 3-6（b）所示：

两点的水平投影，反映它们左右和前后的位置关系，距离 OY_H 轴远的点在左，近的点在右；距离 OX 轴远的点在前，近的点在后。

两点的正面投影，反映它们左右和上下的位置关系，距离 OZ 轴远的点在左，近的点在右；距离 OX 轴远的点在上，近的点在下。

两点的侧面投影，反映它们前后和上下的位置关系，距离 OZ 轴远的点在前，近的点在后；距离 OY_W 轴远的点在上，近的点在下。

（二）重影点及可见性

当空间两点位于某投影面的同一条投影线上时，它们在该投影面上的投影必定重合，这两点对该投影面来讲称为重影点。重影点必定有两对同名的坐标相等。

如图3-7（a）空间点 A、B 的 X、Y 两对坐标值相等，而 Z 坐标值不等，$Z_A > Z_B$，所以 A 点位于 B 点的上方，从上向下投影，A 点是可见点，B 点是不可见点，它们的水平投影 a 和 b 重合，规定不可见点的投影标记应加括号，如（b）点。

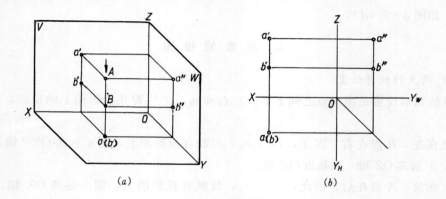

图 3-7　重影点

判别重影点可见性的方法是根据重影点不相等的第三坐标，坐标值大的点可见，坐标值小的点不可见。从投影图中看出重影点的可见性只表现在重合的一个投影上，如图3-7（b）中的水平投影，判别 a、b 的可见性是从其余投影如 a'、b'（或 a'、b''），a' 比 b'，离 OX 轴远（$Z_A > Z_B$），所以 A 点可见，B 点不可见。因此，b 应加括号，标记为（b）。

如果两点的正面或侧面投影重合时，其可见性可按同样方法分析。如图3-8中 C、D 两点的正面投影 c' 和 d' 重合，从水平投影可以看出 d 比 c 离 OX 轴远（$y_D > y_C$），所以 D 点在前，C 点在后，它们的正面投影 d' 可见，（c'）不可见。C 点和 E 点的侧面投影 c'' 和 e'' 重合，从正面投影可以看出 c' 比 e' 离 OZ 轴远（$x_C > x_E$），所以 C 点在左，E 点在右，侧面投影 c'' 可见，（e''）不可见。

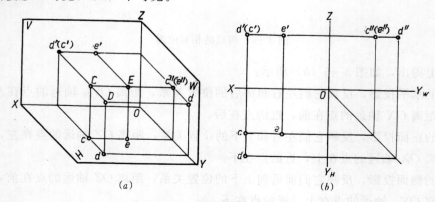

图 3-8　判别重影点的可见性

50

第二节 直 线 的 投 影

直线的投影一般仍然是直线，如图3-9。对于线段一般是作出它的两个端点的投影，然后连接两点的同面投影，即得线段的投影。

如图3-9，当直线倾斜于投影面时，直线对投影面的倾角，用直线与其投影的夹角表示。在三投影面体系中，直线对 H、V、W 面的倾角，分别用 α、β、γ 表示。

一、各种位置直线的投影特性

直线在三投影面体系中的位置可以分为三类。

1. 投影面垂直线　垂直于一个投影面的直线。

2. 投影面平行线　平行于一个投影面，并与其余两个投影面倾斜的直线。上述两类直线称为特殊位置直线。

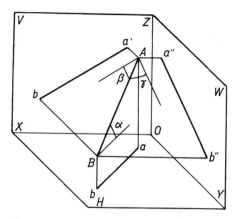

图3-9　直线的投影及对投影面的倾角

3. 一般位置直线　倾斜于三个投影面的直线。

各种位置直线的投影情况见表3-1。

表3-1　　　　　　　　　　　　　　　　各种位置直线的投影

直线位置		直线在立体上	直线的投影图	投 影 特 性
投影面垂直线	正垂线（垂直于正面）			1. 正面投影积聚成一点 2. 水平投影和侧面投影分别平行于 OY_H 和 OY_W 轴，均反映实长
	铅垂线（垂直于水平面）			1. 水平投影积聚成一点 2. 正面投影和侧面投影同时平行于 OZ 轴，均反映实长

直线位置		直线在立体上	直线的投影图	投 影 特 性
投影面垂直线	侧垂线（垂直于侧面）			1. 侧面投影积聚成一点 2. 正面投影和水平投影同时平行于 OX 轴，均反映实长
投影面平行线	正平线（平行于正面）			1. 正面投影为斜线，反映实长 2. 水平投影和侧面投影分别垂直于 OY_H 和 OY_W 轴，均不反映实长（缩短） 3. 正面投影与 OX、OZ 的夹角，分别等于空间直线对水平面、侧面的倾角
	水平线（平行于水平面）			1. 水平投影为斜线，反映实长 2. 正面投影和侧面投影同时垂直于 OZ 轴，均不反映实长（缩短） 3. 水平投影与 OX、OY_H 轴的夹角，分别等于空间直线对正面、侧面的倾角
	侧平线（平行于侧面）			1. 侧面投影为斜线，反映实长 2. 正面投影和水平投影同时垂直于 OX 轴，均不反映实长（缩短） 3. 侧面投影与 OY_W、OZ 轴的夹角，分别等于空间直线对水平面、正面的倾角
一般位置直线	倾斜于三个投影面			1. 三个投影皆为斜线，均不反映实长（缩短） 2. 三个投影均不反映空间直线与投影面的倾角

综合表 3-1 各种位置直线的投影情况，可以归纳出直线三面投影的特性如下：

1. 投影面垂直线　在与直线垂直的投影面上的投影积聚为一点，其余两个投影面上的投影平行于同一条投影轴，而且反映实长。

2. 投影面平行线　在与直线平行的投影面上的投影为斜线，反映空间线段实长和它对投影面的倾角，其余两个投影面上的投影垂直于同一条投影轴，其长度均缩短。

3. 一般位置直线　在三个投影面上的投影均为斜线，其长度均缩短，不反映直线对投影面的倾角。

二、求一般位置直线的实长和倾角

由上述可知，一般位置直线的三面投影既不反映线段实长，也不反映它对投影面的倾角。但在实际工程中往往遇到需要根据投影图求出直线段的实长和倾角的一类问题。在投影图上求一般位置直线段实长和倾角的方法很多，这里先介绍一种简便易懂的方法，即直角三角形法。

图 3-10（a）空间线段 AB 是一般位置直线，因此，它的水平投影 ab 和正面投影 $a'b'$ 均不反映其实长。如果作 $AB_1 /\!/ ab$，则 $\triangle AB_1B$ 为一直角三角形，其中一直角边 $AB_1 = ab$，另一直角边 $BB_1 = z_B - z_A$，斜边 AB 即为实长，AB 与 AB_1 的夹角即为 AB 直线对 H 面的倾角 α。所以求一般位置直线段的实长和它对投影面的倾角，可以归结为求直角三角形的实形。

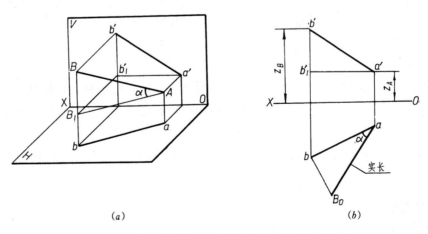

图 3-10　直角三角形法求直线段实长和对投影面的倾角

在投影图上用直角三角形法求实长和倾角的方法如图 3-10（b）所示，过 b（或 a）点作 ab 的垂线，截取 $bB_0 = b'b_1'$（即 $z_B - z_A$），连接 aB_0 即为 AB 直线段的实长，$\angle B_0ab$ 即为 AB 直线对 H 面的倾角 α。

如图 3-11（a）所示，如果以 $a'b'$ 为一直角边，$a'A_0$（即 $y_B - y_A$）为另一直角边，则直角三角形的斜边 $A_0b' = AB$，$\angle A_0b'a' = \angle\beta$。

如图 3-11（b）所示，也可以水平投影中 bb_1 为一直角边，另一直角边 b_1A_0 取 $a'b'$

的长度，作直角三角形 A_0bb_1，则斜边 $A_0b = AB$，$\angle bA_0b_1 = \angle\beta$。

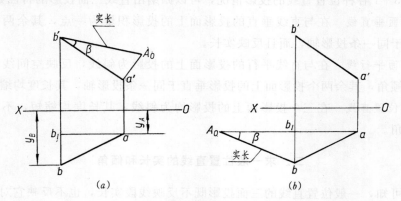

图 3-11　求直线段的实长和 β 角

直角三角形法求线段实长和倾角的方法可以归纳为：

以线段的一个投影为一直角边，线段两端点至该投影面的坐标差为另一直角边，则所作直角三角形的斜边即为线段的实长，实长与原投影的夹角即反映直线对该投影面的倾角。

三、直线上点的投影

由图 3-12（a）中可以看出，C 为 AB 直线上的一点，即 C 点从属于 AB 直线，所以 C 点的水平投影 c 必落在 ab 直线上。又因 Aa、Bb、Cc 均垂直于水平面，所以 $Aa \parallel Bb \parallel Cc$，由此可得 $ac : cb = AC : CB$。同理，C 点的正面投影 c'，也必然落在 $a'b'$ 直线上，且 $a'c' : c'b' = AC : CB$。

由上述分析得出直线上点的投影特性：

（1）直线上点的投影，必定在直线的同面投影上，这个特性称为从属性。

（2）一直线上一点若把线段分成两段，则两线段长度之比等于其投影长度之比。这个特性称为定比性。

例 3-3　如图 3-13（a），在已知线段 AB 上取 C 点，使 $AC = 10$，试求 C 点的二面投影。

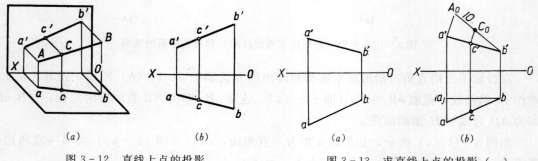

（a）　　　　　　　（b）　　　　　　　（a）　　　　　　　（b）

图 3-12　直线上点的投影　　　　　图 3-13　求直线上点的投影（一）

分析　$AC=10$ 是指实际长度，所以应先求出 AB 的实长，然后在实长线上量取 10，再按定比性求其投影。

作图　如图 3-13（b）所示。

（1）过 a' 作 $a'b'$ 的垂线，量取 $a'A_0 = aa_1$。

（2）连接 A_0b' 并取 $A_0C_0 = 10$。

（3）过 C_0 作 $a'b'$ 的垂线，其垂足即为 c'，再由 c' 作 OX 轴的垂线与 ab 相交得 c。c' 与 c 即为所求。

例 3-4　如图 3-14（a），已知直线 CD 上 K 点分割直线成 $CK : KD = 3 : 2$，试求 K 点的二面投影。

分析　根据定比性可知 $CK : KD = ck : kd = c'k' : k'd' = 3 : 2$。用几何作图法即可求得 k 和 k'。

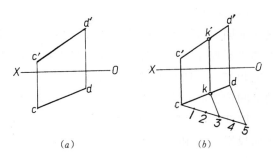

图 3-14　求直线上点的投影（二）

作图　如图 3-14（b）所示。

（1）自 c 点引一直线，以任意长度为单位截取 5 等分。

（2）过等分点 3 作 $d5$ 的平行线与 cd 相交于 k，即得 K 点的水平投影。

（3）由 k 作 OX 轴的垂线与 $c'd'$，相交于 k'，即得 K 点的正面投影。

四、两直线的相对位置

两直线在空间的相对位置有三种情况，即平行、相交和交叉。

（一）两直线平行

图 3-15 AB 和 CD 两直线平行，它们向同一个投影面 H 投影的平面 $ABba$ 和 $CDdc$ 必定相互平行，因此，两个平行的投影平面与投影面 H 的交线 ab 和 cd 必相互平行。同理也可证明 $a'b' \parallel c'd'$、$a''b'' \parallel c''d''$。由此可以得出两直线平行的投影特性是：如果两直线相互平行，它们的同面投影也一定相互平行。反之三组同面投影都相互平行的两直线在空间也一定相互平行（一般情况已知两直线的二面投影相互平行，则两直线的空间位置也

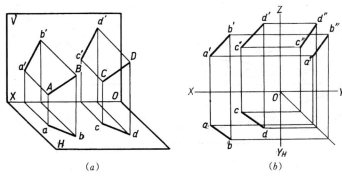

图 3-15　两直线平行

相互平行）。

（二）两直线相交

两直线相交，它们必定有一个共有点，即两直线的交点。交点的投影必定同时落在两直线的同面投影上。因此，两直线相交，它们的同面投影也一定相交，而且交点必定符合点的投影规律。反之各组同面投影都相交，且交点符合于点的投影规律的两直线在空间也一定相交（一般情况已知两直线的二面投影相交，且交点的连线垂直于投影轴，则两直线的空间位置必相交）。

图 3-16 AB 和 CD 两直线相交于 K 点，因此，它们的水平投影 ab 和 cd 相交于 k，正面投影 a'b' 和 c'd' 相交于 k'，侧面投影 a"b" 和 c"d" 相交于 k"。并且 kk'⊥OX，k'k"⊥OZ。

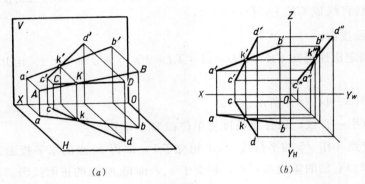

（a）　　　　　　　　　（b）

图 3-16　两直线相交

（三）两直线交叉

空间两直线既不平行又不相交称为两直线交叉，又称异面两直线。它们的同面投影绝不会同时都相互平行；如果它们的同面投影相交时，其交点的连线也绝不会都与相应的投影轴垂直。

图 3-17 AB 和 CD 两直线交叉。它们的水平投影 ab 和 cd 相交，正面投影 a'b' 和 c'd' 也相交，但是两个交点不在同一条垂直 OX 轴的连线上。从图 3-17 中可以看出两直

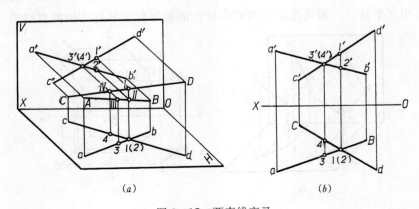

（a）　　　　　　　　　（b）

图 3-17　两直线交叉

线同面投影的交点实质上是位于两直线上两个点的重影。水平投影的交点是 Ⅰ、Ⅱ 两点的重影，正面投影的交点是 Ⅲ、Ⅳ 两点的重影。判别两直线上重影点的可见性的问题，是按照两点重影可见性的方法解决，如图 3-17（b）。

（四）两直线垂直相交

图 3-18（a）中，两直线 AB 和 BC 垂直相交，其中 BC 平行于 H 面，由于 BC⊥AB，所以 BC⊥平面 ABba，又因 BC∥bc，所以 bc⊥平面 ABba，则 bc⊥ab。

由此可知，两直线垂直相交，当其中一条直线平行于投影面时，则两直线在该投影面上的投影仍反映成直角。

同样，若相交两直线在某投影面上的投影相互垂直，且其中有一条直线平行于该投影面，则两直线在空间必定相互垂直。请读者自行证明。图 3-18（b）所示，水平投影 bc⊥ab，而正面投影 b'c'∥OX 轴，因此，可知 BC 是水平线，所以 AB 和 BC 两直线的空间位置是相互垂直的。

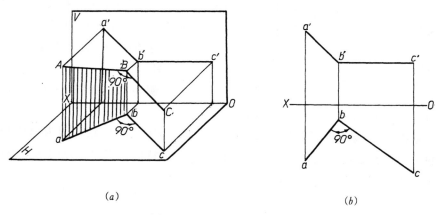

（a）　　　　　　　　　　　　　　（b）

图 3-18　两直线垂直相交

例 3-5　图 3-19（a），已知 AB 和 CD 两直线的投影 ab∥cd、a'b'∥c'd'，试判断它们的空间相对位置。

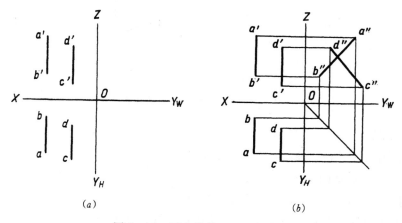

（a）　　　　　　　　　　　　　　（b）

图 3-19　两直线的空间相对位置

分析 根据水平投影和正面投影可以判定两直线不会相交，是否平行呢？因为这两直线都平行侧面，是特殊情况，因此还必须求出它们的侧面投影才能决定。如图 3-19（b）侧面投影求出后，$a''b''$ 和 $c''d''$ 是相交的，因此，可以判断 AB 和 CD 两直线在空间的位置不是平行而是交叉的。

例 3-6 如图 3-20（a），已知两相交直线 AB 和 BC 的投影，试完成平行四边形 $ABCD$ 的投影图。

分析 根据平行四边形对边平行的定理，$AB \parallel CD$、$BC \parallel AD$。

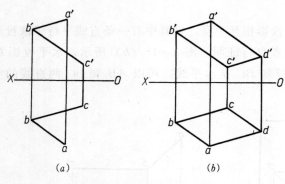

图 3-20 作平行四边形

作图 如图 3-20（b）所示。

（1）分别过 a、c 点作 $ad \parallel bc$，$cd \parallel ab$，ad 和 cd 相交于 d，即完成平行四边形的水平投影。

（2）同样过 a'、c' 点分别作 $a'd' \parallel b'c'$，$c'd' \parallel a'b'$，相交于 d'，即完成平行四边形的正面投影。

注意 d 和 d' 的连线应垂直于 OX 轴。

例 3-7 如图 3-21（a），试过已知点 A 作水平线 AB 与已知直线 CD 相交。

分析 根据水平线的投影特性，AB 的正面投影 $a'b' \parallel OX$ 轴，因为 AB 与 CD 相，所以它们的正面投影必定相交，再根据相交直线的投影特性，求出交点的水平投影，即可求出水平线 AB 的水平投影。

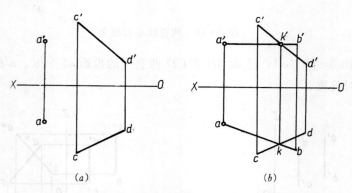

图 3-21 过已知点作水平线与已知直线相交

作图 如图 3-21（b）所示。

（1）过 a' 作 $a'b' \parallel OX$ 轴与 $c'd'$ 相交于 k'。

（2）由 k' 作 OX 轴的垂线与 cd 相交于 k。

（3）连接 ak 延长与过 b' 的投影连线相交得 b 点。

注意 由于 AB 的长度是任意的，所以 b' 和 b 的位置也不固定。

例 3 - 8　如图 3 - 22（a），已知 AB 直线和线外一点 M，试求 M 点至 AB 直线的距离。

分析　点至直线的距离，即由点作直线的垂线至其垂足的距离。因为已知直线 AB 是正平线，所以在正面投影反映直角。求出垂足后再用直角三角形法求出距离的实长。

作图　如图 3 - 22（b）所示。

（1）由 m′ 作 a′b′ 的垂线，与其延长线相交于 n′。

（2）再由 n′ 作 OX 轴的垂线与 ab 延长线相交得 n，连接 mn。

（3）过 m 作 mn 的垂线，量取 $mM_0 = n'm_1'$，连接 nM_0，即得距离的实长。

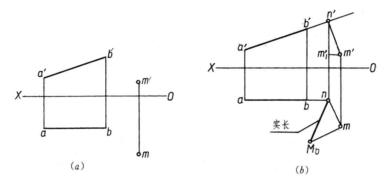

（a）　　　　　　　　　　　　　（b）

图 3 - 22　求点至直线的距离

第三节　平面的投影

一、平面的表示法

决定空间平面位置的几何要素有以下几种：

（1）不在同一直线上的三点，如图 3 - 23（a），A、B、C 三点决定一平面。

（2）一直线和直线外一点，如图 3 - 23（b），AB 直线和 C 点决定一平面。

（3）相交二直线，如图 3 - 23（c），AB 和 BC 相交二直线决定一平面。

（4）平行二直线，如图 3 - 23（d），AB 和过 C 点的平行二直线决定一平面。

（5）三角形或其他平面图形，如图 3 - 23（e），ABC 三角形决定一平面。

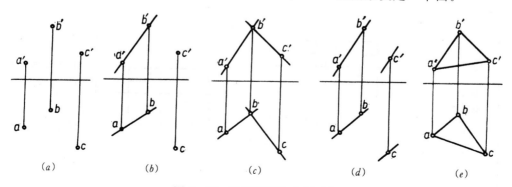

（a）　　　　　（b）　　　　　（c）　　　　　（d）　　　　　（e）

图 3 - 23　决定平面的几何要素

我们可以用上列任一组几何要素的投影表示平面的位置。为了表达明显起见，通常采用平面图形（如三角形或平行四边形等）表示平面。

二、各种位置平面的投影特性

平面在三投影面体系中的位置可分为 3 类：

1. 投影面平行面　平行于一个投影面的平面。

2. 投影面垂直面　垂直于一个投影面，并与其余两个投影面倾斜的平面。

上述两类平面称为特殊位置平面。

3. 一般位置平面　倾斜于三个投影面的平面。

各种位置平面的投影情况见表 3-2。

表 3-2　　　　　　　　　　各种位置平面的投影

空间位置		平面在立体上	平面的投影图	投影特性
投影面平行面	正平面（平行于正面）	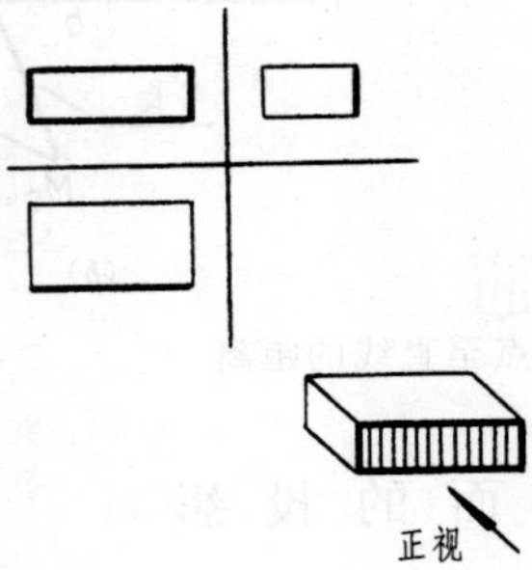	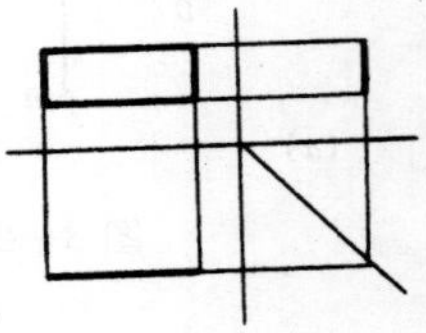	1. 正面投影反映实形 2. 水平投影和侧面投影积聚为直线，并垂直于 OY_H 和 OY_W 轴
	水平面（平行于水平面）	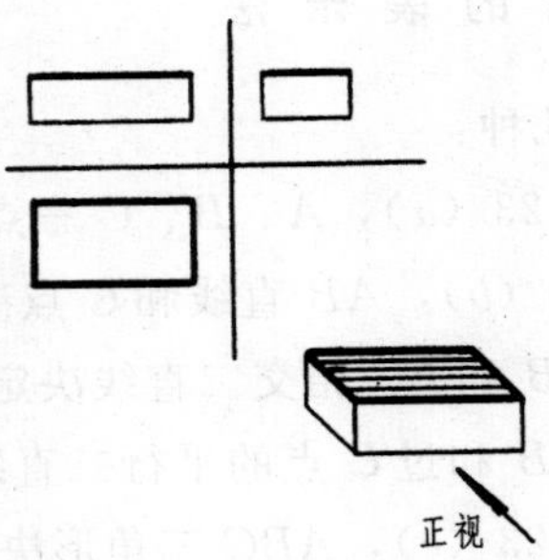	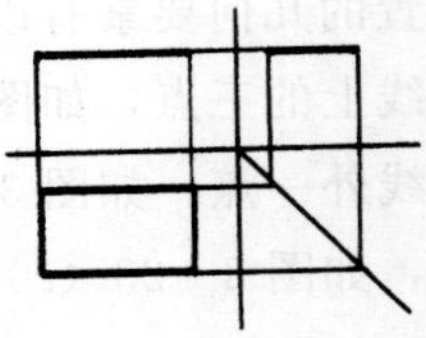	1. 水平投影反映实形 2. 正面投影和侧面投影积聚为直线，并同时垂直于 OZ 轴
	侧平面（平行于侧面）	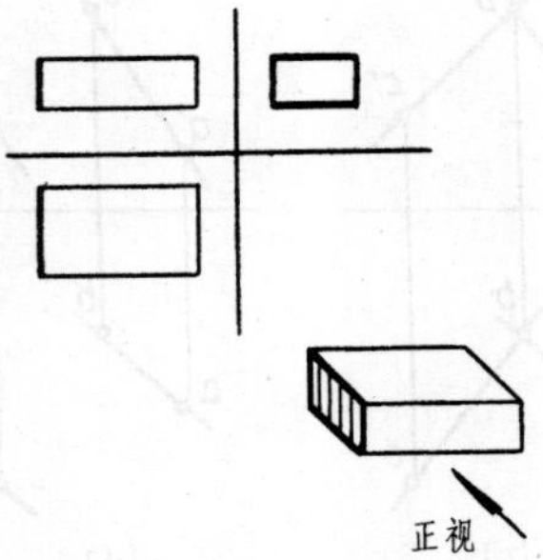	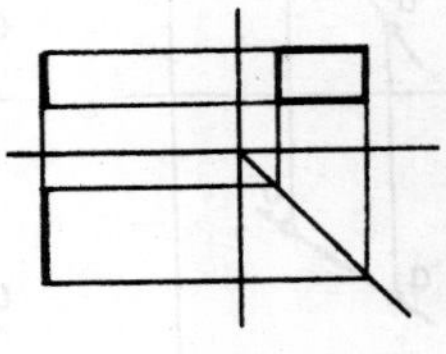	1. 侧面投影反映实形 2. 正面投影和水平投影积聚为直线，并同时垂直于 OX 轴

60

空间位置		平面在立体上	平面的投影图	投影特性
投影面垂直面	正垂面（垂直于正面）	正视		1. 正面投影积聚为斜线 2. 水平投影和侧面投影为类似形，不反映实形 3. 正面投影与 OX、OZ 轴的夹角等于正垂面对水平面和侧面的倾角
	铅垂面（垂直于水平面）	正视		1. 水平投影积聚为斜线 2. 正面投影和侧面投影为类似形，不反映实形 3. 水平投影与 OX、OY_H 轴的夹角等于铅垂面对正面和侧面的倾角
	侧垂面（垂直于侧面）	正视		1. 侧面投影积聚为斜线 2. 正面投影和水平投影为类似形，不反映实形 3. 侧面投影与 OZ、OY_W 轴的夹角等于侧垂面对正面和水平面的倾角
一般位置平面	倾斜于三个投影面	正视		1. 三个投影皆为类似形，均不反映实形 2. 三个投影均不反映空间平面对投影面的倾角

注 平面对水平面、正面、侧面的倾角分别用 α、β、γ 标记。

61

由表 3-2 中所列各种位置平面的投影情况，可以归纳出平面的三面投影特性如下：

1. 投影面平行面　在与它平行的投影面上的投影反映实形，其余两个投影均积聚为直线，并垂直于同一条投影轴。

2. 投影面垂直面　在所垂直的投影面上的投影积聚为斜线，它与相应投影轴的夹角反映垂直面对其他二投影面的倾角；其余两个投影均为类似形。

3. 一般位置平面　在三个投影面上的投影均为类似形，均不反映平面对投影面的倾角。

三、平面上的点和直线

（一）直线和点在平面上的几何条件

（1）通过平面上两点的直线必在平面上。如图 3-24（a），Ⅰ、Ⅱ两点是△ABC 平面上的点，所以通过Ⅰ、Ⅱ两点的直线必定在△ABC 平面上。

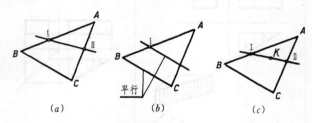

图 3-24　直线和点在平面上的条件

（2）通过平面上一点且平行于平面上任意一直线的直线必在该平面上。如图 3-24（b），Ⅰ点是△ABC 平面上的一点，通过Ⅰ点且平行于平面上的 BC 直线，则此直线必定在△ABC 平面上。

（3）如果某点位于平面内任意一直线上，则此点必在该平面上。如图 3-24（c），K点位于△ABC 平面内的ⅠⅡ直线上，则 K 点必定在△ABC 平面上。

（二）平面上的直线的投影

如图 3-25（a），在两投影面体系中，△ABC 平面上有直线ⅠⅡ，它的两个点Ⅰ、Ⅱ分别位于平面的两边 AB、AC 上，则Ⅰ、Ⅱ两点的投影必分别落在 AB、AC 的同面投

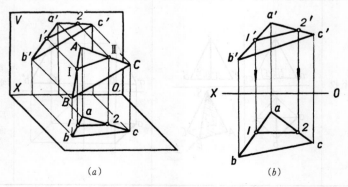

图 3-25　平面上的直线的投影

影上。如图 3-25 (b) 1、1′和 2、2′分别在 ab、a′b′和 ac、a′c′上，连接 12 和 1′2′即为 △ABC 平面上 ⅠⅡ 直线的投影。

（三）平面上的点的投影

1. 特殊位置平面上的点的投影　垂直或平行于投影面的平面，它们的一个或二个投影具有积聚性。在这类特殊位置平面上点的投影，可以利用它们的积聚投影直接作图。

图 3-26 所示△ABC 为一水平面，它的正面投影和侧面投影均积聚为水平方向直线，水平投影反映实形。如欲求其重心，应首先在水平投影上按三角形求重心的方法确定点 o，然后应用该平面水平投影和侧面投影的积聚性求出 o′和 o″。

图 3-27 表示一个矩形正垂面，它的正面投影 a′b′ (c′) (d′) 积聚为一斜线，水平投影和侧面投影为类似形。如果已知该平面上 E 点的水平投影 e，怎样求出 e′和 e″呢？根据平面的正面投影具有积聚性这一特点，可以直接由 e 作 OX 轴的垂线与平面的正面投影 a′b′ (c′) (d′) 相交即得 e′。e″可以根据已知两个投影求第三投影的方法求出。

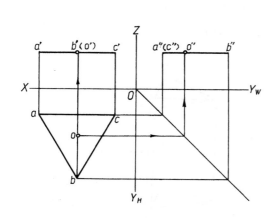

图 3-26　水平面上点的投影

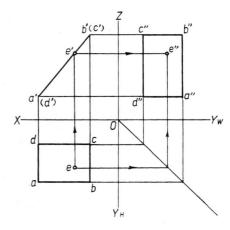

图 3-27　正垂面上点的投影

2. 一般位置平面上点的投影　根据点位于平面内任意一直线上，则此点必在该平面上这一定理。求一般位置平面上点的投影，可通过该点在平面上作一辅助直线，先求辅助直线的投影，再求出点的投影。

如图 3-28，K 点位于 SAB 平面上，已知 K 点的正面投影 k′、如何求出 k 和 k″呢？可以通过 K 点在平面上作一辅助直线 SM，先求出 SM 的投影 (s′m′、sm、s″m″)，如图 3-28 (a)，然后再求辅助直线 SM 上的 K 点的投影 (k、k″)，如图 3-28 (b)。

（四）平面上的投影面平行线

平面上平行于 H 面、V 面、W 面的直线分别称为平面上的水平线，平面上的正平线及平面上的侧平线。平面上的投影面平行线既要符合直线在平面上的几何条件，又要符合投影面平行线的投影特性。

图 3-29 (a) 所示，AD 直线是 ABC 平面上的一条水平线。图 3-29 (b) 表示它们的投影图，因为 a′d′∥OX，所以直线 AD 平行 H 面；同时 d 和 d′，分别在 bc 和 b′c′，

上，所以直线 AD 是 ABC 平面上的一条水平线。

图 3 - 30 是表示 DEF 平面上的正平线 GH 直线的二面投影，它的水平投影 gh // OX 轴，g、g′和 h，h′分别在 de、d′e′和 ef、e′f′上。

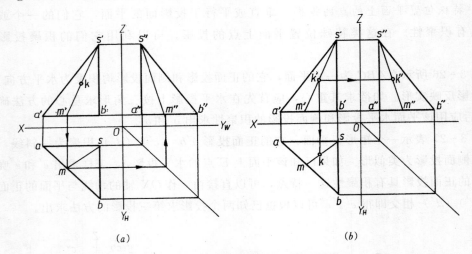

(a)   (b)

图 3 - 28 求一般位置平面上点的投影

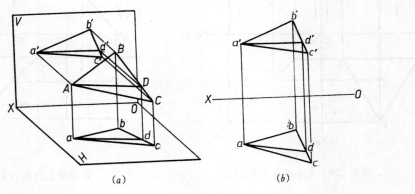

(a)   (b)

图 3 - 29 平面上的水平线

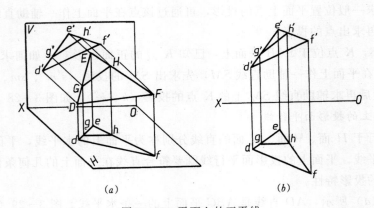

(a)   (b)

图 3 - 30 平面上的正平线

64

例 3 - 9 如图 3 - 31（a）所示，试完成该平面图形的水平投影。

分析 从平面图形的侧面投影积聚为一直线，可知该平面图形为侧垂面。梯形槽口的水平投影可以利用侧面投影的积聚性直接求得。

作图 如图 3 - 31（b）所示。

（1）由 1′、2′、3′、4′ 各点作 OZ 轴的垂线与 a″b″（c″）（d″）相交得（1″）、2″、（3″）、（4″）各点。

（2）再由 1′、2′、3′、4′ 和（1″）、2″、（3″）、（4″）按投影规律求出 1、2、3、4 各点，连接 12、23、34 即完成平面图形的水平投影。

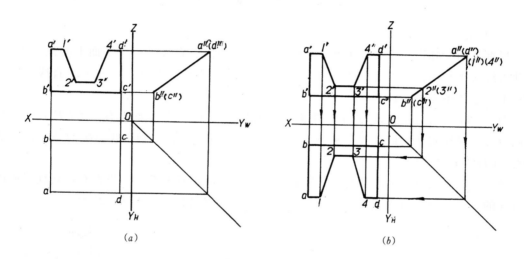

图 3 - 31 完成平面图形的水平投影

例 3 - 10 如图 3 - 32（a）所示，试判断 M 和 N 两点是否在 ABC 平面上。

分析 根据点在平面上的几何条件，如果通过点在平面内可以作出任意一条直线，则此点就在该平面上，否则此点不在平面上。

作图判断 如图 3 - 32（b）所示。

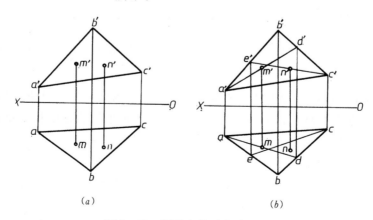

图 3 - 32 判断点是否在平面上

（1）过 a、m 作直线与 bc 相交于 d，再由 d 向上作 OX 轴的垂线与 $b'c'$ 相交于 d'，连接 $a'd'$ 通过 m'。说明 M 点在 AD 直线上，而 AD 直线又在 ABC 平面上，所以 M 点是在 ABC 平面上。

（2）过 c'、n' 作直线与 $a'b'$ 相交于 e'，再由 e' 向下作 OX 轴的垂线与 ab 相交于 e，连接 ce 不经过 n，说明 N 点不在 CE 直线上，所以 N 点不在 ABC 平面上。

第四节　直线与平面、平面与平面的相对位置

一、直线与平面、平面与平面平行

（一）直线与平面平行

根据几何学知识，直线与平面平行的条件是：如果一直线平行于平面上的任一直线，则此直线必平行于该平面。如图 3-33 所示，AB 直线平行于 P 平面上的 CD 直线，所以 AB 直线与 P 平面平行。

图 3-34 表示 AB 直线和 CDE 平面的二面投影。在 CDE 平面上有一条 CF 直线，其二面投影与 AB 直线的同面投影平行，即 $cf /\!/ ab$，$c'f' /\!/ a'b'$，则直线 $AB /\!/ CF$，故直线 AB 与 CDE 平面平行。

图 3-35 表示直线 AB 平行于正垂面 $CDEF$。因为正垂面的一个投影有积聚性，所以当直线的一个投影平行于正垂面的积聚投影时，则该直线必平行于该正垂面。

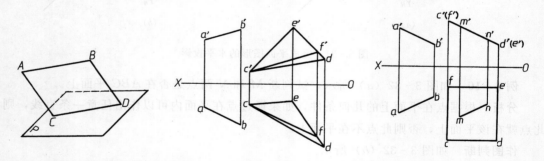

图 3-33　直线与平面平行　图 3-34　直线与平面平行的投影　图 3-35　直线平行于垂直面

例 3-11　已知条件如图 3-36（a）所示，试过 E 点作一条平行于 ABC 平面的正平线，其长度为 20。

分析　所求正平线应平行于已知平面上的正平线，因此，先在 ABC 平面上作一正平线，然后经过 E 点作平面上的正平线的平行线。又因正平线的正面投影反映实长，所以在正面投影上量取 20。

作图　如图 3-36 所示。

（1）由 a 点作平行于 OX 轴的直线与 bc 相交于 d，再由 d 作 OX 轴的垂线与 $b'c'$ 相交得 d'，如图 3-36（b）。

（2）由 e 和 e' 分别作 ad 和 $a'd'$ 的平行线，截取 $e'f' = 20$，再求出水平投影 f 即得，

如图 3-36（c）。

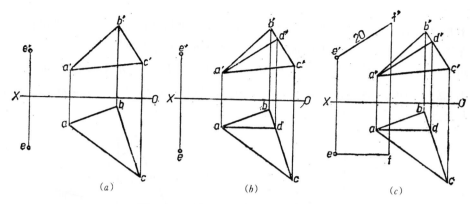

图 3-36 平行于已知平面作一正平线

（二）平面与平面平行

两平面平行的几何条件：如果一个平面上的两条相交直线分别平行于另一个平面上的两条相交直线，则此两个平面相互平行。如图 3-37 所示，相交二直线 AB、CD 在 P 平面上，相交二直线 A_1B_1、C_1D_1 在 Q 平面上，如果 $AB /\!/ A_1B_1$，$CD /\!/ C_1D_1$，则 $P /\!/ Q$。

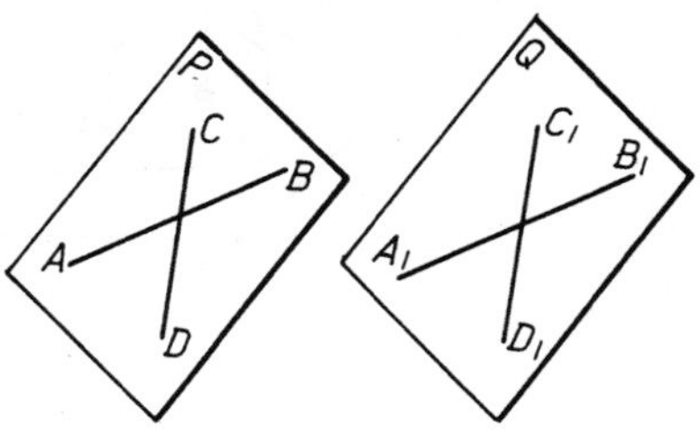

图 3-37 二平面平行

图 3-38（a）表示两个平面 ABC 和 DEF 的二面投影，其水平投影 $ab /\!/ de$，$ac /\!/ df$，正面投影 $a'b' /\!/ d'e'$，$a'c' /\!/ d'f'$，所以平面 ABC 与平面 DEF 平行。图 3-38（b）表示两个正垂面，它们的正面投影积聚为两直线，并相互平行，则二平面必相互平行。

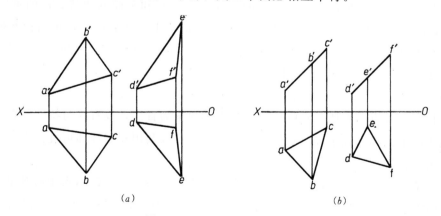

图 3-38 二平面平行的投影

二、直线与平面、平面与平面相交

直线与平面相交，交点是直线与平面的共有点，此点既在直线上，又在平面上。两平面相交，交线是两平面的共有线（直线），求作二平面的交线，只需作出交线上任意两点或一点及其交线方向。

（一）投影面垂直线与一般位置平面相交

由于垂直线的一个投影积聚为一点，因此，垂直线与平面的交点在该投影面上的投影也重影在该点上。然后在平面上作辅助直线求出交点的其他投影。

如图 3-39 所示，铅垂线 EF 与 ABC 平面相交于 K 点，水平投影 k 重影于 e（f）点。过 K 点在 ABC 平面上作辅助线 AM，由水平投影 am 求出 a'm'，a'm' 与 e'f' 相交于 k'，即为交点 K 的正面投影。

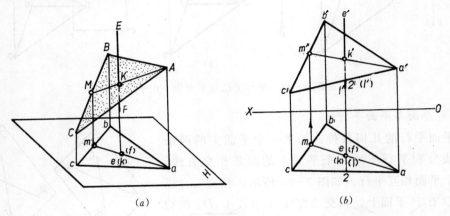

图 3-39 铅垂线与平面相交

直线与平面相交，在其投影图中将出现直线被平面遮挡的不可见部分，而可见与不可见的分界点就是直线与平面的交点。图 3-39 中，由于直线的水平投影具有积聚性，所以直线的可见与不可见部分都积聚在一点上。在正面投影中可以用重影点判断可见性的方法，确定其可见与不可见部分。由直线的正面投影 e'f' 和平面的边线 a'c' 的重影点 1' 和 2'，找出它们的水平投影 1 和 2，可以看出 Ⅱ 点在前，Ⅰ 点在后，故在正面投影中，平面上的 Ⅱ 点是可见的，直线上 Ⅰ 点不可见，所以 k'1' 部分为不可见 k'e' 则可见。IF 是伸到 ABC 平面以外的部分，所以 1'f' 可见。

（二）直线与特殊位置平面相交

由于投影面垂直面在所垂直的投影面上投影积聚为直线，故直线与特殊位置平面的交点在该投影面上的投影在平面有积聚性的投影上，所以利用积聚性即可直接求出交点的一个投影。另一投影用直线上取点的方法求出。

图 3-40 所示，直线 AB 与铅垂面 CDEF 相交，其交点 K 的水平投影即为 ab 与 c（d）f（e）的交点 k。由 k 向 OX 轴作垂线与 a'b' 相交为 k'。由水平投影可以看出，直线的 BK 部分位于平面 CDEF 之前，而 KA 部分则在该平面之后，所以正面投影 K'a' 与平面的投影重叠部分应画虚线。

（三）一般位置平面与特殊位置平面相交

由于特殊位置平面的投影有积聚性，因此，交线的一个投影必积聚在该投影上。由此可求出交线的投影。

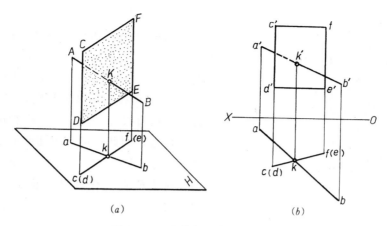

图 3-40　直线与垂直平面相交

如图 3-41（a）所示，两平面 ABC 与 DEFG 的交线 MN 是 ABC 平面上的两边 AB和 AC 与平面 DEFG 两个交点 M 和 N 的连线。因此，求两平面的交线实质上还是求直线与平面的交点的问题。其中 DEFG 平面为铅垂面，所以利用积聚性即可求出交点，连接即得交线。

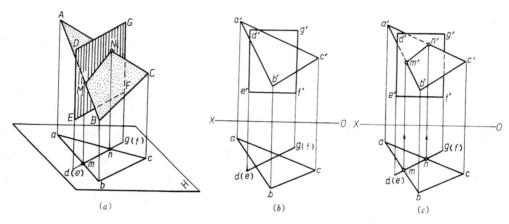

图 3-41　一般位置平面与垂直面相交

图 3-41（b）是其二面投影，由水平投影 ab 和 ac 与 d（e）g（f）的交点 m 和 n求出 m′和 n′，连接 mn 和 m′n′即为交线的投影，如图 3-41（c）。从水平投影可知△ABC 的 BCNM 部分位于□DEFG 之前，AMN 部分位于□DEFG 之后，所以在正面投影 a′m′、a′n′在□d′e′f′g′之内的部分是不可见的。f′g′在□b′c′n′m′之内的部分也是不可见的。

（四）一般位置直线与一般位置平面相交

用辅助平面法求一般位置直线与平面交点的步骤，如图 3-42 所示。

（1）过直线作辅助平面（一般用投影面垂直面），如过 ED 作辅助平面 P。

（2）求辅助平面与已知平面的交线，如求 P 平面与△ABC 的交线 MN。

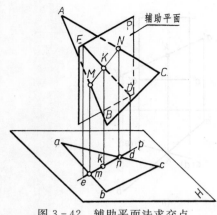

图 3-42 辅助平面法求交点

（3）求交线与已知直线的交点，即得已知直线与已知平面的交点，如求出直线 ED 与 MN 的交点 K。

例 3-12 如图 3-43（a），已知 DE 直线和 ABC 平面的二面投影，试求其交点和判断可见性。

分析 由直线和平面的二面投影可以判断它们都是一般位置，因此，可以用辅助平面法求解。

作图 如图 3-43（b）、（c）所示。

（1）过 DE 直线作辅助平面 P（用铅垂面），它的水平投影 P 与 ed 重影，p 与 ab、ac 分别相交于 m、n。

（2）由 m、n 向 OX 轴作垂线与 a'b'、a'c' 分别相交于 m'、n'。

（3）连接 m'n' 与 e'd' 相交于 k'，由 k' 向 OX 轴作垂线与 ed 相交于 k，k 和 k' 即为交点 K 的投影。

（4）求出交点后，如图 3-43（c），再根据重影点 Ⅰ、Ⅱ 和 Ⅲ、Ⅳ 判断正面投影和水平投影的可见和不可见部分。

二平面如果都是一般位置时，则二平面的交线可按一般位置直线与一般位置平面求交点的方法，求出交线上两点，连接即成。

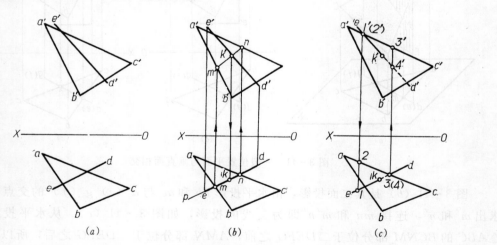

图 3-43 求一般位置直线与平面的交点

第四章 基本体的投影

建筑物和机件的形状虽然多种多样，但细加分析，一般是由柱、锥、台、球、环等基本几何体（简称基本体）所组成的。如图 4-1 所示，（a）桥墩、（b）柱基、（c）螺栓均是由基本体组合而成。因此，掌握基本体的投影特点，可以为绘制和阅读工程图打下初步基础。

基本体可分为平面体和曲面体两类。

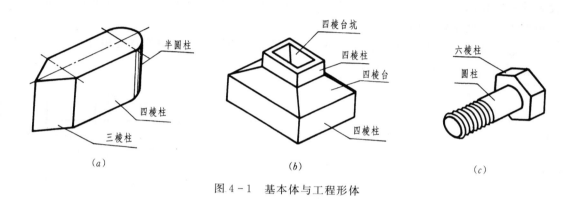

图 4-1　基本体与工程形体

第一节　平 面 体 的 投 影

平面体是指其表面均由平面所组成的立体。平面体的表面称为棱面，平面体上相邻表面的交线称为棱线。平面体又分为棱柱体和棱锥体两种。

棱柱体　上、下两个底面为全等且平行的多边形，各棱线均相互平行，如棱线垂直于底面称为直棱柱体，当直棱柱体的底面为正多边形时则称为正棱柱体；棱线不垂直底面时称为斜棱柱体。

棱锥体　底面为多边形，所有棱线汇集于锥顶点，各棱面均为三角形。锥顶点至底面重心的连线为棱锥体的轴线，如轴线垂直于底面，并且底面为正多边形时称为正棱锥体。正棱锥体各个棱面为全等的等腰三角形。

（一）正六棱柱的投影

1. 形体分析　如图 4-2，正六棱柱的上、下底面为全等而且相互平行的正六边形，六条棱线均与底面垂直，六个棱面为相同的矩形。

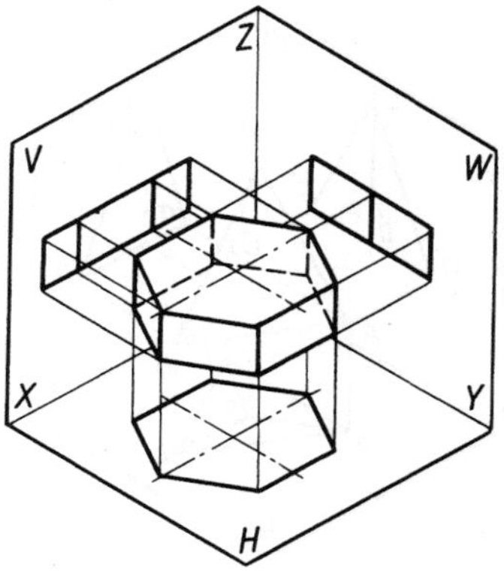

2. 投影位置　使正六棱柱上下底面与水平面平行，

图 4-2　正六棱柱三面投影的形成

并使其前后两个棱面平行于正面。

3. 投影分析

（1）水平投影 由于上下两个底面均平行于水平面，所以水平投影反映正六边形的实形而且重影。它的六个棱面都垂直于水平面，其水平投影亦分别积聚在底面水平投影正六边形的六条边上。

（2）正面投影 上底面和下底面的正面投影积聚为两条水平的直线，其间距即为棱柱的高度。六个棱面是前后对称的，它们的正面投影重影成三个矩形线框，中间一个线框反映前后两个棱面的实形，左右的四个棱面倾斜于正面，其正面投影为左右两个线框，不反映棱面的实形。

（3）侧面投影 上底面和下底面的侧面投影亦积聚为两条水平的直线，其间距与正面投影的高度相同。左右四个棱面的侧面投影重影成两个矩形线框，前后两个棱面的侧面投影积聚为左右两条铅垂的直线。

注意：侧面投影中只有两个矩形线框，其总宽度与水平投影中的宽度相等。

4. 作图步骤 如图 4-3 所示。

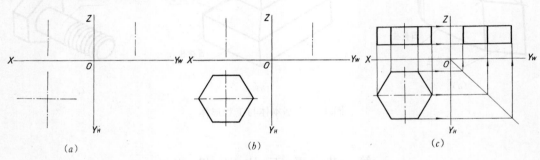

(a)　　　　　　　(b)　　　　　　　(c)

图 4-3　作正六棱柱的投影

（1）画投影轴和对称中心线。

（2）画反映底面实形的水平投影（正六边形）。

（3）根据"长对正"和正六棱柱的高度画正面投影；根据"高平齐、宽相等"画侧面投影。

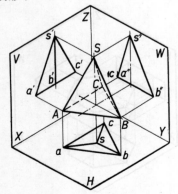

图 4-4　正三棱锥三面投影的形成

（二）正三棱锥的投影

1. 形体分析 如图 4-4，正三棱锥的底面为一等边三角形，三棱锥的轴线通过底面重心并垂直于底面，三个棱面为全等的等腰三角形。

2. 投影位置 使正三棱锥的底面 ABC 与水平面平行，并使其一条边线 AC 垂直于侧面。

3. 投影分析

（1）水平投影 因为底面平行于水平面，所以底面的水平投影 △abc 反映底面 △ABC 的实形。正三棱锥顶点 S 的水平投影 s 位于 △abc 的重心上。三条棱线 SA、SB、

SC 的水平投影为 sa、sb、sc，三个棱面 $\triangle SAB$、$\triangle SBC$、$\triangle SAC$ 的水平投影为 $\triangle sab$、$\triangle sbc$、$\triangle sac$，它们均不反映实长和实形。

（2）正面投影　底面 $\triangle ABC$ 的正面投影积聚为一水平线 $a'b'c'$，锥顶点 S 的正面投影 s' 位于 $a'b'c'$ 的垂直平分线上，由 s' 至 $a'b'c'$ 的距离等于三棱锥的高度。棱面 $\triangle SAB$、$\triangle SBC$ 的正面投影 $\triangle s'a'b'$ 和 $\triangle s'b'c'$ 为两个直角三角形线框。棱面 $\triangle SAC$ 在后面，其正面投影 $\triangle s'a'c'$ 为不可见且与其他两棱面的投影重影。三个棱面的正面投影都不反映实形。

（3）侧面投影　为一斜三角形，其底边为正三棱锥底面 $\triangle ABC$ 的侧面投影 $a''b''$（c''），具有积聚性。左边斜线是正三棱锥后侧棱面 $\triangle SAC$ 的侧面投影 $s''a''$（c''），亦有积聚性。斜三角形线框为左右两个棱面的重影 $\triangle s''a''b''$ 和 $\triangle s''b''$（c''），都不反映实形。只有棱线 SB 平行于侧面，其侧面投影 $s''b''$ 反映实长。

应当注意：侧面投影斜三角形的底边不反映正三棱锥底边的实长，其顶点的位置需要根据水平投影来确定。

4. 作图步骤　如图 4-5 所示。

（1）画投影轴和水平投影。作等边 $\triangle abc$，由重心 s 连接各顶角 sa、sb、sc。

（2）画正面投影。根据"长对正"和三棱锥高度作底面 $a'b'c'$ 和锥顶 s'，连接 $s'a'$、$s'b'$、$s'c'$。

（3）画侧面投影。根据"高平齐、宽相等"作底面 $a''b''$（c''）和锥顶 s''，连接 $s''a''$、$s''b''$、s''（c''）。

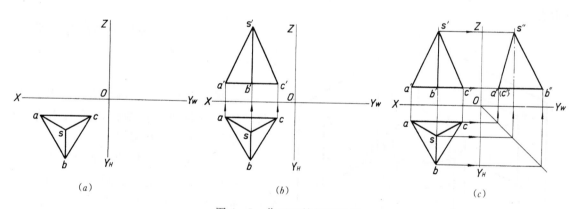

图 4-5　作正三棱锥的投影

第二节　曲面体的投影

曲面体是指其表面均由曲面或由曲面和平面组成的立体。

常见的曲面体有圆柱、圆锥、圆球和圆环。它们的曲表面可以看作是由一条动线绕某固定轴线旋转而形成的，这种形体又称为回转体。动线称为母线，母线在旋转过程中的每一个具体位置称为曲面的素线。因此，可认为曲面上存在着许多素线。

当母线为直线，围绕与它平行的轴线旋转而形成的曲面是圆柱面，如图 4-6（a）。

当母线为直线，围绕与它相交的轴线旋转而形成的曲面是圆锥面，如图4-6（b）。

当母线为一圆，围绕其直径旋转而形成的曲面是球面，如图4-6（c）。

当母线为一圆，围绕与圆在同一平面内，但不通过圆心的轴线旋转而形成的曲面是环面，如图4-6（d）。

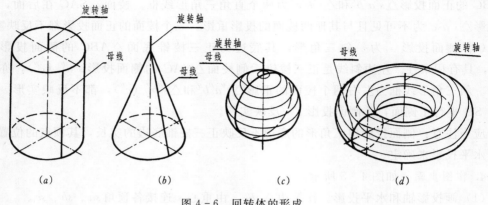

图 4-6 回转体的形成

了解曲面的形成，对作曲面体的三面投影是有帮助的。

（一）圆柱的投影图

1. 形体分析 圆柱的上下两个底面为直径相同而且相互平行的两个圆，轴线与底面垂直。

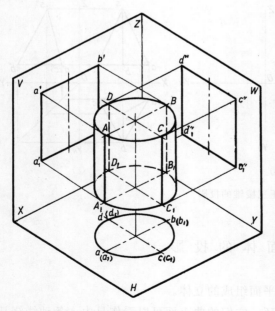

图 4-7 圆柱三面投影的形成

2. 投影位置 使圆柱的轴线与水平面垂直，如图4-7所示。

3. 投影分析

（1）水平投影 上下两个底面的水平投影反映实形并且重影，圆柱面垂直于水平面，其水平投影积聚在圆周上。

（2）正面投影 圆柱的正面投影为一个矩形，矩形上下两条边线是圆柱上下两个底面的正面投影，有积聚性。矩形的左右两条边线 $a'a_1'$ 和 $b'b_1'$ 是圆柱面最左和最右的两条素线 AA_1 和 BB_1 的正面投影，这两条素线从正面投影方向看，是圆柱面的可见与不可见部分的分界线，称为正面投影方向的轮廓素线。

（3）侧面投影 与正面投影完全一样，也是一个矩形。但是矩形的两边线 $c''c_1''$ 和 $d''d_1''$ 是圆柱面最前和最后的两条素线 CC_1 和 DD_1 的侧面投影。

应当注意：正面投影和侧面投影的矩形所表示圆柱表面的部分是不相同的，正面投影

74

表示圆柱的前半个表面，后半个表面不可见与其重影；侧面投影表示圆柱面的左半个表面，右半个表面不可见与其重影。圆柱面的轮廓素线是对某一投影方向而言的，因此只画一个投影，其余投影不应画出。

4．作图步骤　如图4-8所示。

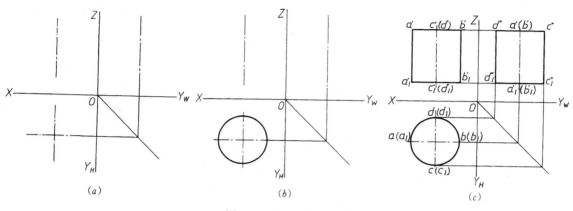

图4-8　作圆柱的投影

（1）画投影轴，定中心线、轴线位置。

（2）画水平投影，作圆（反映底面实形）。

（3）画正面投影和侧面投影。画正面投影时，根据"长对正"画左、右轮廓素线的投影，按圆柱高度画上、下底面的投影；画侧面投影时，根据"高平齐"画上、下底面的投影，由"宽相等"画前后轮廓素线的投影。

（二）圆锥的投影

1．形体分析　正圆锥的底面为一圆，轴线通过底面圆心并垂直于底面。

2．投影位置　使圆锥轴线与水平面垂直，如图4-9。

3．投影分析

（1）水平投影　圆锥的水平投影为一个圆。这个圆反映底面的实形，也是圆锥面的水平投影，圆锥顶点的水平投影位于该圆的圆心。圆锥面是可见的，底面是不可见的。

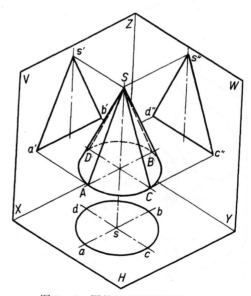

图4-9　圆锥三面投影的形成

（2）正面投影和侧面投影　都是等腰三角形，而且全等。三角形的底边是圆锥底面的积聚投影，其两腰则是表示不同位置的轮廓素线的投影。正面投影中$s'a'$和$s'b'$是圆锥面上最左和最右两条轮廓素线SA和SB的投影。侧面投影中$s''c''$和$s''d''$是圆锥面上最前和最后两条轮廓素线SC和SD的侧面投影。

4. 作图步骤　如图 4-10 所示。

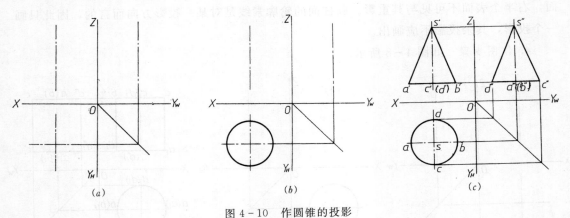

图 4-10　作圆锥的投影

画圆锥三面投影与画圆柱三面投影的步骤相同。

（三）圆球的投影

圆球的三个投影都是与圆球直径相等的圆。这三个圆分别是圆球面上三个不同方向的轮廓素线圆的投影。如图 4-11（a），水平投影圆 a 是球面上平行于水平面的轮廓素线圆 A 的投影，它是上半球面（水平投影可见）与下半球面（水平投影不可见）的分界线。圆 A 的正面投影 a′ 和侧面投影 a″ 都与球的水平中心线重合（不需要画出）；正面投影圆 b′ 是球面上平行于正面的轮廓素线圆 B 的投影，它是前半球面（正面投影可见）与后半球面（正面投影不可见）的分界线，侧面投影圆 c″ 是球面上平行于侧面的轮廓素线圆 C 的投影，它是左半球面（侧面投影可见）与右半球面（侧面投影不可见）的分界线。

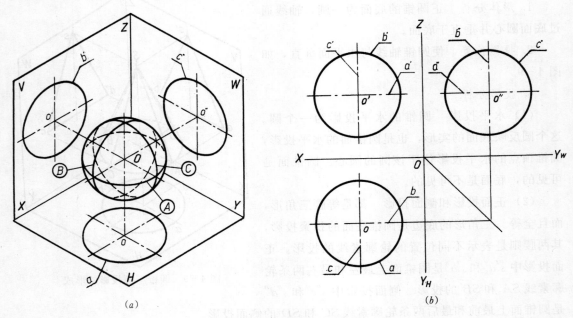

图 4-11　圆球的三面投影

画圆球的投影图时，先画圆球的中心线，确定球心的投影；再画三个与圆球等直径的圆，如图 4-11 (b)。

（四）圆环的投影

如图 4-12 所示，当圆环的轴线垂直于水平面时，圆环的水平投影为三个同心圆。其中点划线圆表示母线圆心轨迹的投影，两个不同大小的粗实线圆分别为环面上最大和最小轮廓圆的投影，它们是水平投影方向圆环面上可见部分与不可见部分的分界线。

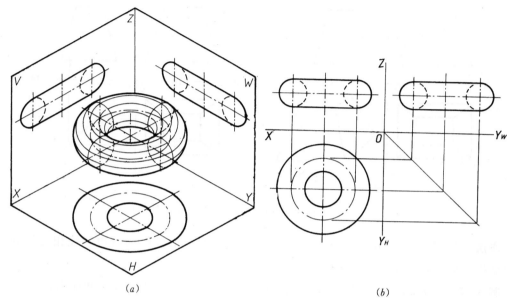

(a)   (b)

图 4-12　圆环的三面投影

圆环的正面投影和侧面投影为相同的图形，但表示不同方向的环面投影。正面投影中的左、右两个小圆是母线圆旋转至平行于正面时的投影，即是环面上最左和最右轮廓素线圆的投影。由于内环圆的正面投影不可见，所以两个圆的内半圆用虚线表示。两个圆的上、下公切线为环面上最高和最低圆的投影。圆环的侧面投影与正面投影的分析方法相同，读者可自行分析。

画圆环投影时，首先画出中心线、轴线，其次画正面投影中最左和最右的轮廓素线圆及上、下两条公切线。最后根据投影规律作其余投影。

第三节　立体表面上点的投影

在第三章中已讲述了关于平面上直线和点的投影。求立体表面上点的投影，就是运用这些基本原理。下面举例说明位于各种不同位置表面上点的投影的作图方法。

（一）积聚性法

当立体表面对投影面处于特殊位置，它的投影具有积聚性时，求其表面上点的投影，可利用这一特性来解决。这种方法称为积聚性法。

例 4-1 已知四棱台棱面上 K 点的正面投影 k'，试作 K 点的水平投影和侧面投影，如图 4-13（a）。

分析 由图 4-13（a）可以看出，k' 是可见点，所以 K 点位于四棱台的前棱面上。而四棱台前棱面的侧面投影为右边的一斜线，具有积聚性。因此，K 点的侧面投影 k'' 必定积聚于该斜线上。

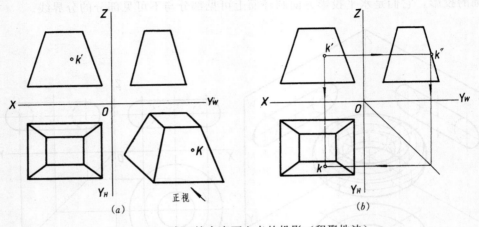

图 4-13 求四棱台表面上点的投影（积聚性法）

作法 如图 4-13（b），由 k' 向 OZ 轴作垂线，与侧面投影的右边斜线相交得到 k''。再根据投影规律，求出第三投影 k。

例 4-2 已知圆柱面上 K 点的正面投影 k'，试作 K 点的水平投影和侧面投影，如图 4-14（a）。

分析 从图 4-14（a）可以看出，圆柱面的侧面投影积聚为一圆。因此，K 点的侧面投影 k'' 必积聚于该圆周上。由于 k' 是可见的，故 K 点位于圆柱的前表面上。

作法 如图 4-14（b），由 k' 向 OZ 轴作垂线，与侧面投影右半圆周的交点为 k''。再根据投影规律，求出 k。

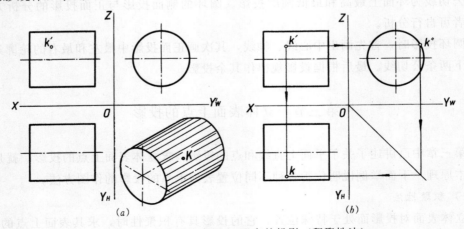

图 4-14 求圆柱表面上 K 点的投影（积聚性法）

（二）辅助直线法

当立体表面为一般位置时，它的三面投影都不具有积聚性。这时，可以在立体表面上过已知点作一条辅助直线，先作辅助直线的投影，再求辅助直线上已知点的投影。这种方法称为辅助直线法。

例 4-3 已知三棱锥 SAB 表面上 K 点的正面投影 k'，试作 K 点的水平投影和侧面投影，如图 4-15（a）。

分析 从图 4-15（a）可知，k' 是可见点，所以 K 点在 $\triangle SAB$ 棱面上，由于 SAB 棱面为一般位置平面，它的三面投影 sab、$s'a'b'$、$s''(a'')b''$ 都不具有积聚性。所以不能采用上述的积聚性法求解，但可以通过 K 点在 SAB 棱面上作一平行于 AB 的辅助线，与 SA 侧棱交于 D 点。根据点、线、面的从属关系和两平行线的投影特性，可以先作出辅助线的投影，然后求 K 点的其他投影。

作法

（1）如图 4-15（b），过 k' 作 $a'b'$ 的平行线与 $s'a'$ 交于 d'，再由 d' 分别向 OX 和 OZ 轴作垂线，与 sa 和 $s''a''$ 交于 d 和 d''。再过 d 和 d'' 分别作 ab 和 $a''b''$ 的平行线，即得辅助线的水平投影和侧面投影。

（2）如图 4-15（c），由 k' 作 OX 轴的垂线与辅助线的水平投影相交于 k，再由 k 求出 k''，即得 K 点的水平投影和侧面投影。因为 SAB 棱面位于三棱锥的右侧，它的侧面投影是不可见的，故 k'' 也不可见，应标记为（k''）。

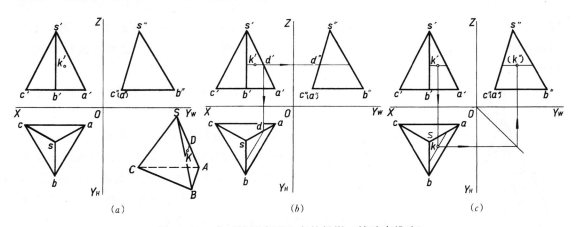

图 4-15 求三棱锥表面上点的投影（辅助直线法）

例 4-4 已知圆锥面上 K 点的水平投影 k，试作 K 点的正面投影和侧面投影，如图 4-16（a）。

分析 通过圆锥顶点与底圆周上任意一点的连线，必定是圆锥面上的一条素线（直线）。求圆锥表面上点的投影，即可利用这一特点。由顶点 S 过 K 点作一素线为辅助线，先作辅助素线的投影，再求辅助素线上 K 点的投影。

作法

（1）如图 4-16（b），连接 sk 延长交圆周于 a，由 a 作 OX 轴的垂线与底面的正面投

影相交于 a'，再由 a 作 OY_H 轴的垂线交 45°斜线后转向 OY_w 轴作垂线与底面的侧面投影相交得 a''。连接 $s'a'$ 和 $s''a''$，即得辅助素线的正面投影和侧面投影。

（2）如图 4-16（c），由 k 作 OX 轴的垂线与 $s'a'$ 交于 k'，再过 k' 作 OZ 轴的垂线与 $s''a''$ 交于 k''，即得 K 点的正面投影和侧面投影。因为 K 点是位于圆锥的左前表面上，故 k' 和 k'' 都是可见的。

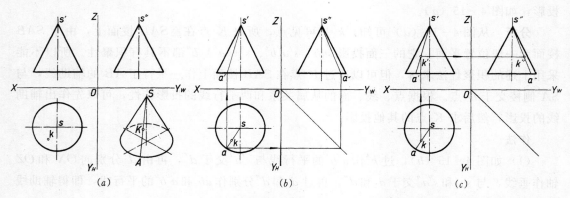

图 4-16　求圆锥表面上点的投影（辅助直线法）

（三）辅助圆法

在前面已经讲过，回转体表面都是由一母线绕一固定轴旋转而形成的。所以，母线上的任意一点在旋转时的轨迹为垂直于旋转轴的圆，并位于回转体表面上。如图 4-17SA 线上有一点 K，当 SA 绕 OO 轴旋转时，K 点的轨迹是一个圆，此圆垂直于 OO 轴，并在圆锥表面上。我们可以根据这一特点，求解回转体表面上点的投影。这种方法称为辅助圆法。

例 4-5　已知圆锥面上 K 点的正面投影 k'，试作 K 点的水平投影和侧面投影，如图 4-18（a）。

分析　过 K 点在圆锥面上作一辅助圆（小圆）如图 4-17，这个小圆也就是 K 点的运动轨迹。辅助圆的圆心在轴上，且与底圆相互平行，由于轴线垂直于水平投影面所以辅助圆与底圆的水平投影同心，并反映实形。它的正面投影和侧面投影均为水平位置直线。这样就可以先作辅助圆的投影，然后再求出 K 点的投影。

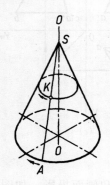

图 4-17　辅助圆

作法

（1）如图 4-18（b），过 k' 作一水平线，交两侧轮廓素线，其长度即为辅助圆的直径。在水平投影中以 s 为圆心，以上述长度之半为半径画一圆，此圆即为辅助圆的水平投影。

（2）如图 4-18（c），由 k' 作 OX 轴的垂线与辅助圆的水平投影相交于 k（因为 k' 是可见的，所以 k 位于前半圆周上）。再根据投影规律求出 k''（因为 k' 在左边，所以 k'' 也是可见的）。

图 4-19 表示已知球面上 K 点的正面投影 k'，求作 K 点的水平投影 k 和侧面投影 k''

的方法。由于圆球面上不能作直线，所以采用辅助圆法。对圆球来说，凡通过球心的直线都可以看作是圆球的轴线，因此，可以采用平行任一投影面的辅助圆。图 4 - 19 （a）所示的辅助圆平行于水平面，其作图方法和步骤同上例相同。图 4 - 19 （b）所示为利用平行于正面的辅助圆求 K 点投影的方法。

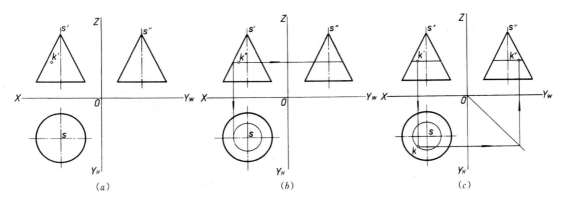

图 4 - 18　求圆锥表面上点的投影（辅助圆法）

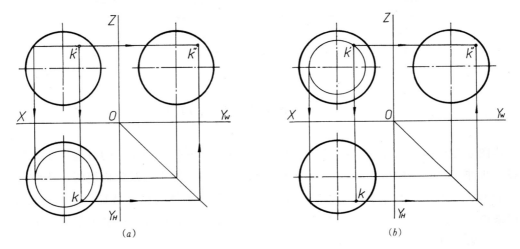

图 4 - 19　求圆球表面上点的投影

第四节　基本体的尺寸注法

为了表示基本体的实际大小，在投影图上必须标注尺寸。标注尺寸时，除应遵守第一章中有关尺寸注法的规定外，还应注意根据基本体的形状特征确定其长、宽、高三个方向的尺寸数目，以做到标注完全且又不重复。

如长方体、三棱柱都需标注底面的长和宽尺寸及棱柱的高度尺寸，如图 4 - 20 （a）、（b）；四棱台体应标注上、下底面的长和宽尺寸以及二底面之间的高度尺寸，如图 4 - 20 （c）；圆柱和圆锥只需标注底面圆的直径和高度尺寸，圆台还应加注出上底面圆的直径。

直径尺寸标注在底面圆的积聚投影上时，也必须在直径数字前加"ϕ"，如图4-20（d）、（e）、（f）。用这样的标注形式，只用一个投影即可表明回转体的形状和大小；圆球只需一个投影，在直径数字前加注"$s\phi$"，如图4-20（g）。

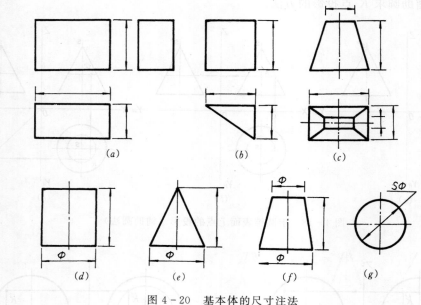

图4-20 基本体的尺寸注法

第五节 读图的基本知识

读图就是根据视图想象出物体的空间形状，它和画图是两个相反的过程。在画图时运用投影规律按照物体的形状画出视图，读图时仍要运用投影规律来分析视图，从而想象出物体的形状。因此，熟练掌握投影规律及其线、面和基本体的投影特征，是读图的基础。一般来说，读图较之画图难些，需要更高的空间想象能力，所以，还必须掌握一定的方法并反复实践，才能不断提高读图能力。

（一）基本体的投影特征

这里所研究的是常见的基本体。

1. 柱体　直柱体当底面平行于投影面时，有两个投影为矩形（一个或并列的若干个），第三投影为柱体底面的实形。

如图4-21所示，每组投影图中都有两个投影是矩形（或并列的几个矩形），第三投影的形状各异，因此，它们是三个不同形状的柱体。从第三投影可以看出，图4-21（a）和（c）为底面平行于侧面的三棱柱和圆柱；图4-21（b）为底面平行于正面的梯形棱柱。

2. 锥体　当锥体底面平行于投影面时，棱锥的投影均由三角形组成。有两个投影的外形轮廓为三角形，第三投影的外形轮廓为多边形，反映锥体的底面实形；圆锥体亦有两个投影为三角形，第三投影为圆，反映圆锥的底面实形。

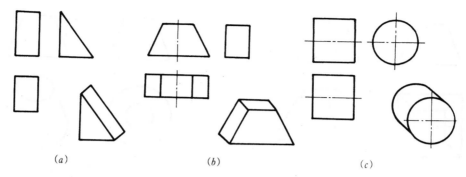

图 4-21　柱体的投影图

如图 4-22 所示，由于每组投影图中都有两个投影的外形轮廓为三角形，因此，三个形体均为锥体。但从第三投影看出，图 4-22 (*a*) 和 (*b*) 水平投影的外形轮廓为长方形和正六边形，故此两锥体为四棱锥和正六棱锥；图 4-22 (*c*) 侧面投影为一圆，故该锥体为圆锥。

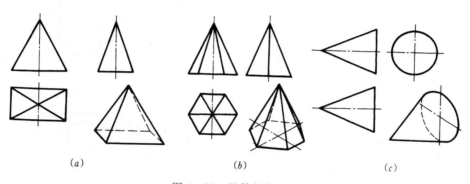

图 4-22　锥体的投影图

3．台体　台体是锥体被平行底面截断后形成，因此，它的上、下底面相互平行并且是相似形状。当台体的底面平行于投影面时，有两个投影的外形轮廓为梯形，第三投影有一大一小两个相似形（其中大的包围小的），它们都反映二底面的实形。

如图 4-23 所示，两组投影图的正面投影和侧面投影均为梯形轮廓，而水平投影不同，图 4-23 (*a*) 为一大一小两个相似正方形，相应顶角有连线，故为正四棱台；图 4-23 (*b*) 为两个同心圆，则为圆台。

4．球体　它的三个投影均具有圆的特征。

判断球体形状时，应看它的三个投影是否都具有圆（或部分圆）的轮廓。如图 4-24 所示，水平投影为一圆，其余二投影为半圆，故为半球体。

（二）视图中图线及线框的含义

分析视图中的图线及线框的含义，对读图想象物体的形象是很有帮助的。

视图中的一条线可能表示物体上有积聚性的一个面；也可能表示两个面的交线；还可能表示曲面的轮廓素线。

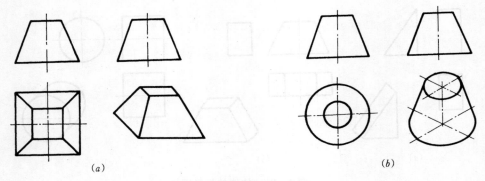

图 4-23　台体的投影图

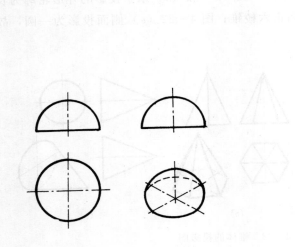

图 4-24　半球体的投影图

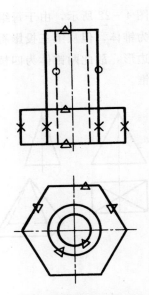

图 4-25　视图线条和线框的分析

　　视图中一个封闭的线框一般表示一个面（平面或曲面），线框里面的线框，不是凸出来的表面，就是凹进去的表面，或者是通孔。

　　图 4-25，标有"△"的线表示一个面的投影；标有"×"的线，表示两个面的交线；标有"○"的线，表示曲面的轮廓素线。从线框来分析，正视图下部的三个粗实线线框，表示六棱柱前面三个棱面和后面三个棱面的重影；上部的粗实线线框，则表示圆柱的曲面。俯视图中正六边形内的大圆线框，是表示六棱柱上面凸出的圆柱；大圆内的小圆线框与正视图的两条虚线相对应，表示圆孔。其余线框读者可自行分析。

　　（三）简单体视图的识读

　　由基本体组合成的物体称组合体，简单的组合体称简单体。识读简单体视图时，不仅要能熟练地运用投影规律和基本体的投影特征，还应注意读图的方法。

　　读图时首先要弄清各个视图的投影方向和它们之间的投影关系，然后抓住一个能反映物体主要特征的视图（一般是正视图），再结合其他视图进行分析、判断，绝不能只盯着

84

一个视图看，因为只看一个视图往往容易作出错误的判断。

如图 4-26 为五个简单体的二面视图。其中（a）、（b）、（c）的正视图都是梯形，但它们的俯视图各不相同，所以物体的形状也一定是不相同的。对照两个视图进行分析，就不难看出（a）所表达的是一个四棱台，（b）所表达的是一个两头斜截的三棱柱，（c）所表达的是一个圆台。

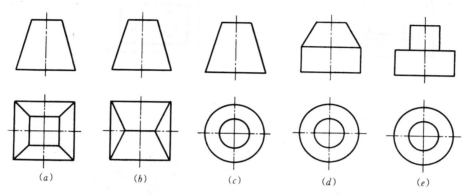

图 4-26　五个简单体的二面视图

又如图 4-26（c）、（d）、（e），它们的俯视图都是两个同心圆，但正视图各不相同。所以（d）表达的是一个圆柱和一个圆台的组合体，（e）表达的是共轴而不同直径的两个圆柱的组合体。

图 4-27 是一组基本体的三面视图，它们的正视图和俯视图均为长方形，左视图则各不相同。这时必须根据具有形状特征的左视图对照其他视图进行分析，才能得出正确的判断。可以看出图 4-27（a）表达的是一个长方体；图 4-27（b）表达的是一个三棱柱；图 4-27（c）表达的是一个半圆柱。

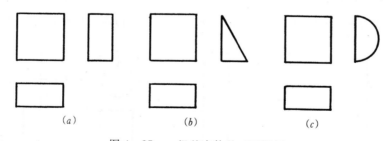

图 4-27　一组基本体的三面视图

例 4-6　根据图 4-28（a）所示的三视图，想象出物体的形状。

分析　正视图和左视图的轮廓内都有虚线线框，俯视图中大线框内有小线框，可以判断这是一个挖切式形体。其读图步骤是：

（1）根据各视图轮廓的形状，判断挖切前的基本体形状。如图 4-28（b）所示，正视图和左视图的轮廓均是梯形，对应的俯视图是两个长方形，其顶角有连线，可知该形体的基本形状是四棱台。

（2）分析被挖掉的形体的形状。如图 4-28（c）所示，正视图和左视图的梯形虚线

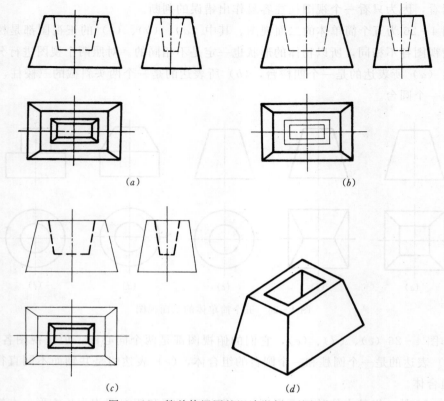

图 4-28　简单体视图的识读举例（挖切式）

线框，对应的俯视图是顶角有连线的两个小长方形，可以看出这是从四棱台顶面向下挖去一个四棱台坑。

（3）综合起来想象整体，如图 4-28（d）。

例 4-7　根据图 4-29（a）所示的三视图，想象出物体的形状。

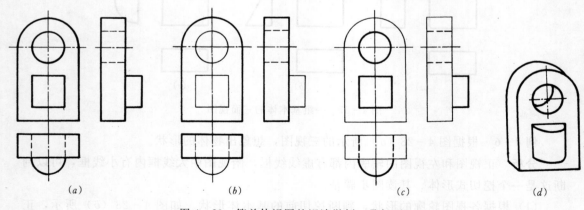

图 4-29　简单体视图的识读举例（叠加型）

分析　正视图的大线框内有两个小线框，分析这三个线框的含义，是想象该物体形状的基础。其读图步骤如图 4-29（b）～（d）所示。

正视图的外包大线框，对应的俯视图和左视图都是矩形，如图 4 - 29 (*b*)，符合柱体的投影特征，因此是个半圆头的柱体。

正视图中的两个小线框，上面的是圆形，下面的是矩形，对应的俯视图和左视图，如图 4 - 29 (*c*)。识读这两个线框时，如果仅对照俯视图很难判断哪一部分是孔洞，哪一部分是凸起的，所以还必须对照左视图。可以看出，上面的是一个圆柱孔，下面的是一个向前突出的半圆柱。

在读懂各部分形状的基础上，再根据整体的三视图，综合想象出物体的形状，如图 4 - 29 (*d*) 所示。

第五章 轴 测 图

第一节 概 述

用正投影法画出物体的几个视图并注出尺寸，能够完整地、准确地表达物体的形状和大小，作图简便，符合工程图样的要求。但视图缺乏明显的主体形象，需有一定的读图能力才能看懂。如图 5-1（a）是混凝土涵管枕基的三视图，由于它是用三个视图来表达物体的，就不如图 5-1（b）的立体图那样使人对物体一目了然。这种立体图形在制图中称为轴测图。

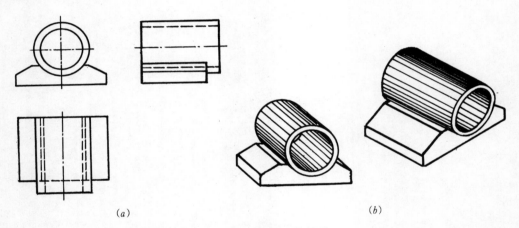

（a） （b）

图 5-1 混凝土涵管枕基

轴测图虽具有立体感强的优点，但也有使表达物体的形状发生变形的缺点，而且作图比较复杂。因此，在生产和学习中一般只作为一种辅助图样。

一、轴 测 图 的 形 成

怎样才能画出物体的轴测图，使其能够反映物体上三个方向表面的形状而富有立体感呢？如图 5-2（a），将物体引入空间直角坐标系，使立方体的一个顶点与坐标系的原点 O_1 重合，物体长、宽、高三个方向的棱线分别与 O_1X_1、O_1Y_1、O_1Z_1 轴重合。这时，将立方体连同其三个坐标轴 O_1X_1、O_1Y_1、O_1Z_1 一起投影到投影面 P 上（投影方向 S 与三个坐标轴的方向都不一致），得到物体及三个坐标轴的投影，如图 5-2（b）。其中，投影面 P 称为轴测投影面，空间坐标轴 O_1X_1、O_1Y_1、O_1Z_1 的投影 OX、OY、OZ 称为轴测轴，物体在轴测投影面上的投影称为轴测图。

由于投影方向 S、物体和投影面 P 三者之间的相对位置不同，轴测图可以分为两类。

1. 正轴测图　物体上三个坐标轴都倾斜于轴测投影面，按正投影法投影（$S \perp P$），所得出的轴测图，如图 5-2 (b)。

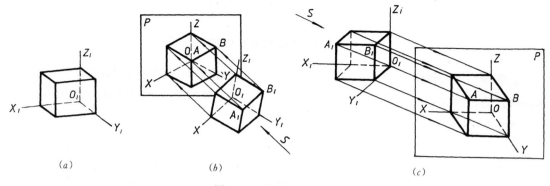

(a) (b) (c)

图 5-2　轴测图的形成

2. 斜轴测图　物体上两个坐标轴平行于轴测投影面（$O_1X_1 /\!/ P$，$O_1Z_1 /\!/ P$），按斜投影法投影（S 不垂直 P），所得出的轴测图，如图 5-2 (c)。

所以，轴测图是按平行投影法，将物体连同确定其长、宽、高的直角坐标轴，一起投影到单一的轴测投影面上所得出的图形。

二、轴测图的轴间角和轴向变化率

1. 轴间角　三个轴测轴之间的夹角称为轴间角，如 $\angle XOZ$、$\angle ZOY$、$\angle YOX$。

2. 轴向变化率　轴测图中沿轴测轴方向的线段长度，与物体上沿对应的坐标轴方向同一线段长度之比称为轴向变化率。如在图 5-2 (b) 和 (c) 中，轴向变化率 $= \dfrac{AB}{A_1B_1}$。

各轴测轴的轴向变化率分别用代号 p、q、r 表示，$p = \dfrac{OX}{O_1X_1}$、$q = \dfrac{OY}{O_1Y_1}$、$r = \dfrac{OZ}{O_1Z_1}$。

三、轴测图的基本特性

（1）由于轴测图采用平行投影法投影，所以物体上互相平行的线段，在轴测图中仍然互相平行。物体上平行于坐标轴的线段，在轴测图中平行于轴测轴。

（2）物体上与坐标轴互相平行的线段，它们与其相应的轴测轴有着相同的轴向变化率。因此，在画轴测图时，只有沿轴测轴方向的线段按其相应的轴向变化率能够直接测量尺寸，凡是不平行于轴测轴的线段都不能直接测量尺寸。沿轴才能进行测量，这就是"轴测"两字的意义。

（3）物体上平行于轴测投影面的直线和平面，在轴测图中仍然反映实长和实形。

改变物体与轴测投影面的相对位置，或改变投影方向，正轴测图和斜轴测图根据轴间角和轴向变化率的不同又可分为若干种。如正等测图、正二测图、斜等测图、斜二测图等。

常用的轴测图为正等测图和斜二测图。

第二节　正等测图的画法

一、正等测图的轴间角和轴向变化率

正等测图是将物体连同其三个坐标轴放置成与轴测投影面成相同的倾斜角度时，用正投影法得到的。因此，三个轴间角相等，都是 120°，三个轴测轴的轴向变化率也相等（$p＝q＝r≈0.82$），如图 5-3（a）所示。

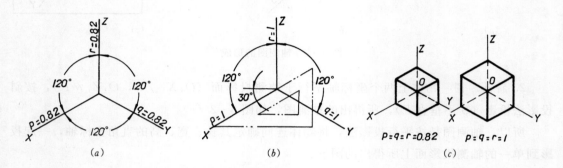

图 5-3　正等测图的轴测轴、轴间角、轴向变化率

画正等测图时，将 OZ 轴画成铅垂方向，OX 轴和 OY 轴可用 30°三角板画出，如图 5-3（b）所示。为了便于作图，通常取轴向变化率 $p＝q＝r＝1$（即简化率），用 1∶1 来量取与各轴测轴平行的线段，这样画出的轴测图比按轴向变化率为 0.82 时画出的轴测图大 1.22 倍，但不影响图形本身及物体各部分的相对位置和形状，如图 5-3（c）。

二、正等测图的作图方法

画轴测图常用的方法有坐标法、特征面法、方箱法、网格法等。而其中坐标法是画轴测图的基本方法，它是根据物体上各点的坐标值，沿轴向度量，画出它们的轴测投影，然后连接成物体的轴测图。其他的作图方法也都是以坐标法为基础的。

画轴测图时，需要根据物体的形状特征选择其作图方法。

例 5-1　作出图 5-4 所示长方体的正等测图。

分析　长方体上各表面都平行于相应的坐标面，各轮廓直线都平行相应的坐标轴。因此，可采用坐标法，先画出长方体 8 个顶点的位置，连接平行于相应轴测轴的平行线，即为轮廓线。

作图步骤　如图 5-4 所示。

（1）为了作图方便，首先选定坐标轴 O_1X_1、O_1Y_1、O_1Z_1，如图 5-4（a）。

（2）画出轴测轴，用简化率（即 $p＝q＝r＝1$）在 OX 轴上取长，在 OY 轴上取宽，引平行 OX 和 OY 轴的直线，画出底面的轴测图，如图 5-4（b）。

（3）由底面四点引平行 OZ 轴的直线，在各线上取高，即得长方体顶面上的四个点。

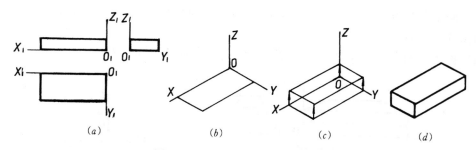

图 5－4　长方体的正等测图画法

连接顶面上的四个点，画长方体的所有轮廓线，如图 5－4（c）。

（4）擦去作图线及不可见轮廓线，加深可见轮廓线，完成作图，如图 5－4（d）。

例 5－2　作出图 5－5（a）所示跌水坎的正等测图。

分析　正视图反映跌水坎的形状特征，俯视图表明跌水坎前后等宽，系棱柱体。因而可采用特征面法作图。先画特征面，后引宽度方向的棱线完成作图。

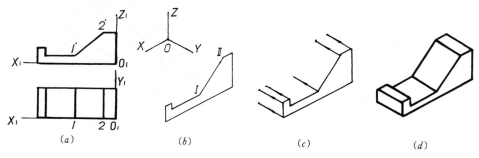

图 5－5　跌水坎的正等测图画法

作图步骤　如图 5－5 所示。

（1）设其坐标轴 O_1X_1、O_1Y_1、O_1Z_1，如图 5－5（a）。

（2）根据正视图画出特征面的轴测图，如图 5－5（b）。应当注意：斜线 Ⅰ、Ⅱ 的长度不能直接测量，应作出 Ⅰ、Ⅱ 两点的轴测图后连线。

（3）由特征面各顶点引平行于 OY 轴的平行线，并在这些平行线上取宽度尺寸，得等宽各点，如图 5－5（c）。

（4）连接等宽各点，加深轮廓线，完成作图，如图 5－5（d）。

例 5－3　作出图 5－6（a）所示排架基础的正等测图。

分析　排架基础由上、下两个长方体叠成，下部长方体的前后方向切成斜面，上部长方体的左右方向切成斜面，因此，可采用方箱法。先画长方体（称方箱），后画切去部分的形状。

作图步骤　如图 5－6 所示。

（1）设其坐标轴 O_1X_1、O_1Y_1、O_1Z_1，如图 5－6（a）。

（2）确定轴测轴 OX、OY、OZ，画出下部长方体后再从左视图截取斜面宽、高尺寸，画下部长方体前、后斜面，如图 5－6（b）。

（3）画上部长方体，并从正视图截取斜面的长和高尺寸，画出上部长方体左、右斜面，如图 5-6（c）。

（4）擦去作图线，加深可见轮廓线，完成作图，如图 5-6（d）。

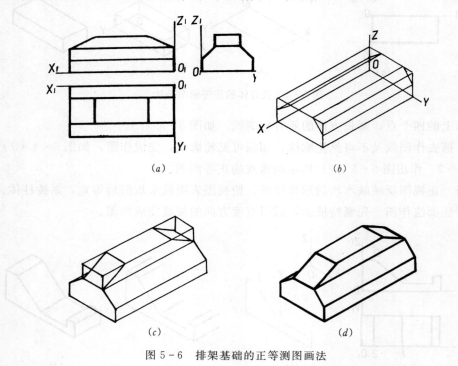

图 5-6 排架基础的正等测图画法

三、曲面体正等测图画法

（一）平行于坐标面的圆的正等测图画法

1. 投影分析 如图 5-7（a）所示，立方体上分别平行于三个坐标面的正方形表面，它们的正等测图都是菱形，它们的内切圆的正等测图都是椭圆。三个椭圆的形状和大小及画法是相同的，但三个椭圆的长、短轴方向却不相同。椭圆的长轴方向是菱形的长对角线，与它所在坐标面外的另一个轴测轴垂直。如图 5-7（b）所示，椭圆 I 的长轴垂直于 OZ 轴；椭圆 II 的长轴垂直于 OY 轴；椭圆 III 的长轴垂直于 OX 轴。椭圆的短轴位于菱形的短对角线上，它与长轴互相垂直平分。

三个椭圆的长、短轴的长度，如按简化率作图时，长轴约为圆的直径 D 的 1.22 倍，短轴约为圆的直径 D 的 0.7 倍。

2. 近似画法 为了简化作图，通常采用近似画法作上述椭圆。椭圆由四段圆弧代替。而画四段圆弧时，需根据椭圆的外切菱形求得四个圆心。下面以水平圆（平行于 $X_1O_1Y_1$ 坐标面）正等测图的画法为例，其作图步骤如图 5-8 所示。

（1）选定圆的两条中心线为坐标轴 O_1X_1、O_1Y_1，作圆的外切正方形，如图 5-8（a）。

（2）画轴测轴 OX、OY，由其交点 O 截取 OA、OB、OC、OD 等于圆的半径。再过

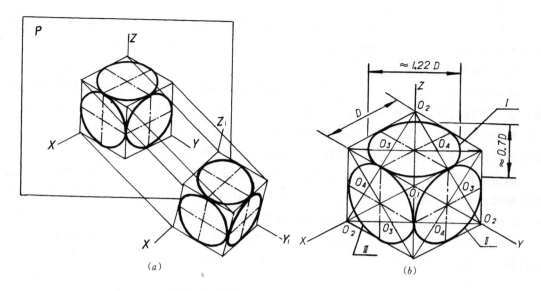

图 5-7 平行于坐标面的圆的正等测图

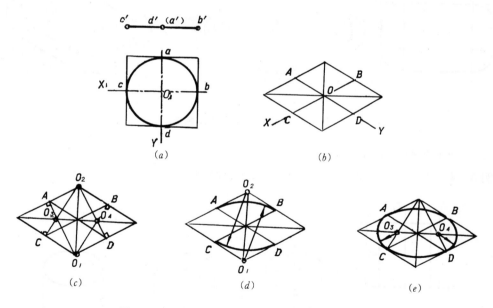

图 5-8 平行 $X_1O_1Y_1$ 坐标面圆的正等测图画法

A、B、C、D 等四点分别作 OX 和 OY 轴的平行线，即得圆的外切正方形的轴测图（菱形），如图 5-8（b）。

（3）菱形的短对角线端点为 O_1、O_2，连接 O_1A、O_1B（或 O_2C、O_2D）与菱形长对角线分别交于 O_3 和 O_4 两点，即得四个圆心 O_1、O_2、O_3、O_4，如图 5-8（c）。

（4）分别以 O_1、O_2 为圆心，以 O_1A 为半径作椭圆的两个大圆弧 $\overset{\frown}{AB}$ 和 $\overset{\frown}{CD}$，如图

93

5 - 8（d）。

（5）分别以 O_3、O_4 为圆心，以 O_3A 为半径作椭圆的两个小圆弧 $\overset{\frown}{AC}$ 和 $\overset{\frown}{BD}$。A、B、C、D 为各圆弧的连接点，如图 5 - 8（e）。

（二）圆角的正等测图画法

圆角是四分之一圆，所以它的正等测图为四分之一椭圆。画四分之一椭圆亦可采用四圆心法。将椭圆沿轴测轴方向折开分成四个部分，每一部分即为一个圆角。如图 5 - 9（b）所示，为平行于 $X_1O_1Y_1$ 坐标面的四个圆角的正等测图。对照前面的图 5 - 8（c）可以看出，四段圆弧的圆心均在外切菱形相邻两边的中垂线交点上。

圆角的作图方法如图 5 - 9（c），先画出圆角所在的长方形平面的正等测图，然后分别由角顶点在角的两边上截取圆角半径长度（如 $AB = AC = R$），得圆弧的两个切点（如 B、C 两点），再过两个切点作所在边的垂直线，其交点即为圆心（如 O_1、O_2、O_3、O_4），最后以 R_1 和 R_2 为半径分别作四段圆弧即得四个圆角。下底面上四个圆角的作法，可将圆心和切点沿 OZ 轴方向向下引伸同一距离（底板高度），即可画出，如图 5 - 9（c）。

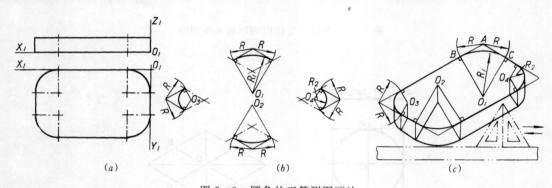

图 5 - 9　圆角的正等测图画法

（三）曲面体的正等测图画法

例 5 - 4　作出图 5 - 10（a）所示圆柱的正等测图。

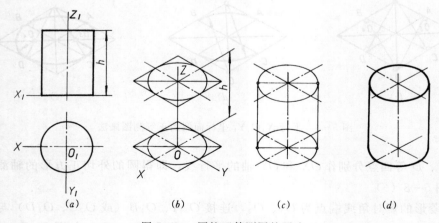

图 5 - 10　圆柱正等测图的画法

94

分析　由于圆柱的轴线垂直于水平面，所以圆柱的上、下底圆平行于 $X_1O_1Y_1$ 坐标面。

作图步骤　如图 5-10 所示。

（1）选定坐标轴 O_1X_1、O_1Y_1、O_1Z_1。

（2）画出轴测轴，用四圆心法作上、下两底面椭圆，如图 5-10（b）。画下底面椭圆时，也可将上底面的圆心及切点平行于轴线直接向下移圆柱高 h 后作出。

（3）作平行于轴线的两椭圆公切线，如图 5-10（c）。

（4）擦去作图线及不可见轮廓线，加深可见轮廓线，完成作图，如图 5-10（d）。

轴线垂直于正面或侧面的圆柱正等测图画法与图 5-10 相同，只是椭圆长轴方向不同，如图 5-11 所示。作图时，应注意椭圆中心线的方向要画正确。

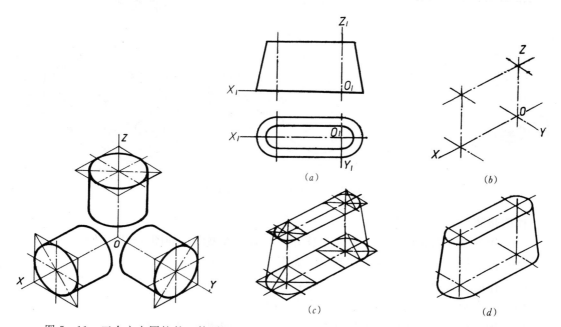

图 5-11　三个方向圆柱的正等测图　　　　图 5-12　桥墩正等测图的画法

例 5-5　作出图 5-12（a）所示桥墩的正等测图。

分析　桥墩左右两端是半个圆锥台，中间部分是梯形柱体。因此，桥墩的顶面和底面的左右两端均为半个圆，其正等测图则相应的是半个椭圆。作图时应先画出各椭圆，然后连接曲面轮廓素线。

作图步骤　如图 5-12 所示。

（1）选定坐标轴 O_1X_1、O_1Y_1、O_1Z_1，如图 5-12（a）。

（2）画轴测轴和上、下底面各椭圆中心线及圆锥台轴线，如图 5-12（b）。

（3）画桥墩的顶面和底面的正等测图，作上、下椭圆公切线（即圆锥台曲面轮廓素线），如图 5-12（c）。

（4）擦去作图线及不可见轮廓线，加深可见轮廓线，完成作图，如图 5-12（d）。

例 5 - 6 作出图 5 - 13（a）所示支架的正等测图。

分析 支架底部为长方形底板，四角均为圆角，铅垂方向两个圆柱孔左右对称分布；上部为长方体，中间有半圆形槽口。

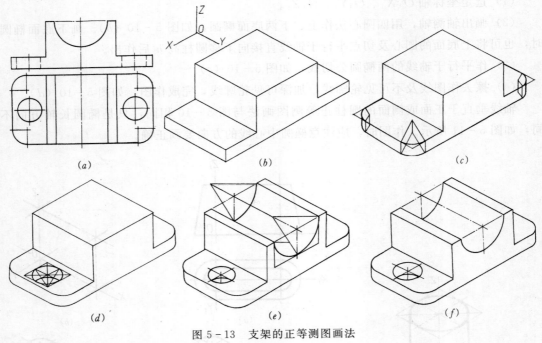

图 5 - 13　支架的正等测图画法

作图步骤 如图 5 - 13 所示。

（1）作支架外形轮廓（上、下两个长方体）的正等测图，如图 5 - 13（b）。

（2）作底板上可见圆角的正等测图，如图 5 - 13（c）。

（3）作底板上可见圆柱孔的正等测图，如图 5 - 13（d）。

（4）作半圆形槽口的正等测图，如图 5 - 13（e）。

（5）擦去作图线，加深可见轮廓线，完成作图，如图 5 - 13（f）。

第三节　斜二测图的画法

一、斜二测图的轴间角和轴向变化率

斜二测图是将物体上的 $X_1O_1Z_1$ 坐标面放置成与轴测投影面平行时，用斜投影法得到的。因此，斜二测图的 OX 轴与 OZ 轴的轴间角仍为 $90°$，轴向变化率 $p = r = 1$。OY 轴的方向和轴向变化率则由斜投影方向确定，通常取 OY 轴与 OZ 轴的轴间角为 $135°$，轴向变化率 $q = 0.5$，如图 5 - 14 所示。

二、斜二测图的作图方法

斜二测图的作图方法与正等测图相同，都是以坐标法为基本方法。为了作图简便，画

斜二测图时，一般将物体的特征面平行于轴测投影面，这样可以直接画出特征面的实形，然后沿 45° 线方向引伸宽度，并取二分之一的 Y 轴方向尺寸完成作图。

圆的斜二测图如图 5-15 所示。平行于坐标面 $X_1O_1Z_1$ 的圆，其斜二测图仍然是直径为 D 的圆。平行于 $X_1O_1Y_1$ 或 $Z_1O_1Y_1$ 坐标面的圆，其斜二测图为椭圆，椭圆的长轴方向分别与 OX 轴或 OZ 轴约为 7°，短轴与长轴互相垂直。两个椭圆的长轴约为圆的直径 D 的 1.06 倍，短轴约为圆的直径 D 的 0.33 倍。

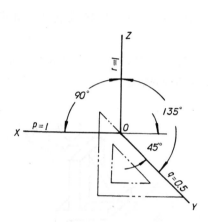

图 5-14 斜二测图的轴测轴、
轴间角、轴向变化率

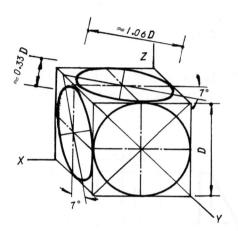

图 5-15 圆的斜二测图

椭圆画法用坐标点法，如图 5-16 以水平圆（平行于 $X_1O_1Y_1$ 坐标面）的斜二测图——椭圆为例。

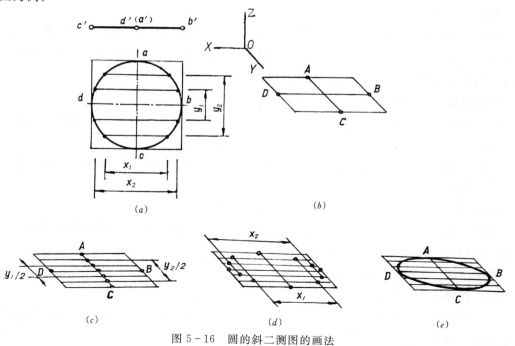

图 5-16 圆的斜二测图的画法

（1）将圆的直径 ac 分成若干等分，并过各等分点作平行 ab 的平行弦线，如图 5-16（a）。

（2）根据圆的直径 D 作平行四边形。作 $DB /\!/ OX$、$AC /\!/ OY$，取 $DB = D$、$AC = D/2$，如图 5-16（b）。

（3）与图（a）配合，将 AC 分为相同等分，并过等分点作平行于 OX 轴的辅助线，如图 5-16（c）。

（4）与图（a）配合，在辅助线上截取相应的距离 x_1 和 x_2，得八个辅助点，如图 5-16（d）。

（5）将八个辅助点及 A、B、C、D 四点依次用曲线板平滑地连接成椭圆，如图 5-16（e）。

用坐标点法画椭圆，其正确性与作图的准确性有关，一般辅助点不可太少，取包括 A、B、C、D 在内 12 个点就能用曲线板连接出比较平滑的椭圆。

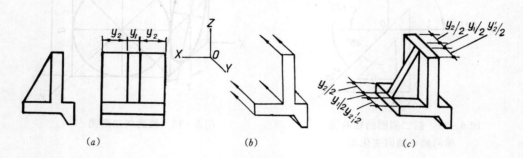

图 5-17　挡土墙的斜二测图画法

例 5-7　作出图 5-17（a）所示挡土墙的斜二测图。

分析　正视图反映挡土墙特征面的真实形状，左视图反映三角块的相对位置。作图时可用特征面法，画出特征面后引伸宽度，截取三角块的定位尺寸和宽度（注意：宽度方向的尺寸均应缩短二分之一），作出三角块。

作图步骤　如图 5-17 所示。

（1）根据正视图作挡土墙特征面的实形，由特征面各顶点引伸 45°斜线（平行 OY 轴），如图 5-17（b）。

（2）在斜线上取 y_1 和 y_2 的二分之一宽度，作三角块斜二测图；加深可见轮廓线，完成作图，如图 5-17（c）。

例 5-8　作出图 5-18（a）所示压盖的斜二测图。

分析　压盖由腰圆形底板和圆筒两部分组成。作图时可将腰圆形底板的前端面看作特征面，定 O_1X_1 和 X_1Z_1 坐标轴。

作图步骤　如图 5-18 所示。

（1）作腰圆形底板前端面的斜二测图（实形），如图 5-18（b）。

（2）将圆心向后方作 45°推移，取底板二分之一宽度，求得后端面各圆的圆心，画出底板的斜二测图，如图 5-18（c）。

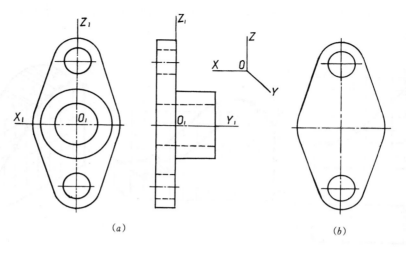

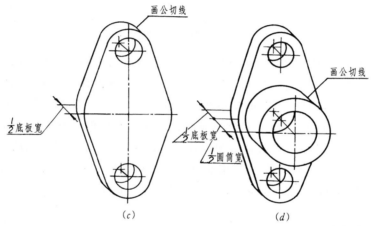

图 5-18 压盖的斜二测图画法

（3）在特征面上画出圆筒后端面的外圆，将其圆心向前方作 45° 推移，取圆筒宽度的二分之一，定出圆筒前端面的圆心位置，画出圆筒的外圆和圆孔。再将圆心向后方推移二分之一底板宽度，画出圆孔可见部分的轮廓。最后加深可见轮廓线，如图 5-18（d）。

画圆柱的轴测图时，不要忘掉在两个底面圆的外侧作一条平行 Y 轴线方向的公切线。

例 5-9 作出图 5-19（a）所示溢流坝面的轴测图。

分析 水工建筑物中溢流坝面的过水曲线一般为非圆曲线，在图样上作曲线时，往往用平面直角坐标系 O_1X_1、O_1Z_1 轴标明曲线上各点的 X、Z 坐标，再用曲线板连接成曲线。画轴测图时，可采用网格法，先作出平面直角坐标系的轴测图，然后定出曲线上各点在轴测图网格中的位置，再用曲线板连接成曲线。

作图步骤 如图 15-19 所示。

（1）在正视图上设平面直角坐标面 $Z_1O_1X_1$，布好网格，使曲线位于网格中，如图 5-19（a）。

（2）取斜二测轴作网格及坝面曲线，引伸宽度取 Y_1 的二分之一，完成斜二测图，如

图 5-19（b）。如画正等测图，取正等测轴作网格及坝面曲线，引伸宽度 Y_1，完成正等测图，如图 5-19（c）。

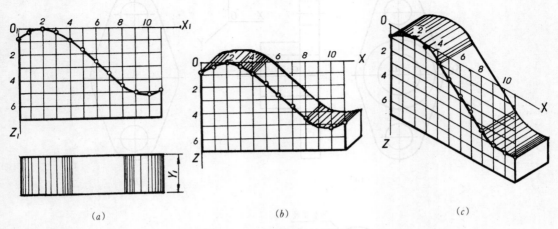

（a）　　　　　　　　　　　（b）　　　　　　　　　　　（c）

图 5-19　溢流坝面的轴测图画法

　　同一种轴测图由于投影方向不同，轴测轴的位置就有所不同，所画出的轴测图表达效果也不一样。如图 5-20 所示的平台，从它的右、前、下方观看与从左、前、上方观看的轴测轴位置有改变，得到的轴测图也就不相同。图 5-20（a）反映了平台前面、底面和右面的形状，图 5-20（b）反映了平台的前面、顶面和左面的形状。由于平台的底部形状较复杂，所以图 5-20（a）的表达效果较图 5-20（b）要好得多。因此，画轴测图时要根据形体特点选择投影方向，按所选用的投影方向画出相应的轴测轴。一般 OZ 轴保持铅垂方向不变，OX 轴与 OY 轴变动位置后，与其水平线的夹角仍不变。

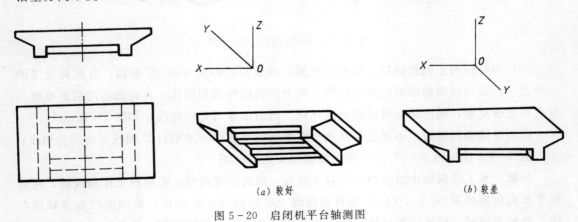

（a）较好　　　　　　　　　　　（b）较差

图 5-20　启闭机平台轴测图

第六章 立体表面的交线

水工建筑物或机械零件的表面常有一些交线,这些交线是平面与立体表面或两个立体表面相交所产生的。如图6-1所示,图6-1(a)表示圆木槽口的交线;图6-1(b)表示涵洞洞身和胸墙的交线;图6-1(c)表示三通管表面的交线。

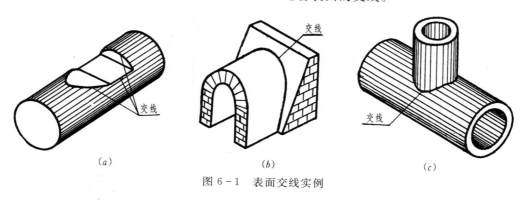

图6-1 表面交线实例

第一节 平面与立体表面相交

平面与立体表面的交线称为截交线,如图6-2所示。用于截割立体的平面称为截平面;截交线所围成的平面图形称为截断面。由于立体的种类繁多,截平面的位置各异,所以截交线的形状也有所不同。但是,任何截交线都具有以下共同特性:

(1)由于立体有一定的范围,所以截交线必定是一个封闭的线框。

(2)截交线是截平面和立体表面的共有线,截交线上的每一点都是两者的共有点。因此,求截交线的问题,可归结为求截平面与立体表面的共有点的问题。

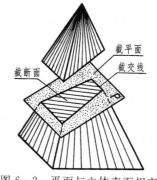

图6-2 平面与立体表面相交

一、平面与平面体相交

任何平面体被截平面切割,其截交线一般是一个多边形,多边形的角顶点则是平面体上各棱线(或底面边线)与截平面的交点。这些点为平面体与截平面的共有点。因此,作平面体截交线的投影,可先求出截平面与平面体上各棱线(或底面边线)的交点的投影,然后顺序连接各交点的同面投影,即得截交线的投影。

例 6-1 已知正三棱柱被正垂面截断，试作截交线的投影，如图 6-3（b）。

分析 从图 6-3（a）可以看出截平面是与三棱柱的棱线 AA_1 及上底面 AB、AC 二边线相交于 Ⅰ、Ⅱ、Ⅲ 三个点。已知截平面为正垂面，所以在正面投影上积聚为一斜线，如图 6-3（b）。交点 Ⅰ、Ⅱ、Ⅲ 的正面投影就在该斜线上。根据直线上点的投影特性可以求出各交点的其他投影，然后依次连接各点的同面投影即得截交线的投影。

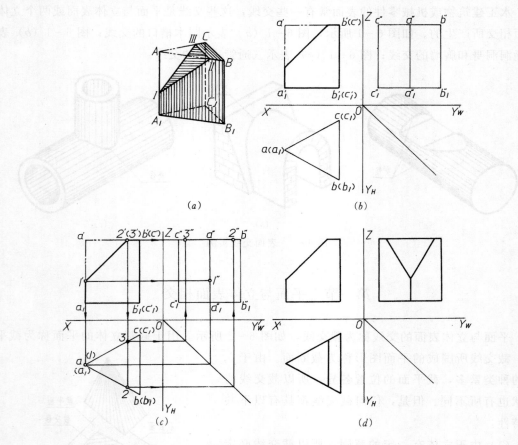

图 6-3 截断正三棱柱的截交线的投影

作法

（1）如图 6-3（c），在正面投影中定出各交点的投影 $1'$、$2'$、$(3')$，并过各点作 OX 轴的垂线分别与相应的棱线和边线的水平投影相交得（1）、2、3 各点。

（2）再根据点的两投影求第三投影的方法，求出各交点的侧面投影 $1''$、$2''$、$3''$。

（3）分别连接 12、23、31 和 $1''2''$、$2''3''$、$3''1''$ 即得截交线的水平投影和侧面投影。擦去作图线，描深轮廓线，如图 6-3（d）。

例 6-2 已知四棱锥被水平面和侧平面截切，试作截交线的投影，如图 6-4（b）。

分析 从图 6-4（a）可以看出，水平面与四棱锥的 SA、SB、SD 三条棱线相交于 Ⅰ、Ⅱ、Ⅲ 三个点；侧平面与四棱锥的 SC 棱线相交于 Ⅳ 点；水平面与侧平面的交线 Ⅴ、

Ⅵ两端点位于 *SBC* 和 *SCD* 两个棱面上。注意水平面与四棱锥底面平行，所以截交线
ⅠⅡ、ⅠⅢ、ⅡⅣ、ⅢⅥ分别平行于底边 *AB*、*AD*、*BC*、*CD*；侧平面与 *SB*、*SD* 两棱线
平行，因此，截交线ⅣⅤ、ⅣⅥ分别平行于 *SB* 和 *SD*。

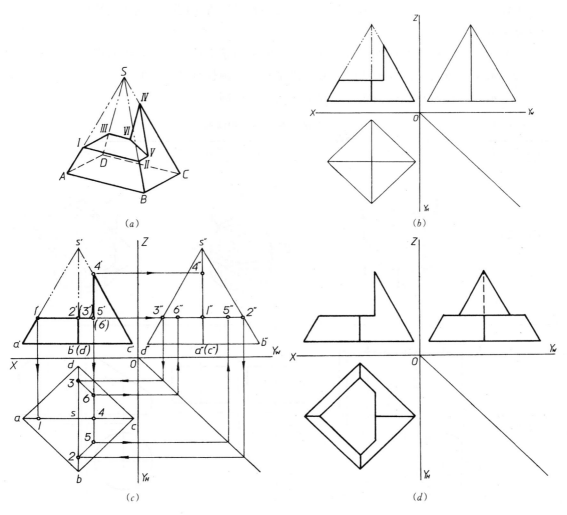

图 6-4　截切正四棱锥的截交线投影

作法

（1）在正面投影中，先定出棱线与截平面的交点投影 1′、2′（3′）、4′、5′（6′）；再
由 1′、4′两点向 *OX* 轴作垂线与水平投影 *sa*、*sc* 相交于 1、4；由 1′、2′（3′）、4′各点向
OZ 轴作垂线，分别与侧面投影的相应棱线相交于 1″、2″、3″、4″，如图 6-4（c）。

（2）在水平投影中，由 1 点分别作 *ab*、*ad* 的平行线与 *sb*、*sd* 相交于 2、3 两点；再
由 2、3 两点分别作 *bc*、*dc* 的平行线与自 5′（6′）所作 *OX* 轴的垂线相交得 5、6 两点，
根据 5、6 和 5′（6′）按投影规律求出侧面投影 5″、6″，如图 6-4（c）。

（3）连接同面投影中的各点成截交线的投影。擦去作图线，描深轮廓线，如图 6-4(d)。

二、平面与曲面体相交

（一）平面与圆柱相交

平面与圆柱相交，由于截平面与圆柱轴线的相对位置不同，其截交线的形状可分为三种（见表 6-1）。

(1) 截平面平行于圆柱轴线时，截交线一般是两条平行于圆柱轴线的直线（素线）。

(2) 截平面垂直于圆柱轴线时，截交线是一个与圆柱直径相等的圆。

(3) 截平面倾斜于圆柱轴线时，截交线是一个椭圆。

表 6-1   **平面和圆柱相交的三种情况**

截平面位置	与圆柱轴线平行	与圆柱轴线垂直	与圆柱轴线倾斜
截交线的空间情况	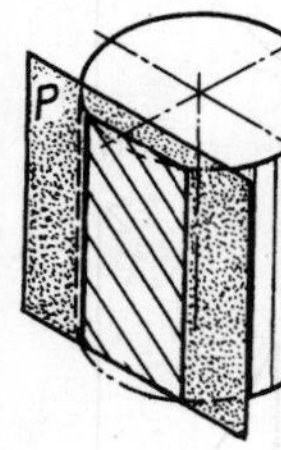	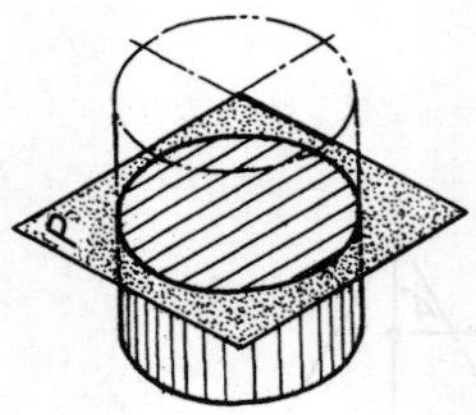	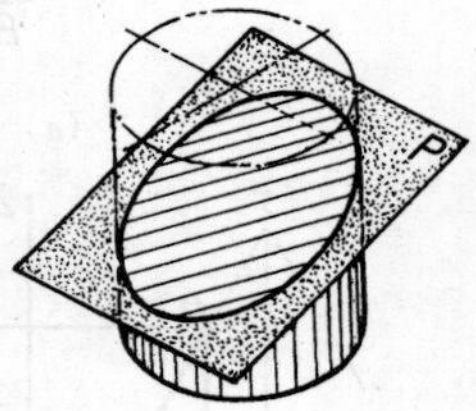
截交线的投影图	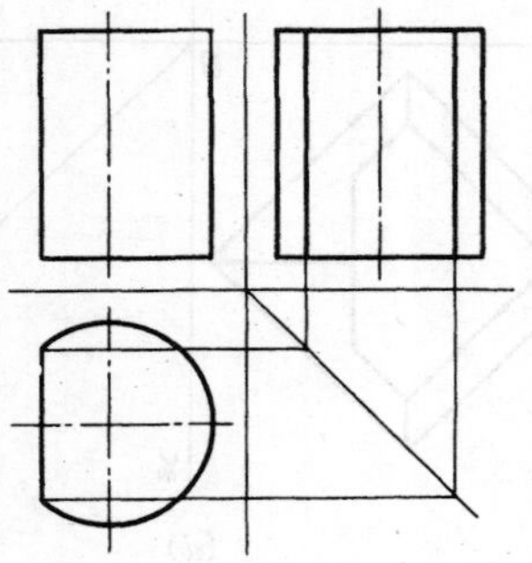	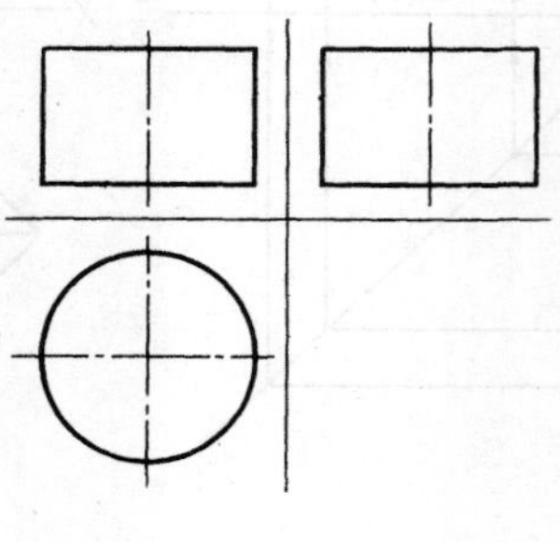	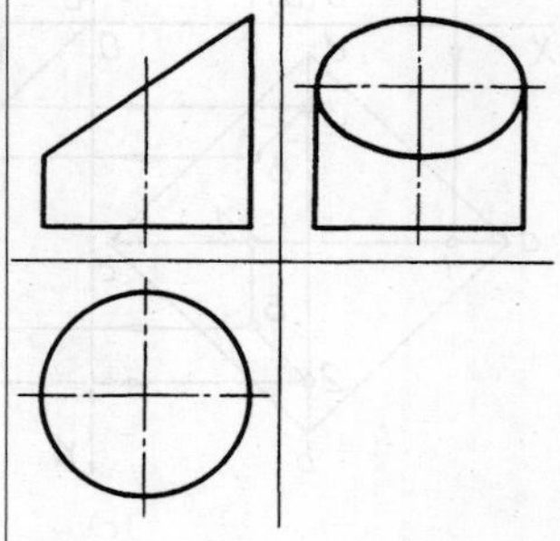
截交线形状	两平行直线	圆	椭圆

截交线为圆时，其投影与圆柱底面相同；截交线为二直线时，其投影可根据投影规律作出；截交线为椭圆时，其投影可根据立体表面求点的方法求出。下面举例说明。

例 6-3 图 6-5 (b) 是半圆垫木被截成一槽口，试作槽口截交线的投影。

分析 槽口是由三个截平面截成的。这三个截平面都是特殊位置，两个垂直于圆柱轴线的截平面与圆柱的截交线为圆弧 $\overset{\frown}{BC}$ 和 $\overset{\frown}{AD}$ 一个平行于轴线的截平面与圆柱的截交线为两条素线 AB 和 CD，三个截平面相交又形成两条直线 AD 和 BC，如图 6-5 (a)。

截交线 $\overset{\frown}{BC}$ 和 $\overset{\frown}{AD}$ 的正面投影是两条铅垂线，侧面投影与半圆周重影。截交线 AB 和

CD 的正面投影重影为一水平线，侧面投影积聚在半圆周上两点。直线 *AD* 和 *BC* 的正面投影积聚为两点，侧面投影为不可见的一条虚线。弄清截交线的正面投影和侧面投影后，根据投影规律即可作出它的水平投影。

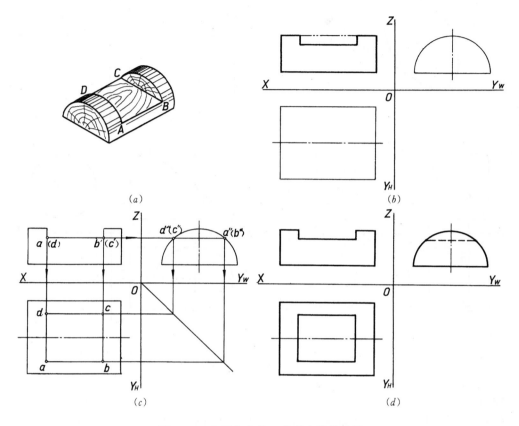

图 6-5 半圆垫木槽口的截交线的投影

作法

(1) 找出 *A*、*B*、*C*、*D* 各点的正面投影和侧面投影 *a'*、*b'*、（*c'*）、（*d'*）和 *a"*、（*b"*）、（*c"*）、*d"*。

(2) 根据点的投影规律，求各点的水平投影 *a*、*b*、*c*、*d*，如图 6-5（*c*）。

(3) 依次连接各点，即得截交线的水平投影。擦去作图线，描深轮廓线，如图 6-5（*d*）。

例 6-4 图 6-6（*b*）为圆柱被正垂面斜截，试作截交线的投影。

分析 已知截平面是正垂面，因此，截交线（椭圆）的正面投影积聚为一条斜线，其侧面投影重影于圆柱面的投影上为一圆。截平面倾斜于水平面，截交线的水平投影一般仍是一个椭圆，但形状改变（短轴不变，长轴缩短）。

因为椭圆是一个平面曲线，在作它的水平投影时，必须先求出椭圆上若干点的水平投影，然后用曲线板把它们平滑地连接起来。

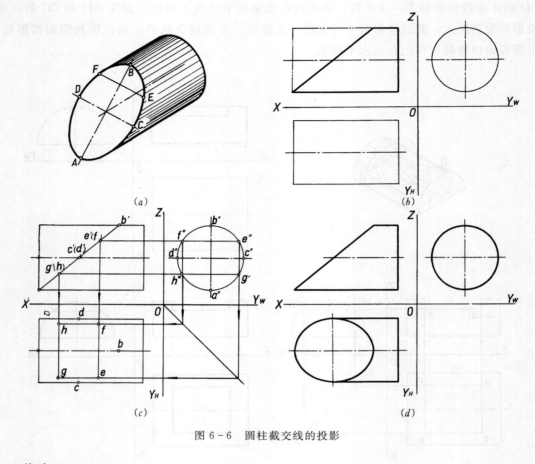

图 6-6　圆柱截交线的投影

作法

（1）求出圆柱轮廓素线上的 A、B、C、D 四点的水平投影 a、b、c、d，ab 和 cd 分别为椭圆的长轴和短轴，如图 6-6（c）。

（2）求椭圆上 E、F（$EF\parallel CD$）两点的水平投影。先在椭圆的正面投影（斜线）上取一点 e'（f'），过 e'（f'）作 OZ 轴的垂线与侧面投影（圆周）交于 e''、f'' 两点，根据投影规律求出 e、f。同样方法可求出 g、h 等点，如图 6-6（c）。

（3）用曲线板平滑地连接各点，形成一椭圆。擦去作图线，描深轮廓线，如图 6-6（d）。

　　注意　当正垂面与水平投影面倾斜 $45°$ 时，其截交线（椭圆）的水平投影则为一圆，其直径与圆柱直径相等。

（二）平面与圆锥相交

平面与圆锥相交，由于截平面与圆锥轴线的相对位置不同，其截交线的形状也不一样，通常可分为五种情况（见表 6-2）。

（1）截平面通过圆锥顶点时，截交线一般为过锥顶的两条直线。

（2）截平面垂直于圆锥轴线时，截交线为一圆。

（3）截平面与圆锥所有素线相交时，截交线为一椭圆。

表 6-2　　　　　　　　　　平面与圆锥截交的五种情况

截平面位置	通过圆锥顶点	与圆锥轴线垂直（θ＝90°）	与所有素线相交（θ＞α）	与一条素线平行（θ＝α）	与二条素线平行（0°＝θ＜α）
截交线的空间情况					
截交线的投影图					
截交线形状	相交两直线	圆	椭圆	抛物线	双曲线

（4）截平面平行于圆锥上一条素线时，截交线为一抛物线。

（5）截平面平行于圆锥上二条素线时，截交线为一双曲线。

截交线为两相交直线或圆时，其投影可以根据投影规律作出。而截交线为椭圆、抛物线、双曲线等非圆曲线时，则需运用辅助素线法或辅助平面法，求出截交线上若干点的投影，然后用曲线板顺序平滑连接其同面投影，即得截交线的投影。

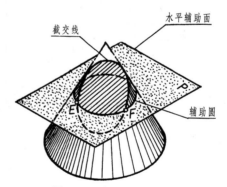

图 6-7　辅助平面法

辅助平面法，如图 6-7，当圆锥被斜截后，截交线为一椭圆。为了求截交线的投影，可以作垂直于圆锥轴线的辅助平面，这个辅助平面和圆锥面的交线必定是一个圆。此圆与椭圆交于 E、F 两点，这两点为圆锥面、截断面和辅助平面三面的共有点，当然也是截交线上的点。

注意：辅助平面位置的选择，应当使辅助平面与回转体表面的交线的投影为圆或直线，以便作图。

例 6-5　图 6-8（a），已知圆锥被正垂面斜截，试作截交线的投影。

分析　圆锥被截断后，截交线为一椭圆，因为截平面垂直于正面，所以正面投影为一斜线。其侧面和水平投影一般仍为椭圆，但形状改变（面积缩小）。为了求出截交线的水平投影和侧面投影，先作垂直于圆锥轴线的辅助平面，如图 6-7，求得 E、F 两点的投影（与辅助圆法求回转体表面上点的方法相同）。依此方法，可以求出截交线上若干点的投影，连接各点的同面投影即得截交线的投影。

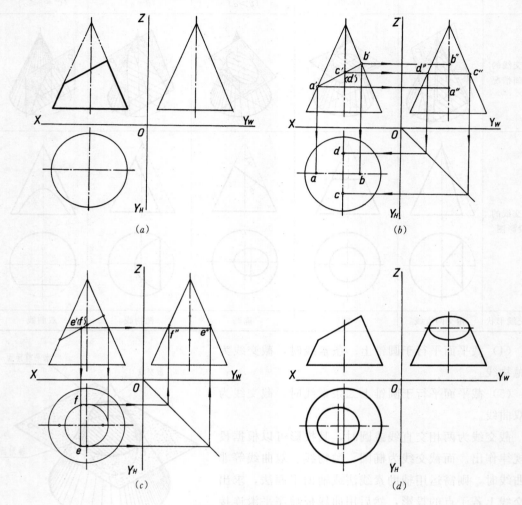

图 6-8　圆锥截交线的投影

　　为了作图准确、迅速，一般先求出截交线上的控制点：①曲面外形轮廓素线及边界线上的点；②截交线上转折点和转向点；③截交线可见与不可见的分界点等。然后再补充适当的中间点。

作法

　　(1) 作出正面和侧面外形轮廓素线上 A、B、C、D 点的侧面投影 a''、b''、c''、d''（c''、d'' 是截交线侧面投影的可见与不可见的分界点），根据投影规律，求出水平投影 a、b、c、d，如图 6-8 (b)。

　　(2) 过 $a'b'$ 的中点作一水平线（水平辅助面的正面投影），与截交线的正面投影斜线交于 e'（f'）点（共有点 E、F 的正面投影），由 e'（f'）作 OX 轴的垂线与辅助圆的水平投影交于 e、f 两点，再根据投影规律，作出 e''、f''，如图 6-8 (c)。

以上所求的 A、B、C、D、E、F 各点为截交线上的控制点。AB 和 EF 分别为截交线椭圆的长、短轴，其投影仍然是截交线投影椭圆的长、短轴（也可能长轴的投影短于短轴的投影）。截交线椭圆的侧面投影与圆锥轮廓素线相切于 c''、d''。

（3）按求 E、F 两点投影的方法，可以再求出若干共有点的投影，然后顺序平滑地连接各点的同面投影，即得圆锥截交线的投影。擦去作图线，描深轮廓线，如图 6-8（d）。

（三）平面与圆球相交

平面与圆球相交，在任何情况下其截交线都是一个圆。当截平面通过球心时，此圆为最大，其直径等于球的直径。截平面离球心越远则圆也越小（截平面离球心距离应小于圆球半径）。当截平面为水平面时，截平面与圆球的截交线的水平投影。反映实形，仍为一个圆，如图 6-9。

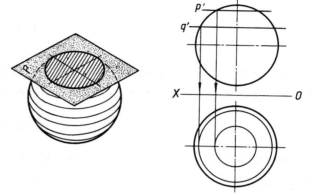

图 6-9　圆球截交线的投影

例 6-6　图 6-10（b），已知半圆球上截有一矩形槽口，试作槽口截交线的投影。

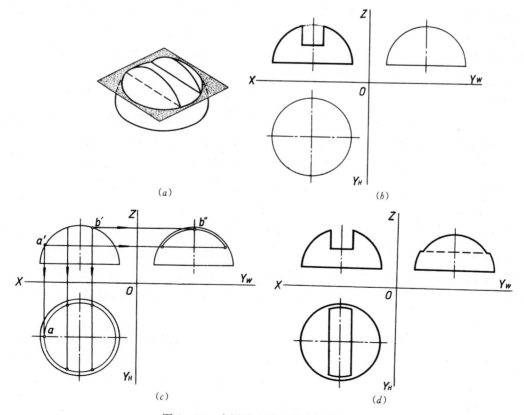

(a) (b)

(c) (d)

图 6-10　半圆球上槽口截交线的投影

分析 如图 6-10 (b)，半圆球顶部有一矩形槽口，可以看出槽口是由三个截平面同时截成的，左、右两个截面为两个大小相等而且对称的弓形面，其侧面投影反映实形。水平截面为两端弓形中间矩形的平面，其水平投影反映实形。

作法 如图 6-10 所示。

第二节　两立体表面相交

两个立体相交时，其表面产生的交线称为相贯线。相贯线是属于两个立体表面的共有线，所以求作相贯线实质上仍然是求作两立体表面上的共有点的问题。

一、两平面体相交

两平面立体相交，其相贯线为封闭的空间折线。而转折点为一个立体上的棱线对另一个立体表面的交点（或两立体棱线的交点）。因此，求两平面立体的相贯线的方法，可以归结为先求出参予相贯的棱线（或边线）对棱面（底面或棱线）的交点，然后依次连接各点得相贯线。

例 6-7 图 6-11 为两三棱柱相交，试作其相贯线的投影。

分析 由图 6-11 (b) 可以看出，ABC 三棱柱的棱线垂直于水平面，DEF 三棱柱的棱线垂直于侧面。参予相贯的棱线有 B 棱、E 棱和 F 棱，棱面有 AB、BC 和 DE、DF、EF 五个表面。其中 B 棱线分别与 DE、DF 二棱面相交 Ⅰ、Ⅱ 两点，E、F 棱线分别与 AB、BC 棱面相交于 Ⅲ、Ⅳ 和 Ⅴ、Ⅵ 四点。因为 DE、DF 棱面为侧垂面，AB、BC 棱面为铅垂面，故可运用积聚性法求各交点的投影。

作法

(1) 由棱线 B 和棱面 DE、DF 的侧面投影 b'' 与 $d''e''$、$d''f''$ 的交点 $1''$、$2''$ 分别作 OZ 轴的垂线与棱 B 的正面投影 b' 相交于 $1'$、$2'$ 两点，如图 6-11 (c)。

(2) 再由 E、F 棱线和棱面 AB、BC 的水平投影 e (f) 与 ab、bc 的交点 3 (5)、4 (6) 分别作 OX 轴的垂线与 E、F 棱线的正面投影 e'、f' 相交于 $3'$、$4'$ 和 $5'$、$6'$ 四点，如图 6-11 (c)。

(3) 连接相贯线，只有位于同一立体的同一棱面上而又同时位于另一立体的同一棱面上的两点才能连接。如 Ⅰ、Ⅲ 两点是位于 ABC 三棱柱的 AB 棱面上，又同时位于 DEF 三棱柱的 DE 棱面上，所以可以连接。但是 Ⅰ、Ⅱ 两点对于 DEF 三棱柱来说是分别位于 DE 和 DF 两个棱面上的，所以不能相连。根据这个原则分析，在正面投影上应连接 $1'3'$、$3'5'$、$5'2'$、$2'6'$、$6'4'$ 和 $4'1'$ 成一封闭折线，如图 6-11 (d)。

(4) 相贯线的可见性，可以根据参予相贯的两个棱面是否可见来判断。如果两个棱面都是可见的，则相贯线亦为可见，如果两个棱面中有一个棱面不可见，则其相贯线也不可见。从正面投影分析，参予相贯的棱面只有 EF 棱面为不可见，故位于 EF 棱面上的 ⅢⅤ 和 ⅣⅥ 两条相贯线的正面投影 $3'5'$ 和 $4'6'$ 为不可见，如图 6-11 (d)。

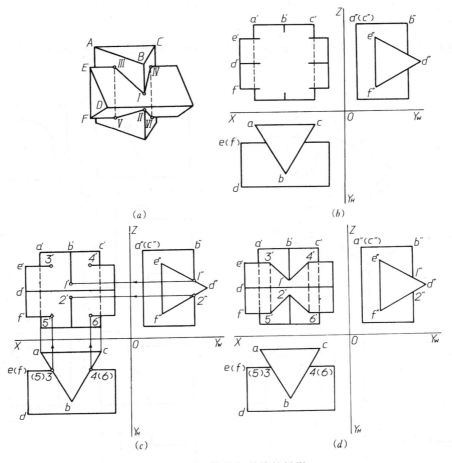

图 6-11　两三棱柱相贯线的投影

二、平面体与曲面体相交

平面体与曲面体相交，它们的相贯线由平面曲线组成。如图 6-12 为一三棱柱与圆锥相交，其相贯线由三段平面曲线组成。求相贯线的方法，常借助于辅助平面法。

在运用辅助平面法时，选择辅助平面的位置是一个很重要的问题。辅助平面的选择应使两相贯体的截交线的投影是圆或直线，这样作图简便、准确。辅助平面应垂直于回转体轴线（圆柱体可平行轴线）。如图 6-12，辅助平面是与圆锥轴线垂直的，其截交线为一圆，辅助平面与三棱柱的截交线为二条直接。两者截交线的交点是两立体表面的共有点，必位于相贯线上。若依此法作出若干个辅助平面就可以得到若干个共有点，把这些

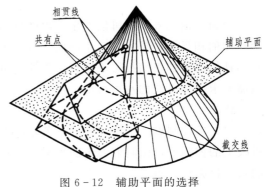

图 6-12　辅助平面的选择

111

共有点连成平滑曲线就是它们的相贯线。求相贯线上共有点的步骤与求截交线相同，先求出相贯线上的控制点，再求中间点。

例 6-8 图 6-13 为一半圆顶面的柱体与梯形柱体相交，试作其相贯线的投影。

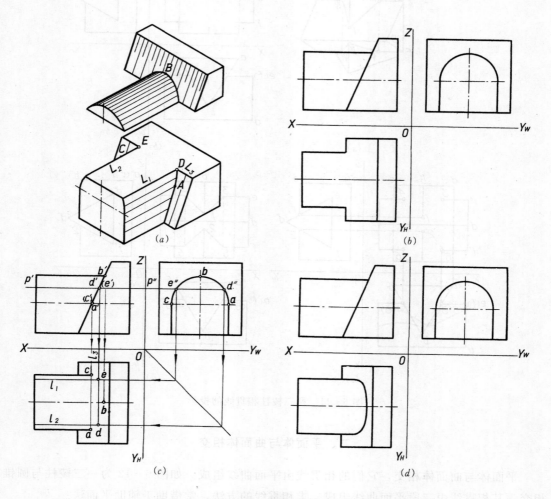

图 6-13　半圆柱体与梯形柱体相贯线的投影

分析　由图 6-13 可以看出，半圆顶面的柱体上部为半圆柱，下部为长方体。它与梯形柱体的相贯线，是由一段平面曲线（半个椭圆）和两段直线组成。相贯线的正面投影与梯形柱体斜面的正面投影重影，相贯线的侧面投影与半圆柱体表面的侧面投影重影。所以只需要求出相贯线的水平投影。

作法

（1）求控制点　半圆柱面的三条轮廓素线与梯形柱体斜面的三个交点 A、B、C 是相贯线上的控制点，由它们的正面投影 a′、b′、(c′) 分别向 OX 轴作垂线与相应轮廓素线的水平投影相交得 a、b、c 各点，如图 6-13（c）。

（2）求中间点　如图 6-13（a），假想用一个辅助平面 P（与圆柱面的轴线平行）将相贯体切开，P 平面与圆柱面的截交线 L_1 和 L_2，与梯形柱体斜面的截交线 L_3，它们的交点为 D 和 E。据此分析可先作水平辅助面 P 的正面和侧面投影 p' 和 p''，然后求出截交线的水平投影 l_1、l_2 和 l_3，并得它们的交点 d 和 e 即为相贯线上中间点的水平投影，如图 6-13 (c)。

（3）按上述方法还可以求出若干个中间点的水平投影，然后平滑地连接各点成曲线，擦去作图线，描深轮廓线，如图 6-13 (d)。

注意 相贯线的直线部分与曲线切于 a、c 两点。

例6-9 图 6-14 是梯形柱体与圆锥台相交，试作梯形柱与圆锥台的相贯线的投影。

分析 从图 6-14 (a) 可以看出，梯形柱有三个表面与圆锥面相交，所以相贯线为三段平面曲线组成。由于梯形柱的顶面为水平位置（垂直于锥轴线），所以与圆锥面的截交线为一段圆弧。梯形柱两斜面与圆锥面的截交线则为两段椭圆曲线。运用辅助平面法可求椭圆曲线的投影。因为相贯体是前后对称的，所以相贯线的正面投影前后重影。

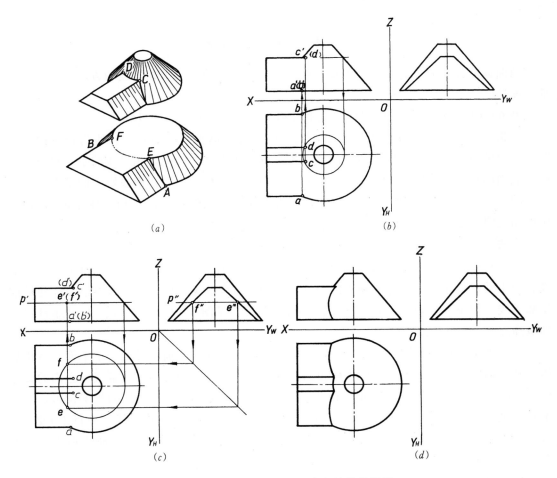

图 6-14　梯形柱体与圆锥台相贯线的投影

113

作法

（1）求控制点，从图中可以看出，梯形柱的底边和圆锥底圆的交点 A、B 为相贯线的起止点。在水平投影中可以容易找到 A、B 的水平投影 a、b，再由 a、b 向 OX 轴作垂线，在正面投影中求得 a'（b'）见图 6-14（b）。梯形柱的顶面边线和圆锥的交点 C、D，是三段截交线的分界点。求 C、D 点的投影，可过梯形柱的顶面作一辅助平面，作法如图 6-14（b）。

（2）求中间点，作一垂直于圆锥轴线的辅助平面，如图 6-14（a），辅助平面与梯形柱两斜面的截交线为两直线，且与底边平行，与圆锥的截交线为一圆，它们的交点 E、F 就是相贯线上的中间点。作法如图 6-14（c）。

（3）同样依此法，可求出相贯线上若干中间点的投影，然后分别用曲线平滑地连接 a'、e'、c'（$b'f'd'$ 曲线与它重影）和 a、e、c 及 b、f、d 各点，再用圆弧连接 c、d，即得相贯线的正面投影和水平投影。擦去作图线，描深轮廓线，如图 6-14（d）。

注意 CD 段相贯线的正面投影与梯形体顶面的投影重合。c'、（d'）不在圆锥的轮廓素线上。

三、两曲面立体相交

两曲面立体相交，它们的相贯线一般是空间的封闭曲线。求相贯线的方法一般运用辅助平面法。

例 6-10 图 6-15 为两圆柱轴线垂直相交，试作其相贯线的投影。

分析 从图 6-15（b）可以看出，大圆柱轴线为侧垂线，小圆柱轴线为铅垂线，大圆柱表面的侧面投影、小圆柱表面的水平投影具有积聚性。因此，相贯线的水平投影与小圆柱表面的积聚投影圆重合；相贯线的侧面投影与大圆柱表面的积聚投影大圆重合（小圆柱范围内的一段圆弧）。所以，本题只需求相贯线的正面投影。由于相贯体是前后对称，所以相贯线也是前后对称的，只需求出相贯线的前半部分即可。

作法

（1）求控制点 在正面投影中可以直接求出两圆柱轮廓素线的交点 a' 和 b'。由侧面投影中小圆柱的轮廓素线与大圆周的交点 c'' 向 OZ 轴作垂线，与正面投影中小圆柱的最前轮廓素线（与小圆柱轴线正面投影重影）相交得 c'，见图 6-15（b）。a'、b' 是相贯线上的最高点；c' 是最低点。

（2）求中间点，如图 6-15（a），用平行于两圆柱轴线的辅助平面（正平面）将相贯体切开、辅助平面与大、小圆柱表面相交，各得两条平行于各自轴线的素线，它们的交点 D、E 是相贯线上的点。作法如图 6-15（c），作 p 直线（辅助平面 P 的积聚投影）平行于 OX 轴，与小圆周相交于 d、e；作 p'' 直线（p'' 与 p 相交于 45°连系线）平行于 OZ 轴，与大圆周相交于 d''（e''）；由 d、e 作 OX 轴的垂线与自 d''（e''）作 OZ 轴的垂线相交得 d'、e'。

（3）同样依此法，可以求出相贯线上若干个中间点的正面投影，然后顺序平滑地连接各点即得相贯线的正面投影。擦去作图线，加深轮廓线，如图 6-15（d）。

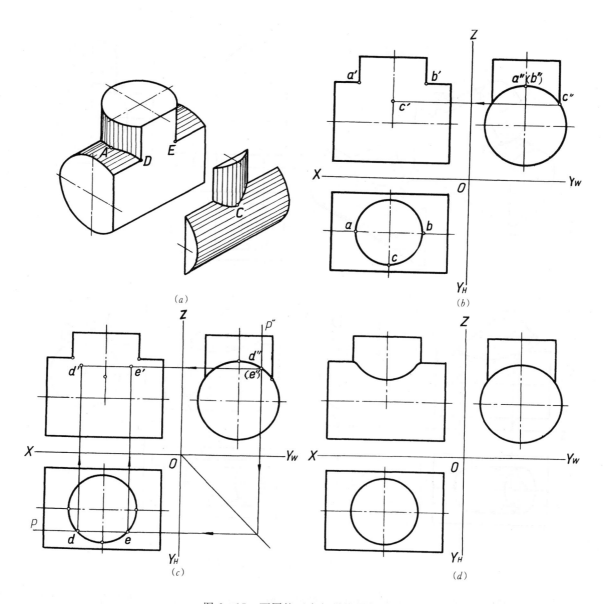

图 6-15　两圆柱正交相贯线的投影

例 6-11　图 6-16 为两圆柱斜交，试求其相贯线的投影。

分析　从图 6-16 (b) 可以看出，大圆柱的轴线是侧垂线，小圆柱轴线是正平线，两轴线斜交。大圆柱面的侧面投影为一圆，相贯线的侧面投影必重影于此圆周上。由于小圆柱是倾斜的，故此题应求出相贯线的正面投影和水平投影。相贯体是前后对称的，所以相贯线的正面投影前后重影。

作法

(1) 求控制点，如图 6-16 (b)，在正面投影中两圆柱轮廓素线交于 a'、b' 两点，由

115

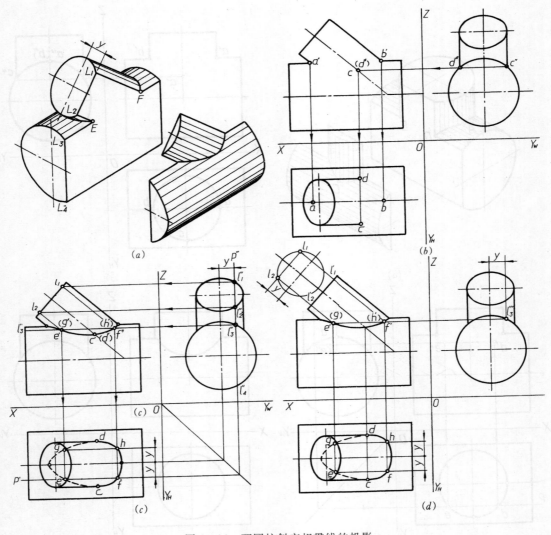

图 6 - 16 两圆柱斜交相贯线的投影

a'、b' 向 OX 轴作垂线与大圆柱轴线的水平投影相交于 a、b。A、B 两点是相贯线上最左点和最右点，也是相贯线上的最高点。在侧面投影中，小圆柱的轮廓素线与大圆柱投影的圆交于 c''、d'' 两点，由 c''、d'' 向 OZ 轴作垂线与小圆柱前后二素线的正面投影（与小圆柱轴线的正面投影重影）相交于 $f'(d')$。再由 $c'(d')$ 向 OX 轴作垂线与水平投影中的小圆柱轮廓素线交于 c、d 两点。C、D 两点在正面投影中是相贯线的最低点，在水平投影中是最前点和最后点也是相贯线的可见和不可见的分界点。

（2）求中间点，如图 6 - 16（a），假想用平行于两圆柱轴线的辅助平面（正平面）将相贯体切开，辅助平面与两圆柱的截交线为各自平行其轴线的两直线（其中大圆柱的一条截交线不参予相贯），它们的交点 E、F 即为相贯线上的点。作法如图 6 - 16（c），在侧

116

面投影作一平行于两圆柱轴线的直线（辅助平面的侧面投影）与大圆和椭圆分别交于 l''_3、l''_4 和 l''_1、l''_2。过 l''_1、l''_2、l''_3 各点作 OZ 轴的垂线与两圆柱底圆的正面投影分别交于 l'_1、l'_2、l'_3；再过 l'_1、l'_2、l'_3 三点作各自圆柱轴线的平行线并交于 e'、f'。由 e'、f' 向 OX 轴作垂线，与辅助平面的水平投影相交得 e、f 两点。由于相贯线前后对称，所以同时可以求得 g、h 两点。

（3）依此法可以求得相贯线上若干点的投影，然后将各点的同面投影顺序平滑地连接，即得相贯线的投影。相贯线的水平投影 c、d 两点是可见与不可见的分界点，c、d 左边的相贯线是在小圆柱的下半圆柱面上，是不可见的，应画成虚线，如图 6 - 16（c）。

注 求辅助平面与小圆柱表面截交线的正面投影，还可以用辅助投影法求出，如图 6 - 16（d）所示。

例 6 - 12 图 6 - 17 为圆柱与圆锥轴线正交，试求其相贯线的投影。

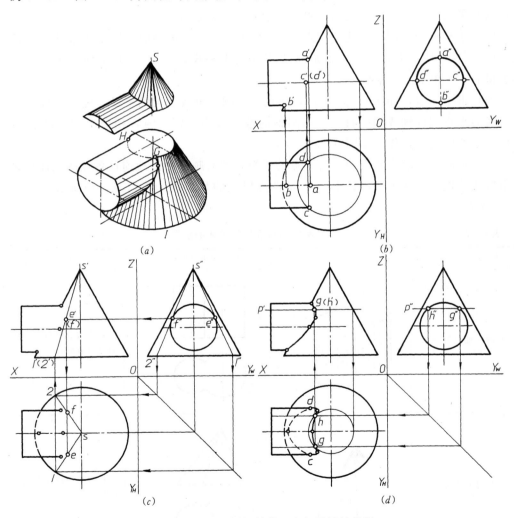

图 6 - 17 圆柱和圆锥轴线正交相贯线的投影

117

分析 从图 6-17 (b) 可以看出，圆柱和圆锥的轴线垂直相交，且均平行于正面（分别垂直于侧面和水平面），相贯线是前后对称的封闭空间曲线，其正面投影前后重影，水平投影为一封闭曲线，侧面投影重影于圆柱表面的侧面投影。圆锥表面的投影没有积聚性，可以采用垂直于圆锥轴线的辅助平面求出相贯线上若干点的水平投影和正面投影，然后分别顺序连接各点的同面投影即得相贯线的投影。

作法

(1) 求控制点，如图 6-17 (b)，在正面投影中，圆柱的轮廓素线与圆锥左侧的轮廓素线相交于 a'、b' 两点，由 a'、b' 两点向 OX 轴作垂线与圆锥左侧轮廓素线的水平投影相交于 a、b，它们是相贯线上的最高点和最低点，B 点是最低点，A 点是最高点。

过圆柱轴线作垂直于圆锥轴线的辅助平面，辅助平面与圆柱的截交线为前后两条轮廓素线，与圆锥的截交线为一圆，两者交于 C、D 两点，这两点是相贯线上最前点和最后点，其水平投影是相贯线可见与不可见的分界点，作法如图 6-17 (b)。

(2) 求相贯线与圆锥素线的切点，如图 6-17 (c)，在侧面投影中由锥顶 s'' 作圆的切线 $s''1''$、$s''2''$，切点为 e''、f''。然后求出素线的水平投影 $s1$、$s2$ 和正面投影 $s'1'$、$s'2'$，再求得 e'、f' 和 e、f 各点。

(3) 求中间点，如图 6-17 (a)，作垂直于圆锥轴线的辅助平面，辅助平面与圆柱的截交线为平行圆柱轴线的两直线，与圆锥的截交线为一圆，两者相交于 G、H 两点，为相贯线上的中间点，作法如图 6-17 (d)。

(4) 依此方法求出相贯线上若干点的投影，然后顺序平滑地连接各点的同面投影，即得相贯线的投影。在水平投影中，c、d 两点以左的相贯线为不可见，应画成虚线，如图 6-17 (d)。

表 6-3　　　　　　　　　　几种特殊情况的相贯线的投影

相 贯 情 况	轴 测 图	相 贯 线 投 影 图	相 贯 线 性 质
两圆柱轴线平行		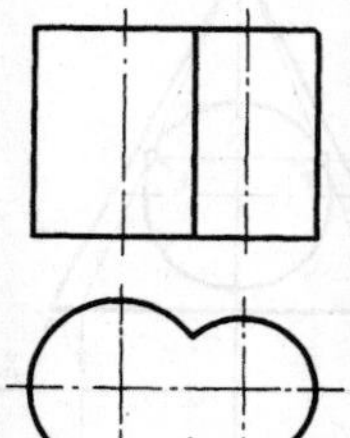	相贯线为平行于轴线的两直线（素线）
两圆锥共顶	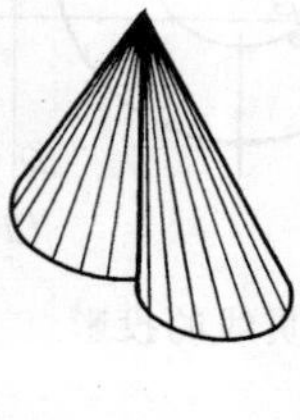	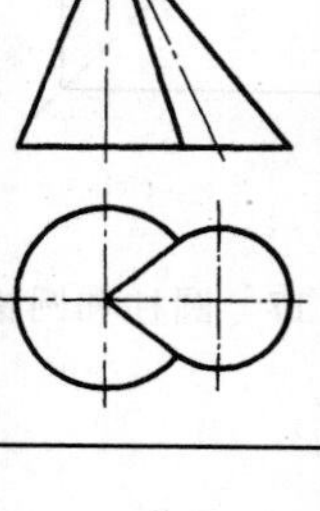	相贯线为过顶点的两直线（素线）

相 贯 情 况	轴 测 图	相贯线投影图	相贯线性质
圆柱和圆球共轴			相贯线为垂直于轴线的圆
两圆柱正交公切于一球			相贯线为两个相等的椭圆
圆柱与圆锥正交公切于一球			相贯线为两个相等的椭圆

　　两立体处于特殊位置相交时，其相贯线的投影往往变得较为简单。表6-3中列出几种特殊情况的相贯线的投影，供读者参阅。

　　在工程图中经常遇到两圆柱正交的相贯线，为了简化作图，习惯上常用圆弧代替曲线，其画法如图6-18。

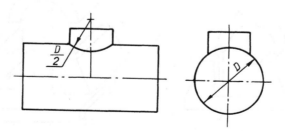

图6-18　两圆柱正交相贯线的简化画法

第七章 组 合 体 的 视 图

由两个或两个以上基本形体所组成的物体，称为组合体。其组成形式有叠加、切割、相贯以及综合等类型。建筑物不论形状如何复杂，从几何观点来看，都可以认为是基本形体的组合。因此，学习组合体的视图，既是对前面各章投影知识的综合运用，又为今后学习专业图打下基础。

组合体的视图一般比较复杂，初学者常常感到无从下手，如视图表达是否完整、清晰，尺寸标注是否合理、齐全，都无把握。若是将复杂的物体分解为若干个基本形体来研究，就能化繁为简，化难为易，便于画图和读图。这种将物体分解为若干基本形体来研究的方法称为形体分析法。形体分析法在今后画图和读图中要经常运用，读者必须很好地掌握。

第一节 组 合 体 视 图 的 画 法

组合体既然可以分解为若干基本形体，因此，运用前几章所学的投影知识，就不难画出组合体的视图。画组合体视图，可以按照形体分析、视图选择、然后作图等步骤进行。

一、形 体 分 析

形体分析就是分析所要表达的组合体是由哪些基本形体所组成，研究它们的形状及其相对位置。

图 7-1 为一座水闸的闸室，为了研究方便，可以把它分解为四个部分，即一块底板（形状为长方体，下部再切去一个小长方体），左、右两个边墩（形状为梯形棱柱体并在铅垂的一侧切去一个细长方柱体），上面放置一个拱圈（形状为空心圆柱体的一半）。

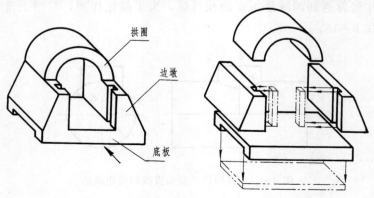

图 7-1 闸室的形体分析

二、视 图 选 择

视图选择的原则是用最简单、最明显的一组视图来表达物体的形状，而且视图的数量要最少。因此，要考虑物体应该如何放置，从哪个方向投影作为正视图和需用几个视图来表达等方面的问题。

（一）物体的放置

物体的放置一般应按照使用时的工作位置把物体摆正放平，如图7-1的闸室，底板是基础，要平放在最下部，两个边墩直立在左、右端，拱圈在最上部，不可倒置。

（二）选择正视图的投影方向

为了便于读图，通常使正视图尽可能多的反映物体的形状特征及其各组成部分的相对位置。如图7-1，按照箭头指示的方向作为正视图的投影方向，即可得到一个图形简单并能反映各部分形状特征和其相对位置的正视图，如

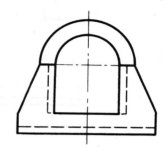

图7-2 闸室正视图的选择

图7-2。选择正视图的投影方向时，还要考虑尽可能减少视图中的虚线和便于合理的布置视图，有效地利用图纸。如图7-3（a），把物体的长边水平放置，既可减少正视图的虚线又可使视图布局紧凑。这样的视图选择和视图的布局是比较好的，若按图7-3（b）布置则不好。

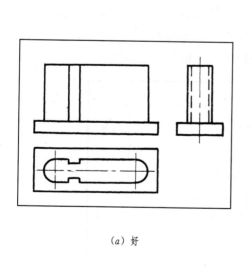

（a）好

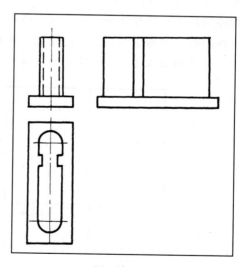

（b）不好

图7-3 视图的布置

（三）视图数量的选择

关于基本形体的视图，我们已经知道，并不是表达所有形体都需要画出三个视图，而是在保证完整、清楚的表达物体的形状和大小的前提下，应尽量减少视图的数量。

图 7-1 中拱圈和底板只需要用正视图和左视图就能够表达清楚。而边墩则需要用正视图和俯视图才能将闸门槽的形状和位置表达出来，如图 7-4。因此，它们所组合的闸室必须选择正视图、俯视图和左视图三个视图。

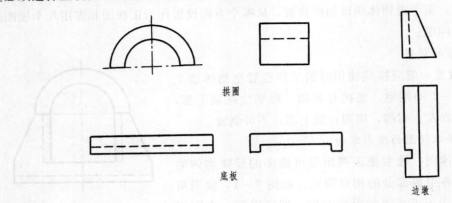

拱圈

底板

边墩

图 7-4　表达闸室各部分需要的视图

三、作 图 方 法

（一）布置视图并画对称中心线和基准线

对组合体进行了形体分析和选择视图两项工作之后，就应考虑布置视图。布置视图时排列要匀称，视图之间、视图与图框之间需留有适当的空隙，以便标注尺寸。因此，首先根据物体的总体尺寸和选用的比例画出各视图所占范围的长方形（用细实线画），再按上述要求在图纸上调整这些长方形的位置，然后定出画图和量取尺寸的起始线——基准线。基准线一般选用对称线、中心线、回转轴线和物体底面轮廓线，如图 7-5。

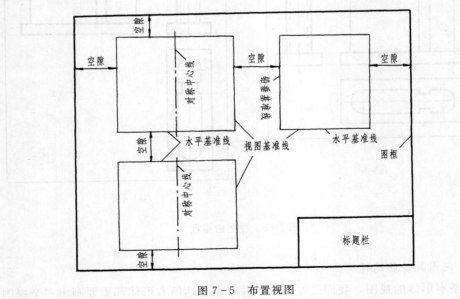

图 7-5　布置视图

122

（二）画各基本形体的视图（底稿图）

画图次序如图7-6（a）、（b）、（c）。作图时一般是先将一个基本形体的几个视图全部画完再转入画第二个基本形体，最后完成整个组合体。这样可以避免遗漏图线，并能保证各视图符合投影的规律。

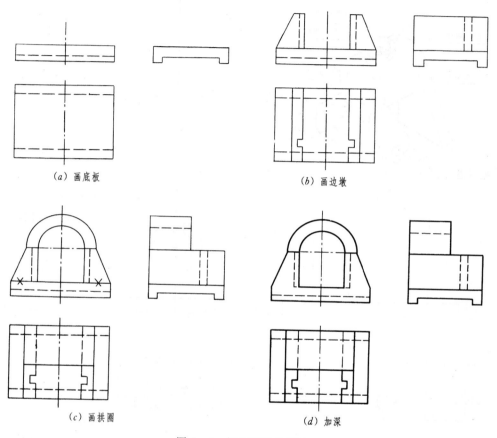

（a）画底板　　　　　　　　　　　　　（b）画边墩

（c）画拱圈　　　　　　　　　　　　　（d）加深

图7-6　闸室视图的画法

（三）检查底稿图，修改并加深图线

底稿图画完后，须对照组合体检查各视图是否有缺少的图线或多余的图线，如有错误应即时加以修改，然后使用HB铅笔将图线加深，如图7-6（d）。应当注意：分解形体只是假想的一种分析的方法，而组合体实际是个整体。所以基本形体的衔接处不应画出线条，如图7-6（c）画有"×"处是不应画出图线的。如果衔接处是两个表面的交线时，则衔接处需画粗实线。

图7-7（a）为轴承的轴测图，试画其视图。

形体分析　轴承是由大、小空心圆柱、底板、支承板和筋板5部分组成。大、小空心圆柱相交处有内、外相贯线，支承板的斜面与大圆柱面平滑地相切，相切处无交线。筋板与大圆柱面相交，相交处有交线。

视图选择　图7-7（a）中箭头所指方向能反映轴承的形状特征，因此，可选为正视

123

方向。大空心圆柱、支承板和筋板只要有正视和左视两个视图就可以表达清楚，但是小空心圆柱和底板上的圆角、圆孔，若只用正视图和左视图却不能表达清楚，所以必须增加俯视图。

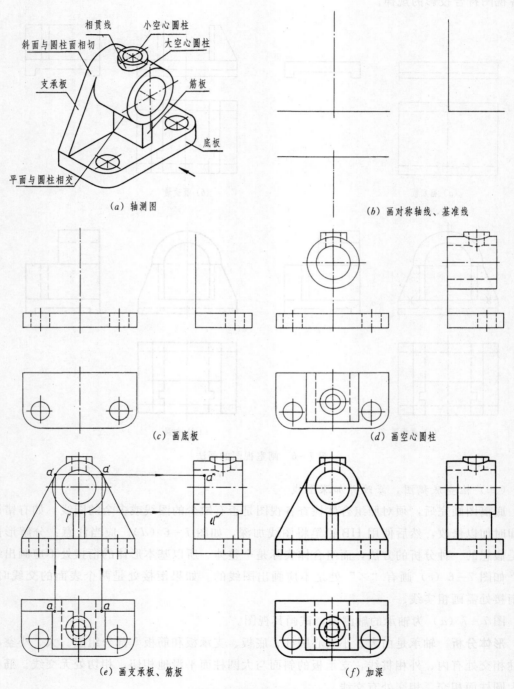

(a) 轴测图

(b) 画对称轴线、基准线

(c) 画底板

(d) 画空心圆柱

(e) 画支承板、筋板

(f) 加深

图 7-7　轴承视图的画法

布置视图 逐个画出各组成部分的三视图,如图7-7 (b)、(c)、(d)、(e)。

检查底稿图并加深图线 如图7-7 (f)。

应当注意:图7-7 (d) 中两空心圆柱相贯线可用近似画法圆弧代替。图7-7 (e) 中切点A,应先求a'再求a和a"。交线L,应先求l'再求l"。

第二节 组合体视图的尺寸注法

组合体视图上标注尺寸的基本要求是齐全、清晰、合理。

（一）尺寸标注要齐全

组合体的尺寸可以分为三种:

1. 定形尺寸 确定各基本形体大小的尺寸。

2. 定位尺寸 确定各基本形体之间相对位置的尺寸。

3. 总体尺寸 确定组合体总长、总宽和总高的尺寸。

在视图中把以上三种尺寸都标注出来,则组合体的尺寸就齐全了。

图7-1所示闸室,按形体分析将其各部分的尺寸单独注出,如图7-8所示。底板的定形尺寸长102注在正视图上,其余宽80、高16以及齿坎的定形尺寸10、6均集中标注在反映形状特征的左视图上。拱圈的定形尺寸为两个半径R22、R36和宽40。边墩的定形尺寸除宽80外,梯形的上、下底14、29和高38均应注在正视图上,而门槽的定形尺寸6、8则应注在反映门槽形状特征的俯视图上,16是门槽的定位尺寸。

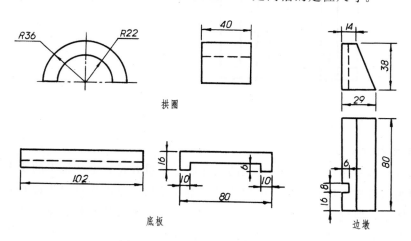

图7-8 闸室各部分尺寸的分析

将以上所分析的各部分尺寸先全部标注在组合体视图上,然后删去其中重复的尺寸,再按定位尺寸和总体尺寸的要求,对所注尺寸进行适当地调整。如图7-9闸室边墩上、下底的尺寸14和29可以省略,而增加边墩的定位尺寸44（该尺寸也是闸室的净宽）。闸室的总长、总宽在标注的尺寸中已能体现。其总高尺寸,由于闸室上部的拱圈是回转体,闸室的总高规定只注到拱圈的中心54,不必注到拱圈顶部。

（二）尺寸标注要清晰

为了使图面清晰便于读图，在视图上标注尺寸应注意以下几点：

（1）尺寸应尽量集中标注在反映形体特征最明显的视图上。如拱圈的半径要注在反映圆弧实形的正视图上，底板齿坎的尺寸则标注在左视图上，如图7-9。

（2）尺寸应尽量标注在视图外部。只有当标注在视图内部比标注在视图外部更清楚时，才允许在视图内部标注尺寸。如图7-9俯视图中门槽尺寸8、16。

（3）两个视图的共有尺寸应尽可能注在两视图之间。如图7-9底板厚度16和高度54。

（4）尺寸排列要整齐，小尺寸在里，大尺寸在外。虚线上尽量不标注尺寸。

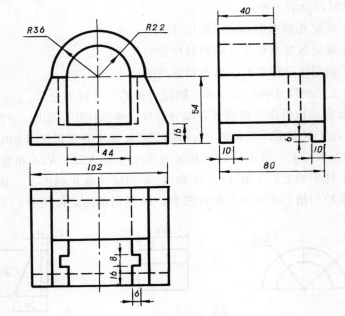

图7-9　闸室的尺寸标注

（三）尺寸标注要合理

所谓标注尺寸要合理，就是使标注的尺寸便于测量并符合生产施工的要求。这牵涉到专业知识问题，将在以后有关章节中叙述。本章仅就尺寸基准作进一步说明。

在组合体中，要确定每一个基本形体的位置，一般地说均有长、宽、高三个方向的定位尺寸，每个方向的尺寸都应有一个标注尺寸的起点——尺寸基准。对一般物体来说，其高低位置常以底面为基准；对称物体（包括对称布置的圆孔）以对称轴线为基准；不对称的物体可以较大的或重要的外表面为基准。回转体的定位尺寸，一定要标注出回转轴线到基准面的距离。不对称的物体要标注三个方向的定位尺寸。如图7-10，其中半圆柱在长、宽、高三个方向上都需标注定位尺寸。当物体的基本形体的相互位置处在叠合、靠齐和对称时，便可省略一些定位尺寸，如图7-11，只需标注基本形体的定形尺寸，其定位尺寸可以省略。

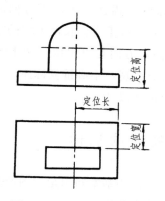

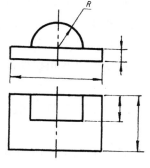

图 7 - 10　定位尺寸的选择　　　　图 7 - 11　定位尺寸可省略

在图 7 - 9 中，闸室的长度方向尺寸以对称线为基准，如 44、102。高度方向尺寸以底板下面为基准，如 16、54。宽度方向尺寸以底板前端面为基准，如门槽定位尺寸 16。由于各基本形体是处于上下叠合、左右对称、后面靠齐的位置，所以除定位尺寸 44 和 16 需标注外，不必再标注其他的定位尺寸。

图 7 - 12 是轴承标注尺寸的例子。除定形尺寸外，下面着重叙述有关定位尺寸和总高尺寸。

底板上有两个圆孔，为了确定其位置，需标注圆心的定位尺寸。84 是沿长度方向两圆心之间的距离，该尺寸以对称线为基准。42 是沿宽度方向从圆心到底板后面的距离，

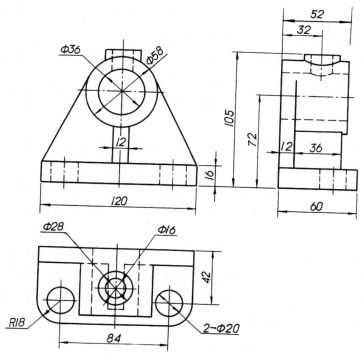

图 7 - 12　轴承尺寸的标注

127

该尺寸以底板后面为基准。大空心圆柱的回转轴线只需注一个高度方向的定位尺寸72，该尺寸以底板下面为基准。小空心圆柱的轴线与对称线重合，长度方向的定位尺寸不需标注，宽度方向的定位尺寸32是以后面为基准，高度方向是以定位尺寸105决定的，它也是整个轴承的总高。总长、总宽在定形尺寸中已有体现，不必重复标注。

注意 相贯线、截交线以及相切处都不需要标注尺寸。

第三节 组合体视图的识读

在第四章第五节已经介绍了读图的基本知识，这些基本知识是读图的基础。本节主要介绍组合体视图识读的基本方法，形体分析法和线面分析法。

一、形 体 分 析 法

形体分析法读图是以基本形体为读图单元。即将组合体的视图先分解为若干个简单的线框；然后判断各线框所表达的基本形体的形状；最后按相对位置综合成整体的形状。一般读图步骤为：

1. 分解视图　首先了解各视图的投影方向，彼此之间的投影关系；然后分解视图，一般从一个投影重叠较少、结构关系明显的视图入手，按线框把该视图分解为几个部分（线框）。

2. 分析各部分的形状　从上述分解的几个部分（线框），分别利用直尺和分规按"长对正、高平齐、宽相等"的规律，找出它们在其他视图中的相应投影（线框）；然后根据各部分的各视图的投影特征，逐一判断其空间形状。

3. 综合想象整体　判断出各部分形状之后，再对照视图，按三视图与物体空间位置的对应关系，分清各部分的相对位置，从而综合成整体的形象。

例 7-1　图 7-13（a）为涵洞进口挡土墙的三视图，试读视图，想象其空间形状。

分析

1. 分解视图　由左视图可分为上、中、下三个线框（暂不考虑切角和虚线），按投影规律找出各部分在正视图和俯视图的对应线框，如图 7-13（b）。

2. 根据投影特征判断各部分基本形状　如图 7-13（b）上部和下部的三个投影都是长方形，所以都是长方体；中间部分两个投影为梯形，一个投影有两个长方形的线框角顶有连线，故为四棱台体。

3. 识读切角、穿孔和凹槽　如图 7-13（c）上部的左视图中方形右上方切去一角，对照正视图和俯视图中小长方形中各有一条直线，表示上部长方体一角切去；中间四棱台中间穿有倒 U 形通孔，左视图和俯视图有虚线表示；下部从正视图可以看出有一矩形槽口，左视图和俯视图中也有虚线表示。

4. 综合想象整体　下部底板为长方体，在底板中部挖有矩形槽；中间四棱台体穿有倒 U 形孔；上部为切角四棱柱，左右位置对称，后面靠齐，如图 7-13（d）。

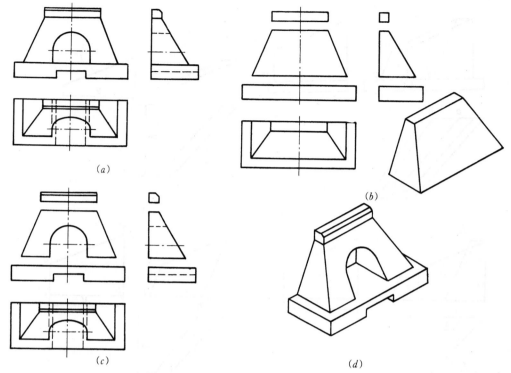

图 7-13　组合体识读举例（形体分析法）

二、线面分析法

对于有些物体的形状与基本形体相差较大或物体上斜面较多，用形体分析法读图，很难判断其形状，这时需要分析视图上的每一条图线和每一个线框的意义，判断组成形体的各表面的形状和空间位置，从而综合形体的空间形状。这种方法称为线面分析法。一般读图步骤为：

1. 分线框　视图中的每一个封闭的线框一般表示一个面的投影。所以先将一个视图（一般这个视图的线框较多）分解为若干个线框。

2. 找全三面投影　从上述分解的线框逐一找出彼此的其他投影；再根据平面的投影特性，判断各面的形状和空间位置。

3. 组合各面想象整体　将上述各面按彼此的相对位置组合起来，就得到整个物体的形状。

例 7-2　图 7-14（a）为八字形翼墙的三视图，试读视图，想象其空间形状。

形体分析　从正视图和左视图可以看出组合体可以分为上下两部分。下部的正视图和左视图都是长方形，故为柱体；俯视图是一个斜梯形反映底面实形，因此，可以判断为底面为梯形的棱柱体，如图 7-14（e）中底板。上部形状通过形体分析不易看清，还需用线面分析法读图。

线面分析　（分析组合体的上部）

（1）分线框：现将图 7-14（a）的正视图的上部，按线框分为五个面，其可见面编号为 $1''$、$2''$、$3''$，其余两个面在正视图中是不可见的。下面对每个线框逐一进行分析。

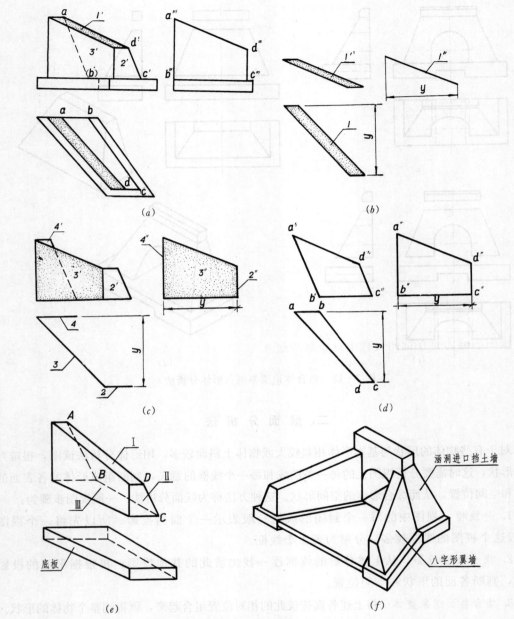

图 7-14　组合体识读举例（线面分析法）

（2）找全三面投影，判断面的形状和空间位置。

线框 1′ 是平行四边形，按"长对正"关系，在俯视图中找到一个与 1′ 对应的平行四边形，再按"高平齐"关系，在左视图中找到一条与 1′ 对应的斜线 1″，如图 7-14（b）。根据平面的投影特性，可以判断 Ⅰ 面是侧垂面，其形状是平行四边形。

按同样方法分析，线框 2′ 为梯形，其俯视图为水平线段，左视图为铅垂线段，因此可以判断 Ⅱ 面是梯形的正平面。Ⅳ 面与 Ⅱ 面的情况相同，不再分析，如图 7-14（c）。

线框 3′ 为梯形，俯视图为斜线，左视图也是一个梯形（类似形）。可以判断 Ⅲ 面是梯形的铅垂面，如图 7-14（c）。

线框 $a'b'c'd'$ 为梯形，其余二面投影也都是梯形（类似形），所以 $ABCD$ 面为一般位置平面，如图 7-14（d）。

翼墙的底面为一梯形的水平面。

（3）组合各面想象整体的形状　为了加深印象，可口头描述物体的形状。如自述本例的物体由六面围成，前后两面是平行的梯形，前面小后面大，都是正平面。左面是梯形铅垂面，右面是梯形一般位置的平面，顶面是平行四边形侧垂面，前低后高。底面是梯形的水平面。从而可以想象出物体的形状。再加上梯形的底板一块，这就是完整的八字翼墙的形状，如图 7-14（e）、（f）。

由上例可见，在读图时应先运用形体分析法，读懂形体比较明显的部分，对于形体不明显的部分再进一步作线面分析。熟记各种位置平面的投影特征，对作线面分析时很有帮助。特别要注意关于类似形的问题，如取线框找投影时，首先要找有无符合投影规律的类似形，如果没有类似形，就可以肯定其对应的投影是直线。通过线面分析就是要弄清楚物体表面的每一个面是什么形状，对于投影面处于什么位置，以便最后组合整体的形状。

三、培养读图能力的方法

读图的能力是在读图过程中逐步培养起来的，多读图可以起到"熟能生巧"的效果，一般可采用下述几种方法来培养读图的能力。

（一）给出物体的两视图补第三视图

由已知两视图补第三视图，这是培养读图能力和检查能否将图看懂的一种常用方法。

在补第三视图前，首先必须把已知的视图看懂，想出物体空间的形状。由于已知条件是两视图，因而不像看三视图那样容易明白物体的形状。对物体的某些部分可能有多种答案，需要反复思考才能得出正确的结论，从而补出无错误的第三视图。

画第三视图时，应按物体的组成部分，应用形体分析法逐步进行分析。对叠加型物体可先画局部而后合成整体。对切割型物体可先画整体，然后再予截切。下面举例加以说明。

例 7-3　图 7-15（a），已知闸墩的两视图，试补画其左视图。

分析　根据图 7-15（a）所示的两视图，运用形体分析法，从正视图着手大致可分解为四个部分。对照俯视图可以看出：底板为长方体，左端有梯形齿坎，如图 7-15（a）轴测图所示；闸墩左端是由两个圆柱面组成的墩头，右端是半圆形的墩头，中间两侧各有一条矩形门槽，如图 7-15（b）轴测图所示；在底板上部有一梯形门槛，如图 7-15（c）轴测图所示；在闸墩右部搁置槽形板一块，如图 7-15（d）轴测图所示。

作图

（1）定出闸墩左视图的对称线，根据"高平齐、宽相等"的关系作底板的左视图，如图 7-15（a）。

（2）作闸墩的左视图，门槽的虚线位置画到门槛的高度，如图 7-15（b）。

（3）作门槛的左视图，宽度与底板相同，如图 7-15（c）。

（4）最后作槽形板的左视图，检查有无多线或差错，修订后加深图线，如图 7-15（d）。

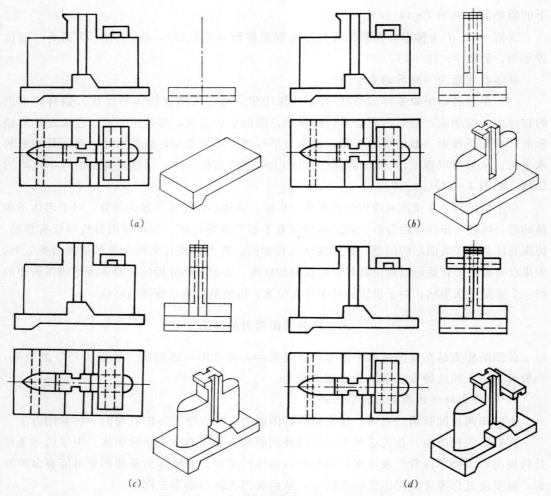

图 7-15 已知两视图补第三视图（叠加型）

例 7-4 图 7-16 (a)，已知物体的正视图和左视图，试补画其俯视图。

分析 图 7-16 (a) 所示左视图的外形轮廓为一梯形，可以先看成是一个梯形棱柱体。再根据正视图分析，可以看出梯形棱柱体的左右两端被一水平面和一侧平面切去一块；中部由两个正垂面和一个水平面切成一梯形槽。

作图

(1) 先作完整梯形棱柱体的俯视图，如图 7-16 (a)。

(2) 根据正视图 x_2 和左视图 y_2，作左右两个水平截面的水平投影，如图 7-16 (b)。

(3) 作中部梯形槽口，根据正视图中 x_1、x_3 和左视图中 y_1、y_3，求出俯视图中 a_1、a_2、…、a_8 等八个点，如图 7-16 (c)。

(4) 如图 7-16 (d)，连接所求各点，即得切割后梯形棱柱体的俯视图。

例 7-5 图 7-17 (a) 为闸墩的正视图和俯视图，试作其左视图。

分析 本例闸墩主体的形状比较清楚，补作其左视图也比较容易。但闸墩上支座形状较复杂，需要用线面分析法分析。现将支座放大绘制，以便于分析作图，如图 7-17 (b)。

132

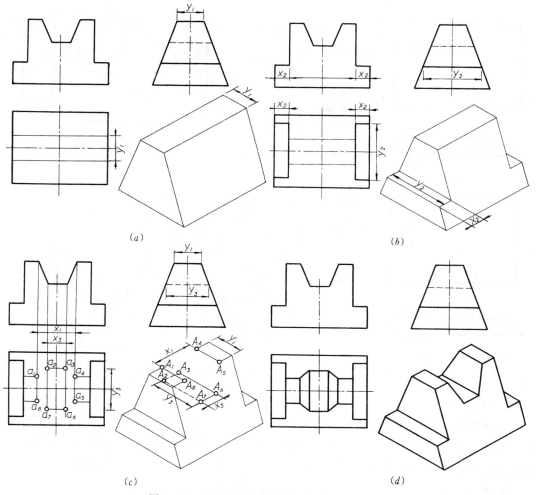

图 7-16　已知两视图补第三视图（切割型）

支座的正视图系长方形，如将俯视图也视为长方形，则能初步判断支座是一个长方体。因此，按宽度 y_1 可补出长方体的左视图。

正视图有两个线框。先分析 $a'b'c'd'$，按长对正关系，在俯视图中找到它对应的投影 $abcd$ 是一条水平线段，可见 $ABCD$ 表面是一个正平面，左视图应补一条铅垂的线段，与 $a'b'c'd'$ 高平齐，如图 7-17 (b)。再分析线框 $c'd'e'f'$，按长对正关系在俯视图中找到一个四边形 $cdef$，可初步判断 $CDEF$ 表面不垂直于正面和水平面。利用点的投影特性可以作出 e''、f''，如图 7-17 (c)。$c''d''e''f''$ 也是一个四边形，所以 $CDEF$ 应是一般位置平面。按同样方法，分析支座的上表面、左侧面、下表面都是正垂面，其交线 AA_1 和 BB_1 必定是正垂线。然后把闸墩的左视图补全。

作图

（1）按完整长方体作左视图，如图 7-17 (b)。

（2）根据 $c'd'e'f'$ 和 $cdef$ 求出 $c''d''e''f''$（$c''f''$ 不可见），如图 7-17 (c)。

（3）补全左视图，加深图线，如图 7-17 (d)。

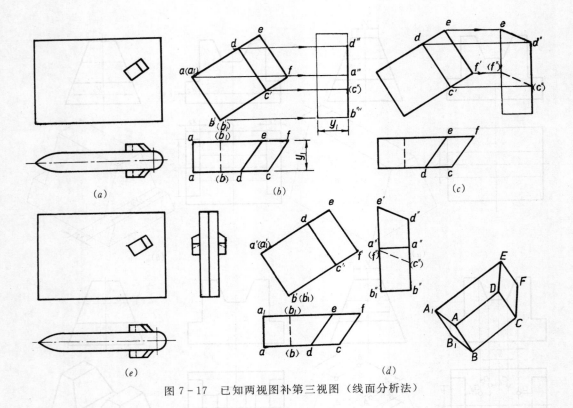

图7-17 已知两视图补第三视图（线面分析法）

（二）补漏线

给出物体的几个视图，但在图上某些重要的线条故意漏画，要求读者在看懂图的基础上，判断有无漏线，如有漏线，还应分析漏线的性质是属于面的积聚投影、交线投影、还是曲面轮廓素线，然后将漏线补出。这种方法也能训练读图。提高读图的能力。

例7-6 如图7-18（a），试补齐左视图中的漏线。

分析 由正视图和俯视图可以看出物体的上部为一正圆柱，下部为左右两角被切去一块的四棱柱体。因此，在左视图中遗漏四棱柱顶面的积聚投影和切角两面交线的投影。

作图 由正视图按高平齐即可画出漏线，如图7-18（b）。

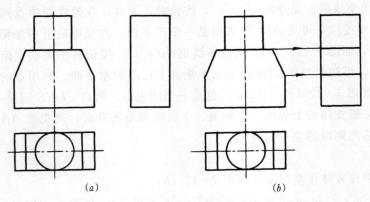

图7-18 补视图中的漏线

第八章　视图、剖视图和剖面图

前几章介绍了正投影的基本原理，以及用三视图配合尺寸标注来表达物体形状和大小的方法。但是在生产实际中，物体的形状和结构是多种多样的，对于形状和结构比较复杂的物体，仅用三面视图往往还不能清晰地表达它们的形状和结构。为适应表达各种物体内外形状的需要，在制图标准中还规定了一系列的表达方法，画图时可根据物体结构特点，选用适当的表达方法。

第一节　视　　图

物体向投影面投影所得到的图形称为视图。视图主要用来表达物体的外形，一般只画出物体可见部分的投影，必要时才画出其不可见部分的投影。视图分为：基本视图、局部视图和斜视图等。

一、基　本　视　图

物体向基本投影面投影所得的图形称为基本视图。基本投影面就是在原有三个投影面的基础上，对应地再增加三个投影面，这六个投影面称为基本投影面。将物体放在由这六个投影面组成的六面体中间，如图8-1所示，分别向六个基本投影面投影，即由前向后投影，得正视图；由上向下投影，得俯视图；由左向右投影，得左视图；由下向上投影，得仰视图；由右向左投影，得右视图；由后向前投影，得后视图。六个投影面展开的方法按图8-2（a）中箭头所指方向展开在同一个平面内。投影面展开后，六个基本视图的配置关系如图8-2（b）所示。

在同一张图纸内各视图如按图8-2（b）配置时，一律不标注视图的名称。如不能按图8-2（b）配置

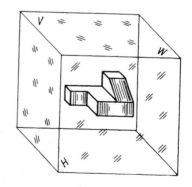

图8-1　六个基本投影面

视图时，应在视图的上方用大写字母标出视图的名称"×向"，并在相应视图附近用带字母的箭头指明其投影方向，如图8-2（c），A向（右视图）、B向（仰视图）、C向（后视图）。

六个基本视图之间与三视图一样，仍然符合"长对正、高平齐、宽相等"的投影规律，即正、俯、仰视图"长对正"；正、左、右、后视图"高平齐"；俯、左、右、仰视图"宽相等"，如图8-3所示。除后视图外，其他视图还符合"里后外前"的关系，即靠近正视图的是物体的后面，远离正视图的是物体的前面。应当注意：正视图和后视图反映物

体上、下位置关系是一致的，但左、右位置关系恰恰相反。

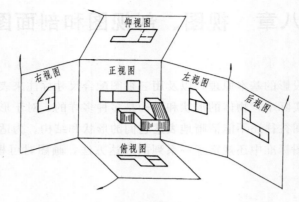

（a）六个基本投影面的展开方式

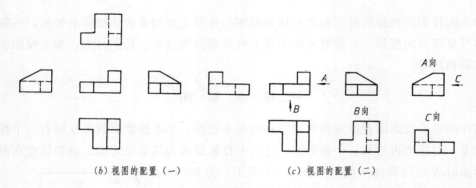

（b）视图的配置（一）　　　（c）视图的配置（二）

图 8-2　六个基本视图

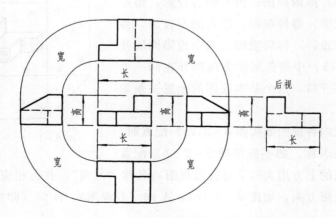

图 8-3　六个基本视图间的投影规律

在实际画图时，一般物体并不需要全部画出六个基本视图，而是根据物体形状的特点和复杂程度，具体进行分析，选择其中几个基本视图，完整、清晰地表达出该物体的形状和结构。

二、局部视图

当物体的某一部分形状未表达清楚，又没有必要画出整个基本视图时，可以只将物体的这一部分向基本投影面投影，所得的视图称为局部视图。

如图 8-4 所示为一集水井，已画出其正视图和俯视图，集水井内外的主要形状已经表达清楚，但是其上部的进水口和下部的出水口的形状尚未清晰地表达出来。如果再画左视图和右视图，则集水井大部分的投影重复。因此，可沿着箭头 A 所指的方向对右侧面进行投影，只画出局部的左视图以表达进水口的形状；沿着箭头 B 所指的方向对左侧面进行投影，只画出局部的右视图以表达出水口的形状。这样集水井的形状就完全表达清楚了。

局部视图不仅减少了画图的工作量，而且重点突出，简单明了，表达方法比较灵活。可以看出局部视图是基本视图的一部分，它必须依附于一个基本视图，不能独立存在。画局部视图时必须注意：

（1）局部视图的断裂边界用波浪线表示，如图 8-4 中的 A 向视图。但当所表达的局部结构是完整的，且外形轮廓又成封闭时，则波浪线可省略不画，如图 8-4 中的 B 向视图。

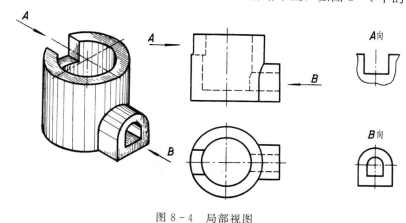

图 8-4　局部视图

（2）必须用带字母的箭头指明投影部位及方向，并在该局部视图上方用相同的字母标注"×向"。

（3）局部视图应尽量配置在箭头所指的方向，并与基本视图保持投影关系。由于布局等原因，也允许把局部视图配置在图幅其他适当的地方，如图 8-4 中的 B 向视图。

三、斜　视　图

当物体上具有不平行于基本投影面的倾斜部分时，在基本视图上就不能反映该倾斜部分的真实形状。为了表达倾斜部分的真实形状，可以选择一个新的辅助投影面，使它与物体倾斜部分平行，并垂直于一个基本投影面，然后将倾斜部分向辅助投影面投影，再将辅助投影面按投射方向旋转到与其垂直的基本投影面上，这样所得的视图称为斜视图。如图 8-5（b）A 向视图。

画斜视图时要注意以下几点：

（1）斜视图通常只要求表达该物体倾斜部分的实形，故其余部分不必全部画出而用波浪线断开。

（2）画斜视图时，必须在基本视图上用带字母的箭头指明投影部位及方向，并在斜视图上方用相同字母标注"×向"。

（3）斜视图应尽量配置在箭头所指的方向，并与斜面保持投影关系。为了作图方便和合理利用图纸，也可以平移到其他适当的位置。在不致引起误解时，允许将图形旋转，使图形的主要轮廓线（或中心线）成水平或铅垂位置。图形经过旋转的斜视图，必须在斜视图上方标注"×向旋转"字样，如图 8-5（c）所示。

无论哪种画法，标注字母和文字都必须水平书写。

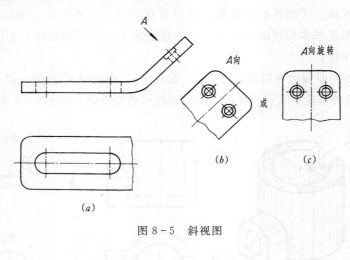

图 8-5　斜视图

四、第三角投影简介

在世界各国彼此交流的技术图纸中，除前面已学习的用第一角投影画图外，还有些国家是采用第三角投影画图的。为了促进国际间的技术交流，有必要对第三角投影作简要介绍。

图 8-6 所示是三个互相垂直的投影面（H、V、W 或 H、F、P）所组成的Ⅰ、Ⅱ、Ⅲ、Ⅳ直角投影体系。前面所讲的三面投影图是将物体放在第Ⅰ角内（即 V 面之前、H 面之上，W 面之左），按观察者→物体→投影面的相互位置关系进行正投影，所得的图形称为第一角投影图。

另一种方法是将物体放在第三角内（即 H 面之下、F 面之后、P 面之左），假设投影面是透明的，按观察者→投影面→物体的相互位置关系，仍按正投影法进行投影，所得的图形称为第三角投影图，如图 8-7 所示。

按第三角投影的画法，将物体放在三个相互垂直的透明投影面中，就像观察者隔着玻璃板用平行视线看物体一样如图 8-7。从前向后观察物体，在前立投影面（F）所得的视图称为前视图；从上向下观察物体，在水面投影面（H）上所得的视图称为顶视图；从右向左观察物体，在侧立投影面（P）上所得的视图称为右侧视图。然后按箭头所示展开各投影面，展开时 F 面不动、H 面绕其与 F 面相交的轴线向上翻转 90°，P 面绕其与 F 面相交的轴线向右翻转90°，使 H、P 面均与 F 面重合于同一平面内，如图 8-8（a）所示。

投影面展开后三面视图的位置是：顶视图在前视图的上方；右侧视图在前视图的右方，投影面的边框线不画，如图 8-8（b）所示。三面视图之间仍然保持"长对正、高平齐、宽相等"的投影规律。但在前后位置关系方面，第三角投影图中，顶视图和右侧视图"靠近前视图"一侧是物体的前面部位，"远离前视图"一侧则是物体的后面部位，这点与第一角投影恰恰相反。

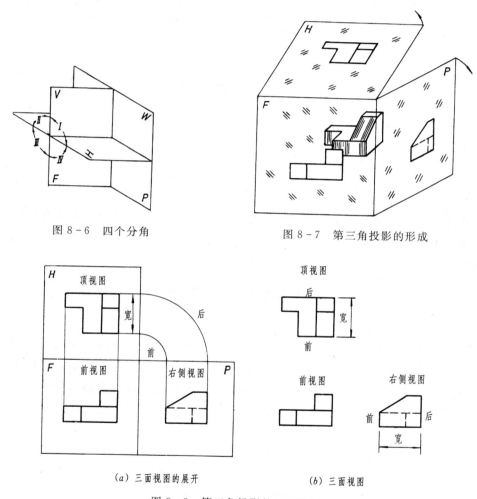

图 8-6　四个分角

图 8-7　第三角投影的形成

（a）三面视图的展开　　　　　　（b）三面视图

图 8-8　第三角投影的三面视图

当用三面视图不能清楚地表达物体的形状时，第三角投影也可画成六个基本视图，它也是用正六面体的六个平面作为基本投影面，投影面展开后，六个基本视图相互间的位置关系如图 8-9 所示。

总之，第三角投影与第一角投影都是采用正投影法，所以正投影法的基本原理和投影规律两者完全相同。但是由于物体所在的分角不同，观察者、物体、投影面三者之间相对位置关系的不同，因而展开后所得各视图的相互位置和对应关系也就有所区别，不过只要熟练地掌握第一角投影的原理和方法，对第三角投影也是容易理解的。

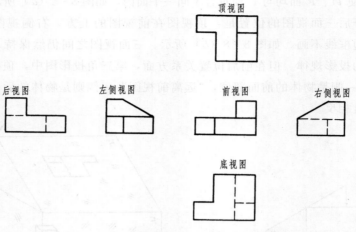

图 8-9　第三角投影的六个基本视图的配置

第二节　剖　视　图

当物体的内部结构比较复杂时，如果仍用前面所学的视图来表达，那么在视图中必然要画出很多的虚线，这样势必影响图形的清晰；既不利于看图，也不便于标注尺寸。为了解决物体内部结构的表达问题，在制图中通常采用剖视的方法。

一、剖视图的基本概念和作图方法

（一）剖视图的概念

图 8-10 为混凝土杯形基础的两个视图，在基础中间有一个用来安装柱子的杯口，它在正视图上用虚线表示。如果采用剖视图来表达，如图 8-11（a）所示，假想用剖切面（P）剖开基础，将处在观察者和剖切面之间的那部分移去，将其余的部分向投影面投影所得的图形称为剖视图，简称剖视，如图 8-11（b）中正视图所示。

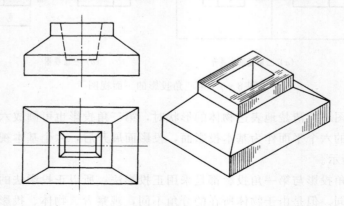

图 8-10　杯形基础

（二）剖视图的画法

下面以图8-10所示的基础为例，说明画剖视图的步骤如下：

1. 确定剖切面的位置　通常用平面作剖切面，画剖视图时，首先要考虑在什么位置剖开物体。为了能确切地表达物体内部孔、槽等结构的真实形状，剖切平面应该与投影面平行，并沿着孔、槽的对称平面或通过其轴线。图8-11（a）中的剖切面即是平行于正立投影面，且通过基础前、后方向的对称平面。

2. 画剖视图　由于剖视是假想的，因此作图时首先要想清楚剖切后的情况，哪些部分移去了，哪些部分留下了，哪些部分被剖切平面切到的，其投影如何？凡剖切平面切到基础的断面部分以及在剖切平面后的可见部分轮廓，都用粗实线画出，如图8-11（b）所示。

3. 画建筑材料图例（或剖面符号）　在剖视图上被剖切面切到的断面部分称为剖面。在剖面上应画出混凝土材料图例（见第一章表1-8所示）。这样，在读图时，便可根据图上有无材料图例（或剖面符号）就可以清楚地区分基础的实体和空心部分，便于想象出基础的内、外形状和远近层次。

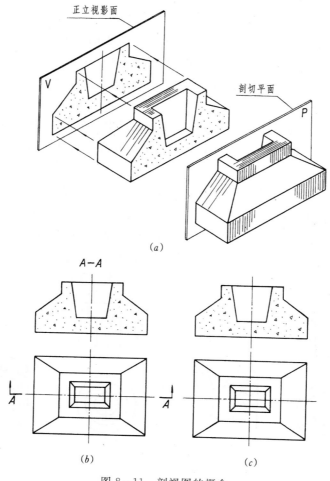

图8-11　剖视图的概念

（三）剖视图的标注

为了说明剖视图与有关视图之间的对应关系，剖视图一般要加以标注，标注的内容如下：

1. 剖切符号　用以表示剖切平面的位置。剖切符号为线宽（1～1.5）b、长约5～10mm的断开粗实线，画在剖切平面的起始、终止处，靠近图形轮廓，但应避免与轮廓线相交。

2. 箭头　用以表示剖视图的投影方向。箭头画在剖切符号的外端且与之垂直。

3. 字母　注在剖切符号与箭头的外侧，并在相应剖视图的上方（居中）用相同字母标出剖视图的名称"×—×"，如图8-11（b）中的 A—A。如在一张图纸上同时有几个剖视图时，应按字母顺序标出，不得重复使用同一字母。无论剖切符号位置如何，字母都应水平书写。

符合下列条件时，可以简化剖视图的标注：

（1）当剖视图按投影关系配置，中间又无其他图形隔开时，可省略箭头。

（2）当单一剖切平面通过物体的对称平面或基本对称的平面，且剖视图按投影关系配置，中间又无其他图形隔开时，可省略标注，如图8-11（c）。

（四）画剖视图应注意的问题

1. 剖切的假想性与真实性　剖切对物体来说是假想的，事实上物体没有切开，也没有拿走一部分。因此，在一个视图上取了剖视（如图8-11正视图），其他未取剖视的视图仍应画成完整的（如图8-11俯视图）。但是对所画的剖视图来说，剖切又是真实的，应按剖切后的实际情况画出。

2. 剖视图与剖切面的位置　在剖视图上不能反映其剖切面的位置，剖切面的位置只能在其他视图上表示。如图8-11（b），正视图上取剖视，只有在俯视图上才能表示出剖切面的位置。

3. 合理地省略虚线　为了使图形更加清晰，剖视图中可省略不必要的虚线。取了剖视以后，凡是已经表达清楚的结构形状，在其他视图上仍为虚线者也可省略不画。

4. 剖视图上要防止漏线　剖视图应该画出剖切到的剖面形状的轮廓线和剖切面后面的可见轮廓线。但初学者往往容易漏画剖切面后面的可见轮廓线。如图8-12（a）正视

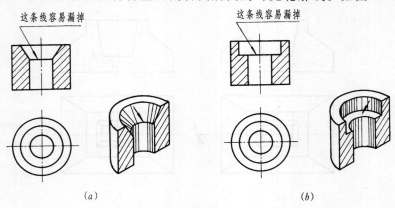

（a）　　　　　　　　　　　　　　（b）

图8-12　剖视图中容易被漏画的图线

图中箭头所指的圆锥孔与圆柱孔相交的那一条可见轮廓线，图8-12（b）正视图中箭头所指的阶梯孔台阶面的投影那一条可见轮廓线，往往都是容易被漏画的线。

5. 剖面线的方向　金属材料的剖面符号，是在剖面内画出间隔相等方向相同与水平线成45°平行的细实线，同一零件各剖视图上剖面线倾斜方向和间隔应一致。如图8-13。当剖视图中的主要轮廓线与水平线成45°倾斜时，剖面线应改成与水平线成30°或60°的斜线。

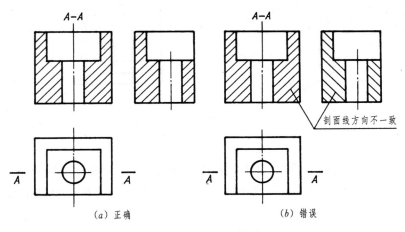

图8-13　同一零件各剖视图剖面线的画法

二、剖 视 图 的 分 类

在取剖视图时，不管选用什么样的剖切面，所得到的剖视图只有三种：全剖视图、半剖视图和局部剖视图。下面以单一剖切面为例，说明三种剖视图的画法。

（一）全剖视图

用剖切平面将物体完全剖开所得到的剖视图，称为全剖视图。

图8-14为钢筋混凝土闸室，为了把闸室的内部结构表达清楚，采用一个与正立投影面平行的剖切平面，沿着闸室的前、后方向对称的平面剖开，在正视图上画出全剖视图。原来正视图上闸底板、闸门槽、启闭台板和操作板的投影均为虚线，经剖切后，这些部分均为可见，用粗实线画出，只有前面的边墙剖切后被移去。因此，在视图上少了一条水平位置的可见轮廓线，对于后面边墙顶面由于它在左视图上已表达清楚，所以在剖视图上表达该顶面的虚线可省略不画。最后在被剖切到的底板、启闭台板和操作板的断面轮廓内画出钢筋混凝土材料图例，即得闸室的全剖视图。

由于单一剖切平面（P）通过闸室的对称平面，且剖视图按投影关系配置，中间又无其他图形隔开，因此可以省略标注。

全剖视图主要用于表达内部形状较复杂，外部形状简单，且又不对称的物体。对于空心回转体如图8-12所示，虽然视图对称，但为表达清晰和标注内部结构尺寸方便起见，也多采用全剖视图。

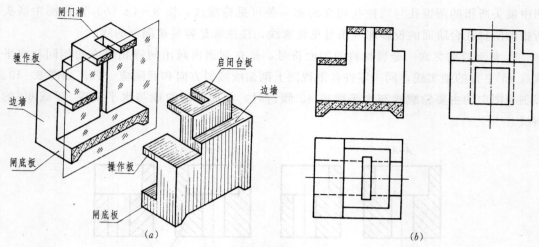

图 8-14 闸室的全剖视图

（二）半剖视图

当物体具有对称平面时，可在其形状对称的视图上，以对称中心线为分界，一半画成剖视图，表达内部形状；另一半画成视图，表达外部形状。这样画出的剖视图称为半剖视图。

图 8-15（b）所示混凝土杯形基础，由于它前后、左右均对称，所以正视图和左视图都可以画成半剖视图。在正视图上作半剖视的剖切方法如图 8-15（a）所示，剖切平面沿基础的前、后方向对称平面全部剖开，然后取全剖视图右边一半，表达基础的内形，再取正视图左边一半，表达基础外形，用点划线分界把这两个图形组合起来即得半剖视图。同样的作图方法，可将左视图也画成半剖视图，如图 8-16 所示。这种图形的优点是：在一个图形上可将基础的内、外形状都表达清楚。

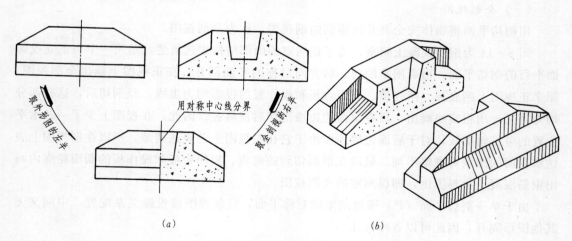

图 8-15 半剖视图的形成

当物体的内、外形状都需要表达清楚，而该图形又对称时，常采用半剖视图，或图形基本对称时，也可采用半剖视图。

画半剖视图应注意：

（1）半个剖视图与半个视图的分界线用细点划线表示。

（2）由于半剖视图形对称，所以在半个视图中，表示内部形状的虚线，一般省略不画。

半剖视图的标注规则与全剖视图相同。图8-17所示机件的半剖视图中，正视图中可省略标注，俯视图中的半剖视因剖切平面未通过对称平面，故须标注剖切符号和剖视图名称，而箭头可省略。

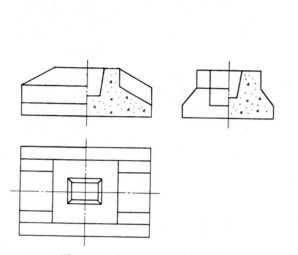

图8-16 杯形基础的半剖视图

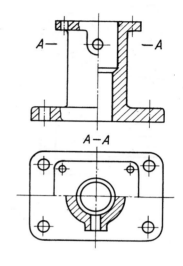

图8-17 机件的半剖视图

（三）局部剖视图

用剖切平面局部地剖开物体所得的剖视图，称为局部剖视图。

图8-17所示机件正视图中左半画成视图，但为了进一步把底板上的孔及上部凸缘的孔表达清楚，故又采用了局部剖视图。又如图8-18所示，为了表达混凝土管接头处的内部构造，采用了局部剖视图。

局部剖视图主要用于表达物体内部的局部结构形状，它不受图形是否对称的限制，剖切范围的大小，可根据实际需要

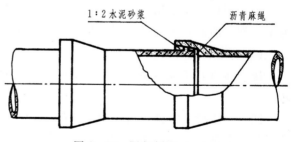

图8-18 局部剖视（一）

而定，表达方法比较灵活，运用得当，可使图形简明清晰。如果剖切过于零碎，在一个视图中过多地选用局部剖视图，则反而会给读图增加困难，因此选用时应考虑读图方便。

画局部剖视图应注意：

（1）局部剖视图与视图应以波浪线分界。波浪线不可与图形轮廓线重合。

（2）当被剖切的结构为回转体时，允许用该结构的中心线为局部剖视图与视图的分界线，如图8-19中的俯视图。

（3）波浪线可以看作物体断裂痕迹的投影，因此波浪线要画在物体的实体部分，遇到非实体部分（如孔槽、空洞之内），波浪线必须断开，不能穿孔而过；波浪线也不得超出图形轮廓线之外，如图 8 - 20 所示。

（4）对于剖切位置明显的局部剖视图，一般不必加标注，如剖切位置不明显，则应加标注，其标注方法与全剖视图相同。

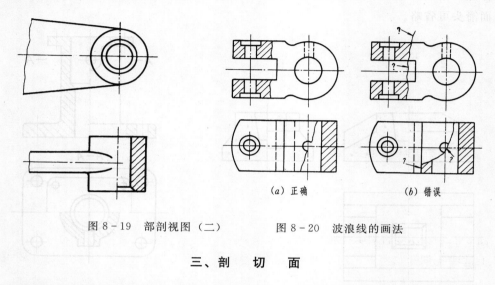

(a) 正确　　　　　　(b) 错误

图 8 - 19　部剖视图（二）　　　　图 8 - 20　波浪线的画法

三、剖　切　面

取剖视时，一般用平面剖切物体。有时也可采用柱面剖切物体，如用柱面剖切物体时，剖视图应按展开绘制。这里主要介绍用平面剖切。根据剖切平面的数量和相互位置关系的不同，可以得到各种不同的剖切方法，现分别介绍如下：

（一）单一剖切平面

单一剖切平面是用一个投影面平行面作剖切平面。用单一剖切平面剖开物体的方法称为单一剖，前面介绍的剖视图都是用单一剖切平面剖切后得到的剖视图。

（二）两相交的剖切平面

用交线垂直于某一基本投影面的两相交平面作为剖切面将物体剖开，这种方法称为旋转剖。

图 8 - 21 所示零件，有三个不同的孔，用一个剖切平面不能同时剖切到三个孔。由于该零件具有回转轴线，可采用相交于回转轴线的两相交剖切平面，将三个孔同时剖开，如图 8 - 21（a）；然后，将正垂面所切出的断面形状，绕其交线旋转到与侧面平行，再进行投影；这样在左视图上就可将三个孔都表达清楚，如图 8 - 21（b）。

旋转剖必须标注。标注时，在剖切面的起、讫、转折处标出剖切符号，注上相同的字母，并在起、止处画出箭头表示投影方向。在所画的剖视图上方中间处，用相同字母标出剖视图名称"×—×"，如图 8 - 21（b）。当剖视图按投影关系配置，且中间无其他图形隔开时，可省略箭头。

图 8 - 22 所示零件当剖切后产生了不完整的要素时，应将所剖切的不完整要素按不剖绘制，如图中臂。

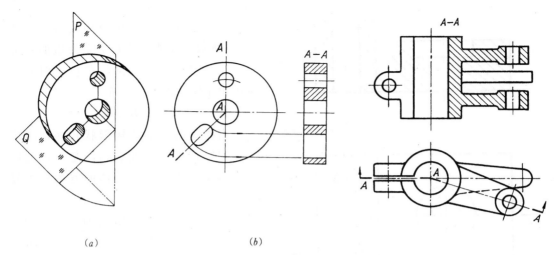

(a)	(b)

图 8-21　旋转剖　　　　　　　　　　　　　图 8-22　旋转剖

（三）几个平行的剖切平面

用几个平行于某一基本投影面的剖切平面剖开物体的方法，称为阶梯剖。

图 8-23 所示零件，其上有三个不同大小和深度的孔，用一个剖切平面不可能同时把零件上这些孔剖开，所以采用了两个互相平行的剖切平面（正平面）分别通过孔的中心线将零件剖开，然后在正视图的位置画出其剖视图，如图 8-23（b）所示。

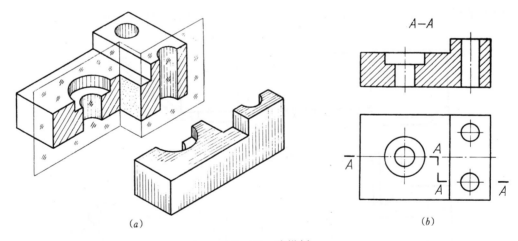

（a）　　　　　　　　　　　　　　　　　　（b）

图 8-23　阶梯剖

采用上述阶梯剖面剖视图时，虽然各平行的剖切平面不在一个平面上，但剖切后所得到的剖视图应看作是一个完整的图形。画阶梯剖还必须注意以下几点：

（1）两个剖切平面转折处的分界线不应画出，如图 8-24。

（2）剖切平面的转折处不应与视图中的轮廓线重合，如图 8-24。

（3）所画剖视图必须加以标注，在剖切平面的起、迄和转折处标出剖切符号，注上相同字母，并在起、止处画出箭头指明投影方向，并在相应的剖视图上方标出"×—×"，

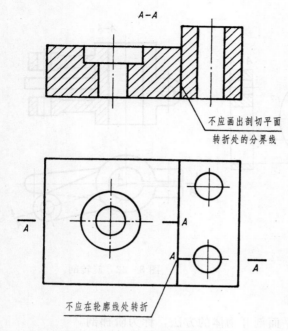

不应画出剖切平面
转折处的分界线

不应在轮廓线处转折

图 8-24　阶梯剖的错误画法

如图 8-23 中的 A—A。

阶梯剖在水工图中应用较多，如图 8-25 所示，为消力池和下游渠道的一部分，正视图采用单一剖，在左视图的位置画出了阶梯剖视 A—A。

（四）组合的剖切平面

当物体的内部结构形状较多，用旋转剖和阶梯剖仍不能表达清楚的，可用组合的剖切平面剖开物体的方法称为复合剖。

图 8-26 所示为混凝土坝内廊道的三视图，因为从坝内取出一段，所以四周都采用折断线分界，三个视图均采用剖视图来表达。其中 B—B 为复合剖，选用两个水平面中间连接了一个正垂面作剖切平面剖开廊道而得。

复合剖的标注与旋转剖和阶梯剖的标注相同。当采用展开画法时，应在剖视图上方标注"×—×展开"。

（五）不平行于任何基本投影面的剖切平面

用不平行于任何基本投影面的剖切平面剖开物体的方法，称为斜剖。

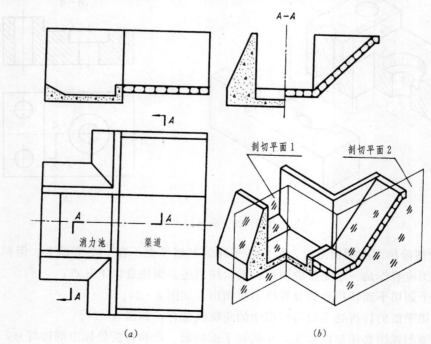

消力池　渠道

(a)

剖切平面1　　剖切平面2

(b)

图 8-25　阶梯剖

如图 8-27 为用一个不平行任何基本投影面，但平行于机件倾斜结构，且垂直于正立投影面的剖切平面完全地剖开机件。将该倾斜结构向平行于该剖切平面的辅助投影面投影，所得的图形 "A—A" 称为斜剖视图。

用斜剖的方法画图时，必须用剖切符号、箭头和字母标明剖切位置和投影方向，并在剖视图上方标明 "×—×"，如图 8-27 中的 A—A。注意字母一律水平书写。

斜剖的剖视图最好配置在箭头所指的方向，并与基本视图保持投影关系，如图 8-27 中 A—A。但

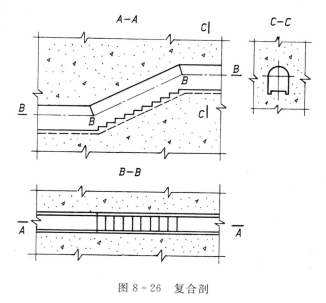

图 8-26 复合剖

为了合理地利用图纸和画图方便，也可以平移到其他适当的位置或将图形转正画出，转正后的图形上方必须加注 "旋转" 二字，如图 8-27 中 "A—A 旋转"。

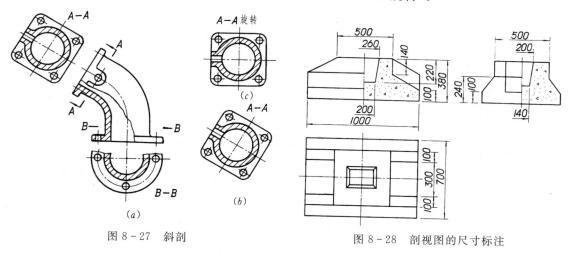

图 8-27 斜剖　　　　　　　　　　图 8-28 剖视图的尺寸标注

四、剖视图的尺寸标注

在剖视图上标注尺寸的基本规则和方法与组合体视图的尺寸标注相同。但在剖视图上标注尺寸特别要注意清晰和整齐，所以应尽量把外形尺寸和内部结构的尺寸分开标注，以免混淆不清。

如图 8-28 正视图和左视图都是由半个剖视和半个外形视图组合而成的半剖视图，把表达外形的尺寸从视图上引出标注，表达内部结构的尺寸从剖视图上引出标注。在图上由于对称部分省去了虚线，因此，注写某些内部结构尺寸时，只能画出一边的尺寸界线和箭

头。这时尺寸线要稍许超过对称中心线，但尺寸数应注写整个结构的尺寸，如图8-28正视图中的260、200和左视图中的200、140等。

第三节 剖 面 图

一、剖面图的概念

假想用剖切平面将物体的某处切断，仅画出断面的图形和材料图例（或剖面符号），这种图形称为剖面图，简称剖面，如图8-29（a）所示。

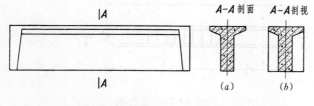

图8-29 剖面、剖面与剖视的区别

剖面与剖视的区别是：剖视除表示物体被剖切面切到的断面形状外，还要画出剖切面后面物体的可见形状。而剖面则仅仅画出剖切面切到的断面形状，这就是两者的区别，如图8-29所示。

剖面图主要用来表达物体的某一部位的断面形状，如果在画图时能恰当地采用剖面，则有利于简化视图的表达方案。

剖视图中使用的五种剖切面亦适用于画剖面图。

二、剖面的种类和画法

剖面按其配置位置不同，分为移出剖面和重合剖面。

（一）移出剖面

画在视图轮廓外的剖面，称为移出剖面，如图8-30、图8-31、图8-32、图8-33所示。

1. 移出剖面的画法

（1）移出剖面的轮廓线用粗实线绘制。

（2）移出剖面的配置：移出剖面应尽量配置在剖切符号或剖切平面迹线的延长线上，如图8-30（a）、（b）所示。剖切平面迹线是剖切平面与投影面的交线，用细点划线表示，如图8-30（b）正视图中所示。

剖面图形对称时也可画在视图的中断处，如图8-30（c）。必要时可将移出剖面配置在其它适当位置，

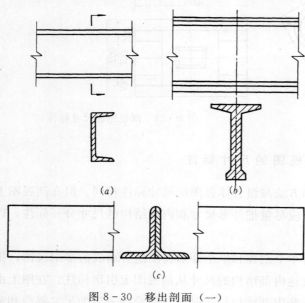

图8-30 移出剖面（一）

如图8-31所示。

（3）由两个或多个相交的剖切平面剖切得出的移出剖面，中间一般应断开，如图8-32所示。

（4）当剖切平面通过回转面形成的孔或凹坑的轴线时，这些结构按剖视画出，如图8-33所示。

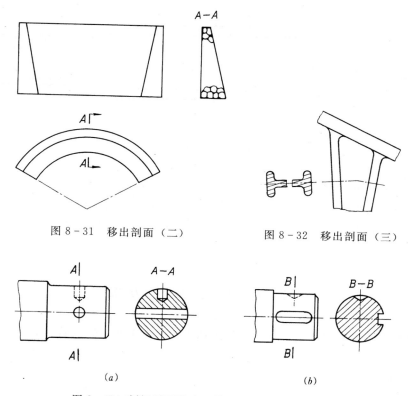

图 8-31　移出剖面（二）　　　　　　图 8-32　移出剖面（三）

图 8-33　剖切平面通过回转面结构剖面图的画法

2. 移出剖面的标注

（1）当移出剖面不配置在剖切平面迹线的延长线上时，一般应用剖切符号表示剖切位置，用箭头表示投影方向，并注上大写字母。在剖面图上方应用同样的大写字母标出相应的名称"×—×"，如图8-31所示。

（2）当移出剖面配置在剖切平面位置线的延长线上时，不对称的移出剖面，应用箭头表示投影方向，允许省略字母，如图8-30（a）所示。对称的移出剖面，可省略箭头和字母，如图8-30（b）所示。

（3）若对称的移出剖面不配置在剖切平面位置线的延长线上以及不对称的移出剖面按投影关系配置时，均可省略箭头，如图8-33（a）、（b）所示。

（二）重合剖面

画在视图图形内的剖面称为重合剖面，如图8-34。它是用假想的剖切平面垂直地通过结构要素的轴线或轮廓线，然后将得到的剖面旋转90°，使之与视图重合，这样的剖面就是重合剖面。

1. 重合剖面的画法

(1) 重合剖面的轮廓线用细实线绘制。

(2) 当视图中的轮廓线与重合剖面的图形重叠时，视图中的轮廓线仍应连续画出，不可中断，如图 8-34 (b)、(c)。

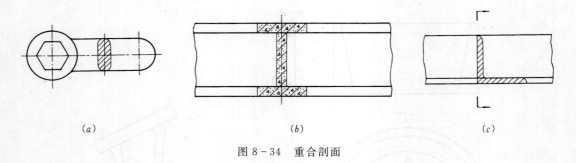

(a)   (b)   (c)

图 8-34 重合剖面

2. 重合剖面的标注

(1) 重合剖面为对称图形时，不加任何标注，如图 8-34 (a)、(b)。

(2) 重合剖面为不对称图形时，应标出剖切符号和箭头，省略字母，如图 8-34 (c)。

第四节 其 他 表 达 方 法

本节主要介绍一般工程上常见的其他表达方法，有关水工图的特殊表达方法将在第九章中介绍。

(一) 断 开 画 法

较长的机件（如轴、杆、型材、连杆等），沿长度方向的形状一致或按一定规律变化时，可以截去中间一部分，而将两端靠拢缩短绘制，断开绘制后其尺寸应按原来的实际长度标注，如图 8-35 所示。

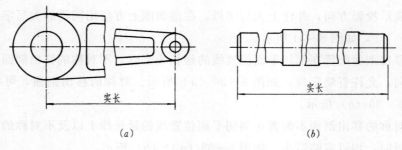

实长   实长

(a)   (b)

图 8-35 断开画法

机件断裂处一般用波浪线表示，但也可根据机件的断面形状和材料不同，采用不同的折断符号来表示，详见表 8-1 所示。

折 断 符 号	画 法 及 用 途
	波浪线 粗细为 $b/3$，徒手画成，适用于任何材料和任何形状的物体
	锯齿形线 粗细为 $b/3$，徒手画成，适用于木材
	δ 形线 粗细为 $b/3$，徒手画成，适用于任何材料的实心圆柱体，图中材料为金属
	双 δ 形线 粗细为 $b/3$，徒手画成，适用于任何材料的空心圆柱体，图中材料为金属
	双折线 粗细为 $b/3$，用直尺绘出，超出轮廓线为 3～5mm，适用于折断部分较长的物体，水利工程图中用得较多，可以作为通用的折断符号

表 8-1 中所画折断符号，除双折线可超出轮廓线外，其余都不得超出轮廓线之外。

（二）肋、轮辐、薄壁和均布孔的画法

对机件的肋、轮辐及薄壁等，如按纵向剖切，这些结构都不画剖面符号而用粗实线将它与其相邻部分分开，如图 8-36 中"$A-A$"，被纵向剖切的肋板不画剖面符号，"$B-B$"是横向剖切，肋板要画剖面符号。

剖切平面若不通过成辐射状均匀分布的肋、轮辐、孔等结构时，其剖视图按图 8-37 所示绘制，即将这些结构旋转到剖切平面上画出，肋板不对称的画成对称的，未剖到的孔画成剖到的。

若干直径相同且均匀分布的孔（圆孔、沉孔、螺孔等），允许只画出其中一个或几个，其余的只需用点划线表示出其中心位置，但在图中应注明孔的总数，如图 8-37 所示。

（三）机件上小平面的表示法

当机件上小平面在图形中不能充分表达时，可用平面符号（相交的细实线）表示，如图 8-38 所示。

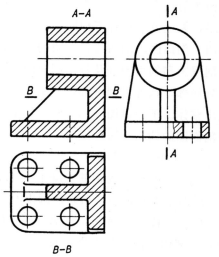

图 8-36 肋的剖切画法

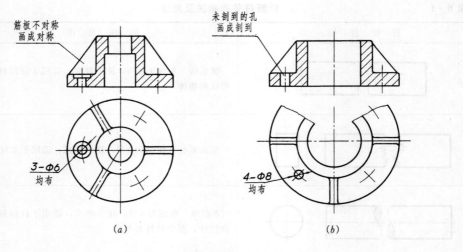

筋板不对称
画成对称

3-Φ6
均布

未剖到的孔
画成剖到

4-Φ8
均布

(a)   (b)

图 8-37　均匀分布的肋及孔的画法

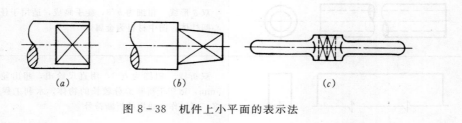

(a)   (b)   (c)

图 8-38　机件上小平面的表示法

第五节　剖视图和剖面图的识读

　　读剖视图和剖面图的基本方法仍然是形体分析法和线面分析法，但必须结合剖视图和剖面图的特点。因为剖视图和剖面图是假想将物体剖开后所画出的图形，一般视图的数目较多，表达方法也各不相同，所以读图时，首先应看剖视图、剖面图的名称，然后找出剖视图、剖面图的剖切位置，明确投影方向，弄清视图间的投影关系。其次分析了解采用何种剖视图和剖面图以及各个剖视图、剖面图所表达的重点是什么。一般的读图方法是从整体到局部，从外形到内部，从主要结构到次要结构，在看清各组成部分的形状后再综合想象出整体。下面以图 8-39 所示钢筋混凝土 U 形薄壳渡槽槽身结构图为例，说明剖视图和剖面图的读图方法。

　　（一）概括了解图形

　　图 8-39 所示为钢筋混凝土 U 形薄壳渡槽槽身结构图。表达该槽身结构采用 A—A、B—B 两个半剖视图，另外还画出 C 向和 D 向两个局部视图，由局部视图又画出 E—E、F—F 两个移出剖面图。从 A—A、B—B 剖视图中可以概括地看出该渡槽的槽身为 U 形，全部用钢筋混凝土浇筑而成。

　　（二）找出剖切位置，分析各部分形状

　　图 8-39 中 A—A 剖视图的剖切位置可以在 B—B 剖视图中找到，它是沿槽身前、后

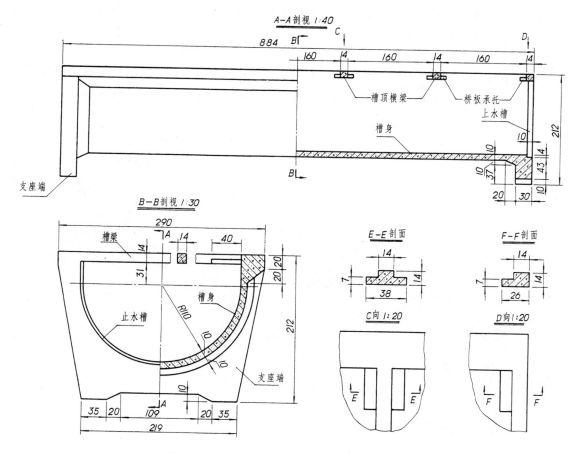

图 8-39　钢筋混凝土 U 形薄壳渡槽槽身结构图

对称平面剖切而得的 B—B 剖视图的剖切位置可以在 A—A 剖视图中找到，它是沿槽身左、右对称平面剖切而得的。由于槽身结构前后、左右均为对称，所以采用半剖视图的表达方法。

图 8-39 中 A—A 剖视图对称中心线的左半表达了槽身的外形轮廓；对称中心线的右半表达了槽身薄壳的厚度和槽身支座端接头处止水槽的形状和大小尺寸，在上部还表达了槽顶横梁的断面形状和横梁的间距，可以看出上部共有六根横梁，在横梁旁边还连接着一个搁桥板的承托，从材料图例可知，桥板承托没有被剖切到。

图 8-39 中 B—B 剖视图对槽身的过水断面形状（U 形）表达得较清楚，图中可以明显地看出槽身为 U 形薄壳结构，还清楚地表达了两支座端接头处的形状特征。槽顶横梁还采用移出剖面的表达方法。各部分都注有详细尺寸。

在以上两个视图中，虽然对横梁与槽身相接处的桥板承托的构造都有所表达，但对桥板承托的水平投影形状仍然不很清楚，因此，又画出了 C 向和 D 向两个局部视图。为了详细表达桥板承托的形状和大小尺寸，又画出了图 8-39 中的 E—E、F—F 两个移出剖面。

经过以上分析，对槽身各部分形状就有一个初步的了解，再仔细阅读各部分尺寸，可进一步了解槽身的实际大小。

（三）综合起来想象整体

将以上分析的各部分形状、大小，对照图 8-39 中 A—A、B—B 剖视图将各组成部分按图中所示位置外形和内形联系起来进行构思，就可以想象出槽身的整体形状了，如图 8-40 所示。

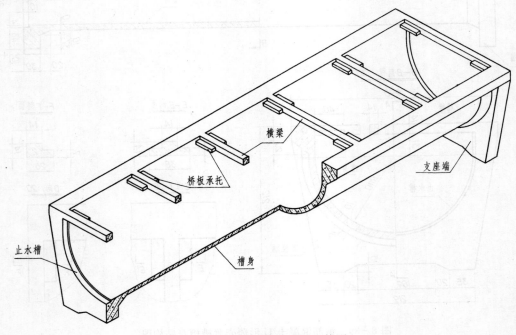

图 8-40　U 形薄壳渡槽立体图

第九章　标　高　投　影

　　水工建筑物是修建在地面上的，它与地面形状有着密切的关系。因此，工程上常常需要画出表达地面形状的地形图，以便根据地形图进行水利工程的规划、设计等项工作。由于地面形状复杂，起伏不平，轮廓又不明显，长度方向的尺寸比高度方向尺寸要大得多，如仍采用前面所讲的三视图或轴测图是难以表达清楚的。因此，人们在生产实践中创造了一种表达地形面的方法——标高投影法。

　　标高投影法，就是在水平投影图上加注物体上某些特征点、线、面的高度。用水平投影和高度数字结合起来表示空间物体的方法称为标高投影法。它是一种注上高度数字的单面正投影。

第一节　　点和直线的标高投影

一、点的标高投影

　　如图 9-1（a）所示，选择水平面 H 为基准面，设它的高程为零，基准面以上为正，基准面以下为负。空间有一 A 点高出 H 面为 5 单位，B 点高出 H 面为 3 单位，作出 A、B 两点在 H 面上的正投影。在投影图上字母 a 和 b 的右下角分别标出它们距离 H 面的高度数值 5 和 3，得 a_5 和 b_3，即为 A、B 两点的标高投影，如图 9-1（b）。数字 5 和 3 称为 A、B 两点的高程（又称标高）。

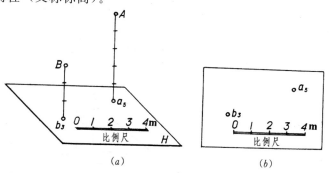

图 9-1　点的标高投影

　　为了实际应用方便，选择基准面时，尽量不采用负高程。在水工图中一般采用与测量相一致的基准面，即以我国青岛黄海平均海平面作为全国统一的高程起算面。高程以米为单位，在图上不需注明，但在标高投影图上必须画出作图比例尺或注明比例。

二、直线的标高投影

　　在标高投影中，空间一直线的位置也是由直线上的两个点或直线上一个点及该直线的方向来确定。

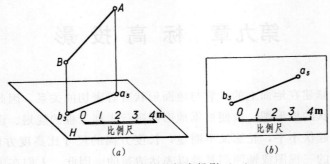

图 9-2 直线的标高投影（一）

（1）图 9-2 中所示直线 AB 的标高投影是由 A、B 两点的标高投影连接而成。

（2）图 9-3 中所示直线是用直线上一个点的标高投影并标注该直线坡度和方向来表示直线，直线上的箭头表示下坡的方向。

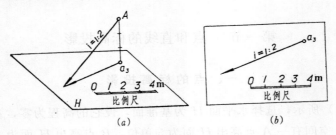

图 9-3 直线的标高投影（二）

三、直线的坡度和平距

直线上两点之间的高度差与水平距离（水平投影长度）之比称为直线的坡度，用符号 i 表示，如图 9-4 所示。

$$坡度(i) = \frac{高度差(H)}{水平距离(L)} = tg\alpha$$

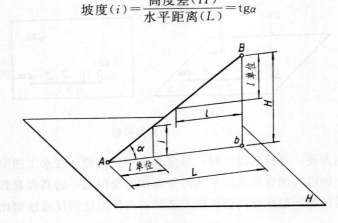

图 9-4 直线的坡度和平距

式中 α 为直线的水平倾角，因此，坡度也可以说是直线对水平面的倾角的正切。

上式表明坡度 i 就是当直线上两点间的水平距离为一个单位长度时，这两点的高度差即等于坡度。

当直线上两点的高度差为一个单位长度时，这两点的水平距离称为该直线的平距，用符号 l 表示，如图 9-4 所示。

$$平距（l）= \frac{水平距离（L）}{高度差（H）} = \text{ctg}\alpha = \frac{1}{i}$$

由此可知，直线的坡度和平距是互为倒数的，即 $i=1/l$。坡度愈大，则平距愈小；坡度愈小，则平距愈大。

平行于基准面的直线，其坡度为零，平距为无限大，线上各点的高程都相等，说明该直线为水平线。这时，线上只需注明其高程。

例 9-1 已知直线 AB 的标高投影为 $a_{42}b_{10}$，如图 9-5（a）所示，求直接 AB 的坡度与平距，并求直线上高程为 22 的 C 点的标高投影。

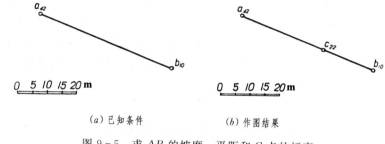

（a）已知条件　　　　　（b）作图结果

图 9-5　求 AB 的坡度、平距和 C 点的标高

解

（1）直线 AB 的坡度 $i=H_{AB}/L_{AB}$，其中，H_{AB} 为 A、B 两点的高度差，$H_{AB}=42-10=32$；L_{AB} 为 A、B 两点的水平距离，由比例尺量 $a_{42}b_{10}$ 的长度得 $L_{AB}=48$。所以坡度 $i=32/48=1/1.5$。

（2）直线 AB 的平距 $l=1/i=1.5$。

（3）求高程为 22 的 C 点的标高投影，因为 $i=H_{AB}/L_{AB}=H_{AC}/L_{AC}=1/1.5$，所以 $L_{AC}=1.5H_{AC}$，式中 $H_{AC}=42-22=20$，由此得 $L_{AC}=1.5\times20=30$。用比例尺在直线的标高投影上由 a_{42} 开始量取 30，即可定出 C 点的标高投影 c_{22}，如图 9-5（b）所示。

例 9-2 已知直线 AB 的标高投影 $a_{3.2}b_{6.5}$，如图 9-6（a）所示，求直线上整数标高点。

作图

（1）在适当位置平行于 $a_{3.2}b_{6.5}$ 按比例尺作若干条间距相等且相互平行的辅助直线，将靠近 $a_{3.2}b_{6.5}$ 的一条定为比 3.2 小的整数标高 3，第二条定为 4，依次类推，一直作到比 6.5 大的整数标高 7，如图 9-6（b）。

（2）过点 $a_{3.2}$ 和 $b_{6.5}$ 分别作 $a_{3.2}b_{6.5}$ 的垂线，并在此垂线上分别于 3.2 单位和 6.5 单位处定出 a' 和 b'，如图 9-6（b）。

（3）连接 $a'b'$，它与各平行线相交得 $4'$、$5'$、$6'$ 各点，并由各点向 $a_{3.2}b_{6.5}$ 作垂线，

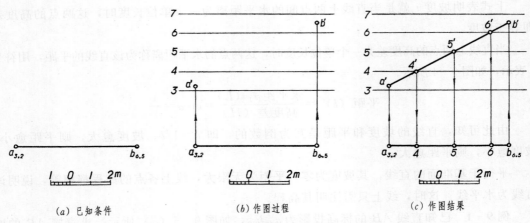

| (a) 已知条件 | (b) 作图过程 | (c) 作图结果 |

图 9-6 求直线上整数标高点

各垂足即为所求的整数标高点，如图 9-6 (c)。

必须指出：图 9-6 中所作辅助线不一定要平行于 $a_{3.2}b_{6.5}$，也可不按图中的比例尺作图，根据定比关系其结果是相同的。但是，如果按例题所作各辅助直线平行于 $a_{3.2}b_{6.5}$ 且其间距取比例尺上的单位长度，所得 $a'b'$ 就是线段 AB 的实长，它与辅助线之间的夹角，反映直线 AB 与水平面的倾角 α。

第二节　平面的标高投影

一、平面上的等高线

平面上的水平线称为平面上的等高线，因为水平线上各点到基准面的距离是相等的。平面上的等高线也可以看作是许多间距相等的水平面与该平面的截交线。水平面的间距也就是等高线的高差。从图 9-7 (a) 不难看出平面上等高线有以下三个特性：

(1) 等高线是直线。

(2) 等高线互相平行。

(3) 当高差相等时，等高线的间距也相等。

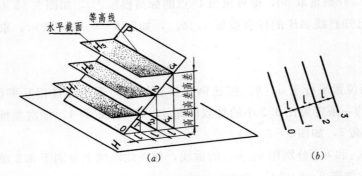

(a)　　　　　　(b)

图 9-7　平面上的等高线

上述三个特性同样也反映在它的标高投影图上，如图 9-7（b）。平面上等高线之间的实际距离在 H 面上的投影就是等高线的水平距离，当等高线的高差为一个单位时，相邻两条等高线间的水平距离称为平距，即为图 9-7 中所示的 l。为了正确地绘出平面上等高线的标高投影图，需要求出等高线的平距，等高线的平距与平面的坡度有着密切关系。

二、 平 面 的 坡 度

平面的坡度是指平面对水平面的倾斜度。而平面对水平面的倾斜度又是用平面上对水平面的最大斜度线来表示的，所以平面上对水平面的最大斜度线的坡度，就表示该平面的坡度，如图 9-8（a）。因此，平面上对水平面的最大斜度线就是平面上的坡度线。

由于平面上对水平面的最大斜度线与平面上的水平线互相垂直，它们的水平投影也互相垂直。所以，在标高投影中，平面上的坡度线与等高线互相垂直，坡度线的平距 l 就是等高线的平距，如图 9-8（b）所示。

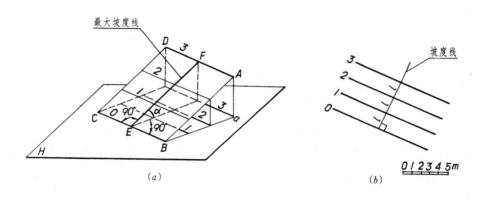

图 9-8　平面上的坡度线

当知道某平面的坡度和坡度线时，则等高线的方向和它们之间的水平距离即可确定，同时还可求出该平面对水平面的倾角 α。

例 9-3　已知平面 $\triangle ABC$ 的标高投影为 $\triangle a_5 b_9 c_4$，试求该平面的坡度线和平面对 H 面的倾角 α（图 9-9）。

作图

由于坡度线与等高线互相垂直，所以要作出坡度线必须先作出平面上的等高线。为此在 $\triangle a_5 b_9 c_4$ 上任意选择两边 $a_5 b_9$ 和 $b_9 c_4$，并在其上定出整数标高点 8、7、6、5，如图 9-9（b）所示。连接相同标高的点，即得平面上的等高线。然后在适当位置作等高线的垂线 de，即为平面的坡度线。

坡度线的倾角 α 就是平面的倾角。角 α 可用直角三角形法求解。以 de（2 个平距）为直角边，用比例尺量得 2 个单位的高差 df 为另一直角边，那么，斜边 ef 与坡度线 de 之间的夹角就是平面对 H 面的倾角 α，如图 9-9（b）。

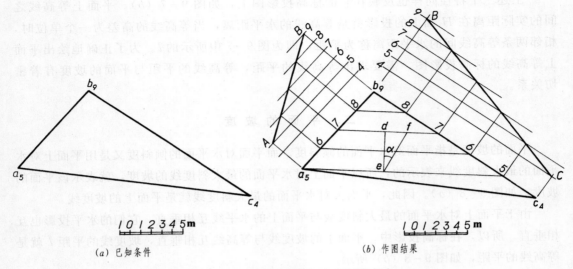

(a) 已知条件	(b) 作图结果

图 9-9　求平面的坡度线和对 H 面的倾角 α

三、平面的表示法和平面上等高线的作法

在正投影中介绍的五种几何元素表示平面的方法，在标高投影中仍然适用，根据标高投影的特点，下面介绍常用到的两种平面表示法，以及在平面上作等高线的方法。

1. 用平面上的一条等高线和一条坡度线表示平面　因为平面上的一条等高线和一条坡度线可以看作两条相交直线，它们完全可以决定一个平面。

例 9-4　如图 9-10（a）所示，已知平面上一条高程为 20 的等高线 ab 和平面的坡度 $i=1:2$，求作平面上高程 19、18、17 等高线。

作图

（1）根据平面的坡度 $i=1:2$，可知等高线的平距 $l=2$。

（2）在坡度线上从等高线 20 的交点 c 开始，沿下坡方向按比例连续截取 3 个平距，得 e、f、g 各截点。

（3）过各截点作等高线 20 的平行线，即得高程为 19、18、17 的等高线，如图 9-10(b)。

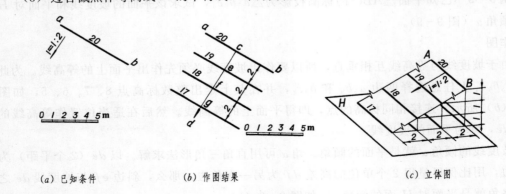

(a) 已知条件	(b) 作图结果	(c) 立体图

图 9-10　平面的表示法（一）

2. 用一条倾斜直线和平面的坡度表示平面

例 9 - 5　如图 9 - 11 （a）所示，已知平面上一条倾斜直线 $a_4 b_0$ 和平面的坡度 $i = 1$：0.5，并用双点划线的箭头表示大致坡向，试作平面上高程为零的等高线。

分析　由于图中未画出等高线，坡向也是假定的，故不能采用上题的解法。但本题中已知 B 点的高程为零并已绘出 b_0 的位置，由此可知标高投影图中高程为零的等高线必定通过 b_0 点。又已知 A 点的高程为 4，平面的坡度为 $i = 1$：0.5 （$l = 0.5$），故 A 点的标高投影 a_4 至高程为零的等高线之间的水平距离 $L = 4 \times 0.5 = 2$。

根据上述分析，高程为零的等高线的位置已经完全确定，可用几何作图方法作出，如图 9 - 11 （b）。空间情况如图 9 - 11 （c）所示。

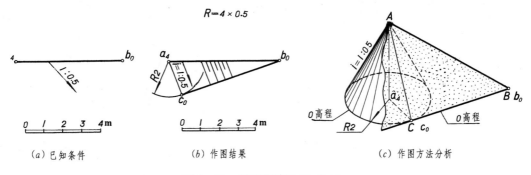

（a）已知条件　　　　　（b）作图结果　　　　　（c）作图方法分析

图 9 - 11　平面的表示法（二）

作图

（1）以点 a_4 为圆心，以 $R = 2$ 为半径在平面的倾斜方向画圆弧。

（2）过 b_0 作圆弧的切线 $b_0 c_0$，即得平面上高程为零的等高线。

（3）自点 a_4 作切线 $b_0 c_0$ 的垂线 $a_4 c_0$ 即为平面的坡度线。

四、两平面的交线

在标高投影中，求两平面的交线仍然利用辅助平面法，不过通常采用水平面作为辅助平面。水平辅助面与两已知平面的交线为平面上同高程的等高线。这两条同高程等高线的交点，就是两已知平面的一个共有点。分别作出两个共有点，连接起来即为两平面的交线。如图 9 - 12 所示，求 P、Q 两平面的交线。用高程为 1 和 2 的水平面 H_1、H_2 作辅助平面，分别与 P、Q 两平面相交。其交线是高程为 1 和 2 的两对等高线，两对等高线的交点为 A、B，连接 A、B 即为 P、Q 两平面的交线。

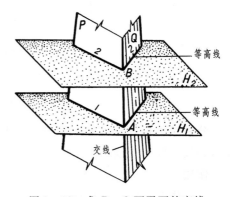

图 9 - 12　求 P、Q 两平面的交线

例 9 - 6　已知平面 P 由一条等高线 20 和坡度 1：1 表示，平面 Q 由一条等高线 18 和坡度 1：1.5 表示，如图 9 - 13 所示。求两平面的交线。

（1）在两平面内作出两对同高程等高线。在 P 平面内作出高程为 18、16 的等高线，在 Q 平面内作出高程为 16 的等高线，如图 9 - 13（b）。

（2）两条高程 18 的等高线相交于 a_{18} 点，两条高程 16 的等高线相交于 b_{16} 点。

（3）连接 $a_{18}b_{16}$ 两点，则 $a_{18}b_{16}$ 即为所求两平面交线的标高投影，如图 9 - 13（b）。

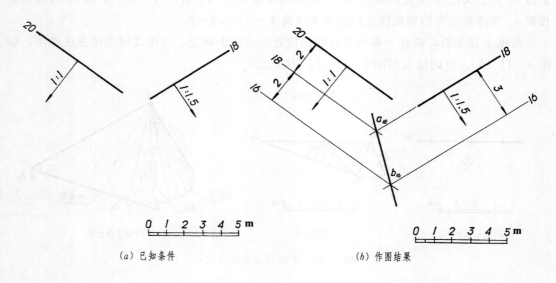

（a）已知条件 　　　　　　　　　　（b）作图结果

图 9 - 13　求两平面的交线

例 9 - 7　已知地面高程为 10，基坑底面高程为 6，坑底的大小和各坡面的坡度如图 9 - 14（a）所示。试作基坑开挖完成后的标高投影图。

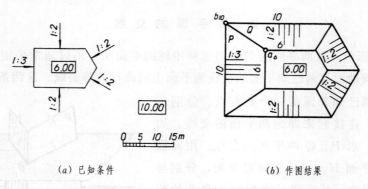

（a）已知条件 　　　　　　　　　　（b）作图结果

图 9 - 14　作基坑的标高投影图

分析　根据题意可知，本例主要是求基坑的开挖线（即各坡面高程为 10 的等高线）和相邻坡面间的交线。

作法

（1）作开挖线　基坑底面边线是一条高程为 6 的等高线，以基坑底面边线为起始线向上升起一个坡面，此坡面与地面的交线就是开挖线，所以开挖线是一条平行于基坑底面边线高程为 10 的等高线。

作图前首先要计算出各坡面高程为 10 的等高线与相应基坑底面边线（高程为 6）之间的水平距离。因为高差都是 4，所以：

$$当 i = 1:2 时，l = 2 \quad L_1 = 4 \times 2 = 8m$$

$$当 i = 1:3 时，l = 3 \quad L_2 = 4 \times 3 = 12m$$

然后按图的比例沿各坡面的坡度线分别定出 L_1、L_2，再作相应的坑底边线的平行线即得开挖线。

（2）作坡面交线　运用求交线的方法，连接两坡面的公有点，如图 9-14（b），连接 $a_6 b_{10}$ 两点，即得坡面 P 和 Q 之间的交线。其他坡面交线都按此法作出。

为了使图形更清晰，在坡面上可加画示坡线。示坡线按坡度线方向用长、短相间的细实线从坡面的较高的一边画出。间距要均匀，长短要整齐。一般长线为短线的 2～3 倍。

例 9-8　已知大小两堤顶面均为水平面，顶面高程和各坡面如图 9-15（a）所示，设地面高程为零。试作用交两堤的标高投影图。

分析　上例是开挖，本例为堆筑。从求交线的角度来看，两者性质是相同的。本例是以建筑物顶面轮廓线作为已知的等高线，而需求的是坡脚线和坡面交线，如图 9-15（c）。

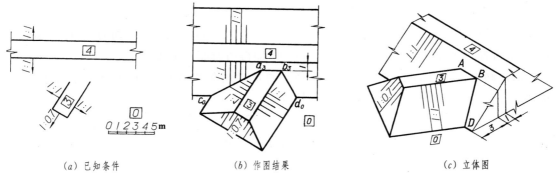

（a）已知条件　　　　　　　（b）作图结果　　　　　　　（c）立体图

图 9-15　两堤斜交的标高投影图

作法

（1）求坡脚线　坡脚线是指堤的坡面与地面的交线，这与上例开挖边界线的性质是相同的。现以小堤的尽端坡面与地面交线为例说明坡脚线的作法。

小堤尽端坡面 $i = 1:0.7$，坡顶线与坡脚线的高差为 3m，则水平距离为 $3 \times 0.7 = 2.1m$。沿坡度线方向按图中比例截取 2.1m 作一条与尽端坡顶线平行的直线，即为尽端坡面的坡脚线。其余的坡脚线均可按此法作出。

（2）求各坡面之间的交线　小堤的堤顶高程为 3，它与大堤坡面的交线就是大堤前坡面上高程为 3 的等高线中 $a_3 b_3$ 一段。大堤与小堤的坡脚线交于 c_0 和 d_0，连接 $a_3 c_0$ 和 $b_3 d_0$ 即得大堤和小堤两坡面之间的交线。小堤尽端处的坡面交线可直接得出。

（3）在各坡面上加画示坡线，如图 9-15（b）。

例 9-9　在已知高程为零的水平地面上修建一个高程为 3 的平台，再从地面到平台顶面修建一条坡度为 1：2 的斜坡道，平台边坡面的坡度为 1：1，斜坡道两侧坡面的坡度为 1：0.7，如图 9－16（a）所示。试画出各坡面的坡脚线及坡面交线。

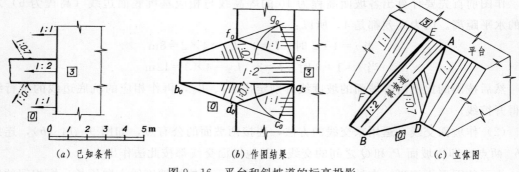

（a）已知条件　　　　　（b）作图结果　　　　　（c）立体图

图 9－16　平台和斜坡道的标高投影

作法

（1）作平台与斜坡道的坡脚线　与上例作坡脚线方法相仿。

（2）作斜坡道两侧坡面的坡脚线　斜坡道两侧坡脚线的求法在前面图 9－11 中已经作过详细分析。这里只简略说明其画法。以 a_3 为圆心，以 3 倍斜坡道侧坡面的平距（即 $3l=3\times0.7=2.1m$）为半径画弧，再自点 b_0 向圆弧作切线，切于 c_0 点，b_0c_0 线即为所求坡脚线。a_3c_0 为其坡度线。另一侧坡脚线的求法相同。

（3）求作各坡面之间的交线　a_3 和 e_3 是平台边坡与斜坡道两侧坡面的共有点，d_6 和 f_0 也是两者的共有点，所以连接 a_3d_0 和 e_3f_0 即得两坡面的交线。

（4）画出各坡面的示坡线　应当注意，斜坡道两侧坡面的示坡线分别垂直于 b_0d_0 和 f_0g_0。

第三节　曲面和地形面的表示法

一、正 圆 锥 面

如果用一组等距离的水平面来截割正圆锥面，并把所得截交线的水平投影分别注上高程，这就是正圆锥面的标高投影，如图 9－17。由于每一截交线上各点的高程都相同，所以把这种截交线称为正圆锥面的等高线。若高差为一固定值时，正圆锥的等高线有如下特点：

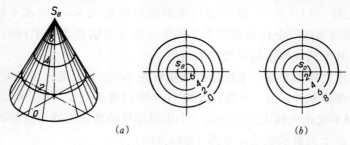

（a）　　　　　　　　（b）

图 9－17　圆锥面的等高线

（1）等高线是同心圆。

（2）等高线之间的水平距离相等。

（3）圆锥正立时，越靠近中心的同心圆，其高程越大，如图 9-17（a）；圆锥倒立时，越靠近中心的同心圆，其高程越小，如图 9-17（b）。

正圆锥面上的素线对水平面具有相同的倾角，即各素线均为正圆锥为上的坡度线。

二、地形面的表示法

（一）地形等高线

地面的形态是比较复杂的，为了能简单而清楚地表达地形高低起伏，工程上常用等高线来表示。池塘的水面与岸边地面的交线就是一条地面上的等高线，如果池塘中的水面不断下降，就会出现许多不同高程的等高线。池塘中的水面相当于一个水平面，因此，地形等高线也就是水平面与地面的交线。

假想用一组间距相等的水平面 H_1、H_2、H_3 截切山丘，就可以得到一组高程不同的等高线，如图 9-18（a）。画出这些等高线的水平投影，并注明每条等高线的高程，再加绘比例尺和指北针等，就得到一幅反映地形面形状和大小的标高投影图，如图 9-18（b）。如果再画上地物（居民点、桥梁、农作物等）符号，就成为一幅完整的地形图。

相邻两个水平面的间距称为相邻两条等高线的高差。地形图上等高线的高差一般取整数，如 1m、5m 或 10m 等，如图 9-18 中等高线的高差为 5m，等高线的高程数字的字头朝向，按规定应指向上坡方向。

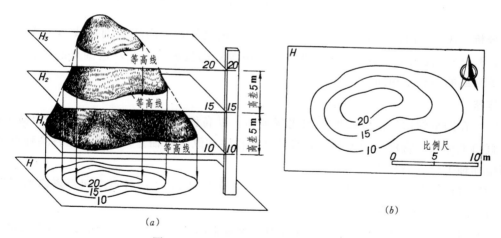

图 9-18　山丘的等高线和标高投影图

为了便于读图，一般地形图每隔四条等高线应将一条（高程为 5 的倍数）等高线加粗，加粗的等高线称为计曲线。其余四条等高线称为首曲线。

地形图上的等高线有以下三个特性：

（1）等高线是闭合曲线，同一条等高线上各点的高程相等。

（2）在高差相等的一组等高线中，等高线越密，表示地面坡度越陡，等高线越稀，表示地面坡度越平缓。

（3）除峭壁、悬崖外，不同高程的等高线不能相交或合并。

三、地形剖面图

在水利工程的设计或施工中，有时还需要画出地形剖面图，地形剖面图就是用一个铅垂面剖切地形面，绘出地形面与剖切面的交线和材料图例，即为地形剖面图。

例 9-10 已知如图 9-19 所示地形图，作出在 A—A 处的地形剖面图。

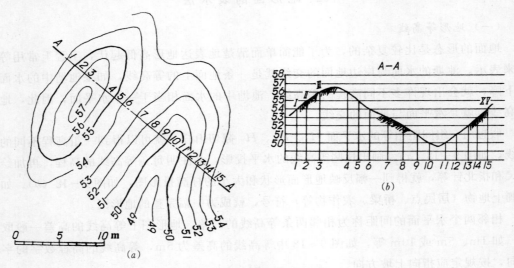

图 9-19 地形剖面图的画法

分析 A—A 面是铅垂面，它的水平投影有积聚性，等高线与剖切线 A—A 的交点 1、2、3、…，也就是地形剖面 Ⅰ、Ⅱ、Ⅲ、…等点的投影。因此，这些点的高程和它们所在等高线的高程是相同的。

作法

（1）在图纸的适当位置按地形图比例画图。以高程为纵坐标，A—A 距离为横坐标，作一直角坐标系。将地形图上各等高线的高程标注在纵坐标轴上，并由上述各高程点引出与横坐标轴平行的高程线。

（2）将地形图上剖切线 A—A 与等高线的交点 1、2、3、…各点之间距离移到横坐标轴上得 1、2、3、…各点。

（3）再自横坐标轴上 1、2、3、…各点作纵坐标轴的平行线，并与相应的各高程线相交得Ⅰ、Ⅱ、Ⅲ、…各点。

（4）将 Ⅰ、Ⅱ、Ⅲ、…各点连成曲线，再画上土壤（或岩石）的材料图例，即为 A—A 地形剖面图，如图 9-19（b）所示。

注意

（1）点 3 和点 4 的高程均为 56，在剖面图上这两点不能连成直线，应按地形趋势连成上凸的曲线。同样，点 10 和点 11 也要连成下凹的曲线。

（2）纵横坐标的比例也可选用与原地形图不同的比例。

第四节　建筑物的交线

建筑物的交线是指建筑物本身坡面之间的交线以及建筑物的坡面与地面之间的交线（即坡脚线或开挖线）。由于建筑物的表面可能是平面或曲面，地面可能是水平地面或不规则的地形面。因此，它们的交线性质也不相同，但是求解交线的基本方法，仍然是用水平面作辅助面（必要时也可用铅垂面作辅助面），求相交两个面的共有点。如果所求交线为直线，只需求两个共有点相连即得；如所求交线为曲线，则应求出一系列共有点，然后依次连接即得交线。在作图之前，必须对交线的情况进行空间分析，然后逐条画出所要求的交线。下面举例说明求交线的方法。

例 9 - 11　在土坝剖面图，如图 9 - 21 （a） 上，已知坝顶的宽度和高程以及上、下游坡面的坡度。在坝址地形图上，如图 9 - 21 （b），已知坝轴线（点划线）的位置。

试作土坝的标高投影图（坝顶、马道及坡脚线都用粗实线画出，坝坡等高线和示坡线用细实线画出）。

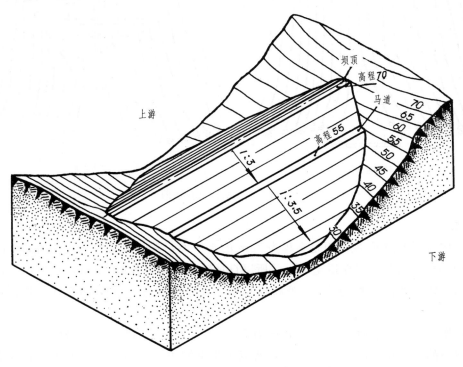

图 9 - 20　土坝的立体图

分析　从图 9 - 20 土坝立体图可以看出，坝顶、马道以及上、下游坡面与地面都有交线，这些交线均为不规则的曲线。要画出这些交线，必须求得土坝坡面上等高线与地面上同高程等高线的交点（即坡面与地面的共有点），然后把这些交点连接起来即为两者的交线。

169

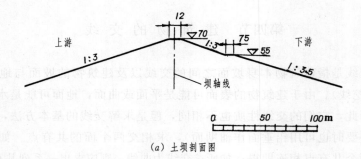

(a) 土坝剖面图

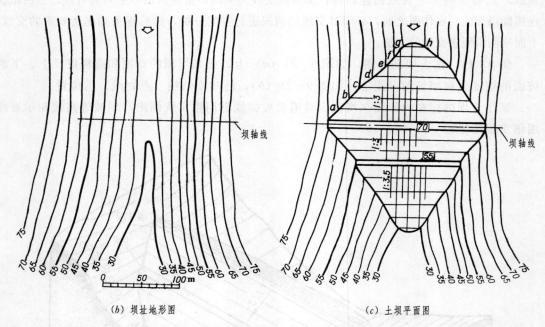

(b) 坝址地形图　　　　　　　　(c) 土坝平面图

图 9-21　土坝的标高投影图

作法

（1）作坝顶平面图　坝顶面是高程为 70m 的水平面，它与地面的交线是地面上高程为 70m 的两小段等高线。因坝顶宽 12m，所以自坝轴线向两边各截取 6m，然后作平行于坝轴线的两直线与地面高程为 70 的等高线相交，即得坝顶面与地面的交线，如图 9-21（c）。

（2）作下游马道平面图　马道是高程为 55 的水平面，它与坝顶高差为 $70-55=15$m，坝下游坡面的坡度在马道以上为 1:3，所以坝顶下游边线到马道（内边线）的水平距离为 $L=15l=15\times3=45$m。沿坡度线自坝顶边向下游截取 45m 得马道的内边线，按马道宽 7.5m 画马道的外边线，马道长度以及马道与地面的交线和坝顶面作法相同。

（3）作上下游坡面的坡脚线　上游坡面坡度为 1:3，地面等高线高差为 5m（坡面上等高线高差也须采用 5m），这时坡面等高线水平距离 $L=5\times3=15$m。从坝顶边线开始，按 15m 间距分别作出高程为 65、60、55、50、… 的坝坡等高线，并与同高程地面等高线相交，得 a、b、c、… 等点。将 a、b、c、… 等点顺序连接起来即得土坝上游坡面的坡脚

170

线。因为河道是凹槽，所以坡脚线在河槽最低处应该连成曲线，如图中上游坡脚线 gh 一段画成凸向上游的曲线，如图 9-21（c）。依此法可作出下游坡脚线。

（4）画示坡线并注明坝顶和马道的高程及各坡面的坡度。

应当注意：图中量距时，需根据作图的比例截取。

例 9-12　在图 9-22（a）所示地形面上建筑一条道路，图中示出路面位置和填、挖方的标准剖面图。试求道路两侧坡面与地面的交线。

分析

因为路面高程为 40m，所以地面高程高于 40m 的一端道路要挖方，低于 40m 的一端道路要填方，地面高程 40m 的等高线通过路面的一段 mn 是填、挖方的分界线。

道路中间有一段弯道，在这段里两侧边坡面为圆锥面，一部分为挖方形成，另一部分为填方形成，其他两段是直道，边坡面为平面，它们分别与弯道处的圆锥面相切。

求道路边坡与地面的共有点，一般仍可采用水平辅助面的方法。但本例中在西边有一段道路坡面上的等高线与地面上的等高线有些部分接近平行，若采用上述方法则不易求出同高程等高线的交点。因此，本例在这一段采用地形剖面法，即用铅垂面作辅助面求填、挖方边界线上的点。此法是：每隔一定距离作一个与道路中线垂直的铅垂面同时剖切地面与道路，所得地形剖面轮廓与道路剖面轮廓的交点，就是填、挖方边界线上的点。

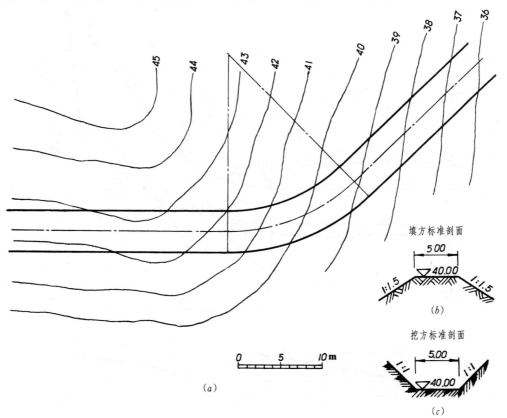

填方标准剖面

（b）

挖方标准剖面

（c）

图 9-22　求道路边坡与地面的交线（一）已知条件

作图

(1) 求填方边界线 根据填方坡度 1：1.5，即可知平距 $l=1.5$，在填、挖方分界线 mn 以东，以道路两侧的边界线为起始线，按比例作出与地形面相应的等高线 39、38、37、…等。然后分别求出两侧坡面与地面同高程等高线的交点如 2、4 和 1、3、5、7 等，即为边界线上的点，将同侧的点依次连接起来，即得所求的填方边界线，如图 9-23（a）所示。

(2) 求挖方边界线，根据挖方坡度 1：1，即知平距 $l=1$，在填、挖方分界线 mn 以西，与上述作法相同，先分别求出两侧坡面与地面同高程等高线的交点 6、8、10 和 9 等点。再向西的一段道路，由于坡面等高线与地面等高线接近平行，故求不出同高程等高线的交点，所以采用地形剖面法。现以 A—A 剖面为例说明作图方法，如图 9-23（b）。

1）在道路西边一段适当的位置处作剖切位置线 A—A。

2）在图幅的适当位置用与地形图相同的比例作一组与地面等高线对应的高程线 37、38、…、45；定出道路中心线并以此为基线画出地形的 A—A 剖面图。

3）按道路标准剖面图画出路面及边坡线。因 A—A 处地面高出路面，所以边坡应按挖方剖面图画出，坡度为 1：1。

4）在剖面图上标出道路边坡与地形剖面的交点 $13'$、$14'$，然后将 $13'$、$14'$ 两点到中心线的距离。返回到 A—A 剖切线上，定出 13、14 两点，就是开挖线上的点。

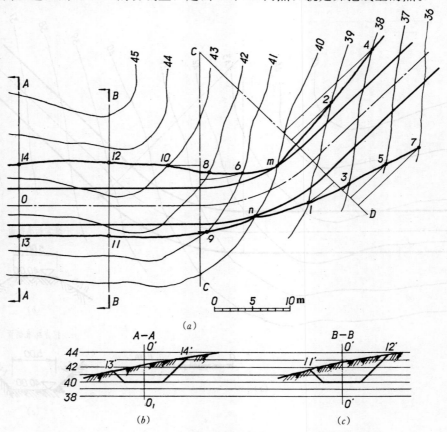

图 9-23 求道路边坡与地面的交线（二）作图过程

172

用同样的方法再作 $B—B$ 剖面，如图 9 - 23（c），又可求出交线上其他的点，如 11、12。

将 mn 分界线以西同侧的各点连接起来，即得所求的挖方边界线，如图 9 - 23（a）所示。

（3）擦去作图线以及挖方部分和压在填方下面的地面等高线，加深所有轮廓线并在坡面上画出示坡线，即完成全图，如图 9 - 24 所示。必须注意，填、挖方示坡线是有区别的，长、短划都要从高端引出。圆锥面上的示坡线应通过圆心引出。

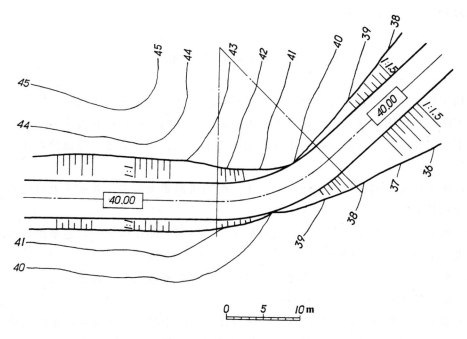

图 9 - 24　求道路边坡与地面的交线（三）作图结果

第十章 水利工程图

在前面有关章节中，讲述了关于表达物体的形状、大小、结构的基本图示原理和方法。本章将进一步研究如何运用这些基本图示原理和方法，结合水工建筑物的特点来绘制和阅读水利工程图。

第一节 水工图的特点和分类

水利工程图是表达水工建筑物及其施工过程的图样，简称为水工图。

水工图与机械图相比，虽然画图的基本原理是相同的，但是也有很多不同的地方，主要是由于水工建筑物（如拦河坝、水闸、船闸、水电站、抽水站等）与机器相比有以下几个特点：

（1）水工建筑物的形体都比较庞大，比一般的机器要大得多，其水平方向尺寸与铅垂方向尺寸相差也较大。

（2）水工建筑物都建造在地面上，而且下部结构都是埋在地下的，它是由下而上分层施工构成一个整体，不像机器那样由许多零、部件装配而成。

（3）水工建筑物总是与水密切相关，因而处处都要考虑到水的问题。

（4）水工建筑物所用的建筑材料种类繁多。

由于水工建筑物有上述这些特点，因此，在水工图中必然有所反映，在绘图比例、图线、尺寸标注、视图的表达和配置等方面与机械图相比都有所不同。学习水工图必须了解并掌握水工图的特点和表达方法。

水利工程的兴建一般需要经过勘测、规划、设计、施工和验收等五个阶段。各个阶段都要绘制相应的图样，不同阶段对图样有不同的要求。勘测阶段有地形图和工程地质图（由工程测量和工程地质课程介绍）；规划阶段有规划图；设计阶段有枢纽布置图和建筑物结构图；施工阶段有施工图；验收阶段有竣工图等。下面介绍几种常见的水工图样。

（一）规划图

用来表达对水利资源综合开发全面规划意图的图样称为规划图。按照水利工程的范围大小，规划图有流域规划图、水利资源综合利用规划图、地区或灌区规划图等。

规划图通常是绘制在地形图上，采用符号图例示意的方式表明整个工程的布局、位置和受益面积等项内容，是一种示意性的图样，如图 10-1 为某水库灌区规划图。这张规划图就是用符号、图例，以示意的方法表示整个工程布局、各主要建筑物位置、沿途灌溉区域的范围等，它反映了整个工程的概貌。至于各个建筑物的形状、结构、尺寸和材料等，在规划图中是不可能也无必要将其表达清楚的。

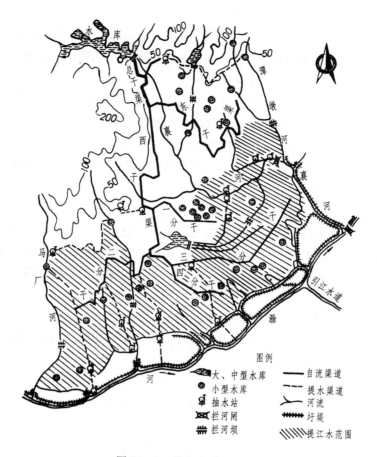

图 10-1　某水库灌区规划图

（二）枢纽布置图

在水利工程中，由几个水工建筑物有机组合，互相协同工作的综合体称为水利枢纽。兴建水利枢纽由于目的和用途的不同，所以类型也较多，有水库枢纽、取水枢纽和闸、站枢纽等多种。将整个水利枢纽的主要建筑物的平面图形画在地形图上，这样所得的图形称为水利枢纽布置图，如图 10-25（a）是某水库枢纽布置图。

枢纽布置图一般包括下列主要内容：

（1）表明水利枢纽所在地区的地形、地物、河流及水流方向（用箭头表示）、地理方位（用指北针表示）等。

（2）表明组成枢纽各建筑物的平面形状及其相互位置关系。

（3）表明各建筑物与地形面的交线和填挖方的边坡线。

（4）表明各建筑物的主要高程和主要轮廓尺寸。

枢纽布置图主要是用来说明各建筑物的平面布置情况，作为各建筑物定位、施工放样、土石方施工以及绘制施工总平面图的依据，因此对各建筑物的细部形状既无必要也不可能表达清楚的。

（三）建筑物结构图

用来表示水利枢纽或单个建筑物的形状、大小、结构和材料等内容的图样称为建筑物结构图，如图 10-23 砌石坝设计图、图 10-24 渡槽设计图和图 10-27 水闸设计图等。

建筑物结构图一般包括下列主要内容：

（1）表明建筑物整体和各组成部分的详细形状、大小、结构和所用材料。

（2）表明建筑物基础的地质情况及建筑物与地基的连接方法。

（3）表明该建筑物与相邻建筑物的连接情况。

（4）表明建筑物的工作条件，如上、下游各种设计水位高程、水面曲线等。

（5）表明建筑物细部构造的情况和附属设备的位置。

（四）施工图

按照设计要求，用来指导施工的图样称为施工图。它主要表达水利工程施工过程中的施工组织、施工程序、施工方法等内容。如施工场地布置图、建筑物基础开挖图、大体积混凝土分块浇筑图以及表示建筑物内部钢筋配置、用量、连接的钢筋图等。

（五）竣工图

工程验收时，应根据建筑物建成后的实际情况，绘制建筑物的竣工图。竣工图应详细记载建筑物在施工过程中经过修改后的有关情况，以便汇集资料、交流经验、存档查阅以及供工程管理之用。

第二节　水工图的表达方法

一、基本表达方法

（一）视图（包括剖视图、剖面图）的名称和作用

1. 平面图　俯视图一般称为平面图。平面图视其内容和要求的不同，有表达单个建筑物的平面图，也有表达水利枢纽的总平面图。以单个建筑物的平面图来说，它主要表明建筑物的平面布置、水平投影的形状、大小和各组成部分的相互位置关系，还表明建筑物主要部位的高程、剖视和剖面的剖切位置、投影方向等。

2. 剖视图　水工图上常见的剖视图有采用单一剖切平面沿建筑物长度方向中心线剖切而得的全剖视图，配置在正视图的位置，习惯上把它称为纵剖视图。其他还有剖切平面与中心线垂直采用阶梯剖而得的全剖视图。剖视图主要是表明建筑物内部结构的形状，建筑材料以及相互位置关系；还表明建筑物主要部位的高程和主要水位的高程等。

3. 立面图　正视图、左视图、右视图、后视图一般称为立面图。立面图的名称与水流有关，视向顺水流方向观察建筑物所得的视图，称为上游立面图；视向逆水流方向观察建筑物所得的视图，称为下游立面图。上、下游立面图为水工图中常见的两个立面图，主要用来表达建筑物的外部形状。

4. 剖面图　剖面图主要是为了表达建筑物某一组成部分的断面形状和所采用的建筑

材料。

5. 详图（局部放大图）　当建筑物的局部结构由于图形的比例较小而表达不清楚或不便于标注尺寸时，可将这些局部结构用大于原图所采用的比例画出，这种图形称为详图，如图 10-2 所示。

详图可以画成视图、剖视图、剖面图，它与被放大部分的表达方式无关。

详图一般应标注，其形式为：在被放大部分用细实线画小圆圈，并标注字母；详图用相同字母标注其图名，并注写比例，如图 10-2 所示。

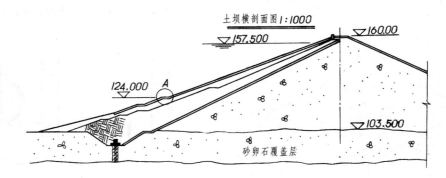

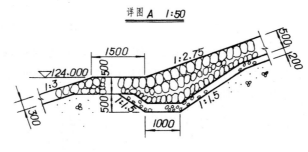

图 10-2　详图的画法

（二）视图的选择及配置

1. 主要视图的选择及配置　在水工图中，因为平面图反映建筑物的平面布置和水平投影的形状以及与地面相交等情况，所以平面图是一个比较重要的视图。平面图应按投影关系配置在正视图的下方。对于挡水坝、水电站等建筑物的平面图，常把水流方向选为自上向下，并用箭头表示水流方向，如图 10-3 所示；对于水闸、涵洞、溢洪道等过水建筑物的平面图则常把水流方向选为自左向右。为了区分河流的左岸和右岸，《水利水电工程制图标准》规定：视向顺水流方向，左边称为左岸，右边称为右岸。

图样中表示水流方向的符号，根据需要可按图 10-4（a）或（b）或（c）所示形式绘制。枢纽布置图中的指北针符号，根据需要可按图 10-5（a）或（b）所示形式绘制，其位置一般画在图形的左上角，必要时也可以画在右上角，箭头指向正北。

一个建筑物的各个视图应尽可能按投影关系配置。由于建筑物的大小不同，为了合理利用图幅，允许将某些视图配置在图幅的适当地方。对大型或较复杂的建筑物，因受图纸幅面的限制，也可将每个视图分别画在单独的图纸上。

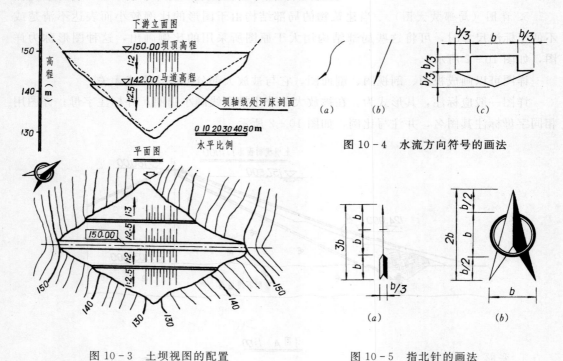

图 10-3 土坝视图的配置

图 10-4 水流方向符号的画法

图 10-5 指北针的画法

2. 视图名称的标注 为了明确各视图之间的关系，通常都将每个视图的名称和比例标明出来。图名一般写在图形的上方（尽可能居中），并在图名的下面画一条粗实线和一条细实线，比例注写在图名的附近，形式如下：

$$\underline{\underline{平面图 1：200}} \quad 或 \quad \frac{平面图}{1：200}$$

（三）比例

由于水工建筑物一般都比较庞大，所以水工图通常都采用缩小的比例。制图时比例大小的选择要根据工程各阶段对制图的要求、建筑物的大小以及图样的种类和用途来决定。

现将各种水工图一般采用的比例介绍如下：

规划图   1：2000～1：10000

枢纽布置图   1：200～1：5000

建筑物结构图   1：50～1：500

详图   1：5～1：50

为了便于画图和读图，建筑物同一部分的几个视图应尽可能地采用同一的比例。在特殊情况下，允许在同一视图中的铅垂和水平两个方向采用不同的比例。如图 10-3 所示，土坝长度和高度两个方向的尺寸相差较大，所以在下游立面图上，其高度方向采用的比例较长度方向大。显然，这种视图是不能反映建筑物的真实形状的。

178

（四）图线

水利工程有它的特点，绘制水工图样时，应根据不同的用途，采用水利电力部颁布的《水利水电工程制图标准》SDJ 209—82 中规定的图线，必要时可以将图样中主要的图线画粗些，次要的画细些，使所表示的结构重点突出，主次分明。

二、特殊表达方法

1. 合成视图 两个视向相反的视图（或剖视图），如果它们本身都是对称的话，则可采用各画一半的合成视图，中间用点划线分界，并分别标注图名。如图10-27水闸设计图中的上游半立面图和下游半立面图便是合成视图。

2. 展开画法 当构件或建筑物的轴线（或中心线）为曲线时，可以将曲线展开成直线后，绘制成视图、剖视图（如图10-6）和剖面图。这时，应在图名后注写"展开"二字，或写成"展开图"。

3. 省略画法 当图形对称时，可以只画对称的一半，但须在对称线上加注对称符号，即在对称线两端画两条与其垂直的平行细实线。如图10-7涵洞平面图。

在不影响图样表达的情况

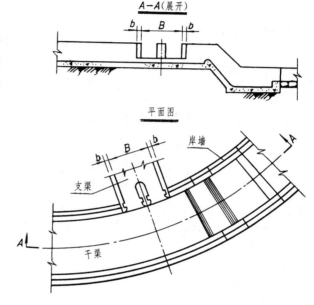

图10-6 展开画法

下，根据不同设计阶段和实际需要，视图和剖视图中某些次要结构和附属设备可以省略不画，如画水闸的总体布置图时，常把工作桥上的闸门启闭机省略不画。

图10-7 涵洞平面图的省略画法

4. 拆卸画法 当视图、剖视图中所要表达的结构被另外的结构或填土遮挡时，可假想将其拆掉或掀掉，然后再进行投影，如图10-8水闸的平面图中，对称中心线的后半部桥面板及胸墙被假想拆卸，填土被假想掀掉。

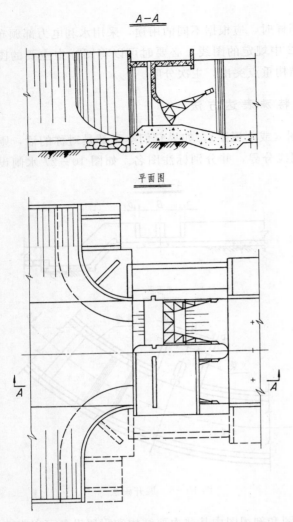

A—A

平面图

图 10-8 水闸平面图中的拆卸画法

5. 分层画法　当结构有层次时，可将其构造层次分层绘制，相邻层用波浪线分界，并用文字注写各层结构的名称，如图 10-9 所示。

6. 连接画法　当图形较长，允许将其分成两部分绘制，再用连接符号表示相连，并用大写字母编号，如图 10-10 为土坝的立面图的连接画法。

7. 简化画法　对于图样中的一些细小结构，当其成规律地分布时，可以简化绘制，如图 10-27 水闸设计图中，消力池底板上的冒水孔，在平面图上反映其分布情况，只画出其中少数几个，其余用符号"＋"表示它的位置并用尺寸及文字注明其分布情况。

当视图的比例较小，使某些细部结构在图中不能详细表达清楚时，也可以简化绘制，并在图中注明结构名称。如图 10-27 水闸设计图中，桥上的铁栏杆结构用单线条表示就是采用了简化画法。

8. 水工建筑物平面图例　在规划示意图上，各个建筑物是采用符号和平面图例来表达的。现将水利工程图中常见的水工建筑物平面图例列如表 10-1 中。

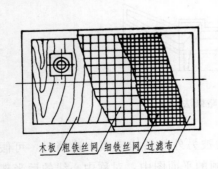

木板 粗铁丝网 细铁丝网 过滤布

图 10-9　真空模板平面图的分层画法

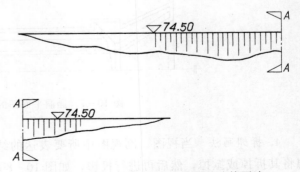

图 10-10　土坝立面图的连接画法

表 10 - 1

常见水工建筑物平面图例

序号	名称		图例	序号	名称	图例
1	水库	大型		9	泵站	**
		小型		10	小文站	Q
2	混凝土坝			11	水位站	H
3	土石坝			12	船闸	
4	闸		*	13	升船机	
5	堤			14	渠道	
6	防浪堤	直墙式		15	鱼道	
		斜坡式		16	溢洪道	
7	水电站	大比例尺		17	渡槽	
		小比例尺		18	隧洞	
				19	涵洞（管）	（大）（小）
8	变电站			20	虹吸	（大）（小）

序号	名称	图例	序号	名称	图例
21	跌水		25	灌区	
22	斗门		26	淤区	
23	沟	明沟	27	分（蓄）洪区	
		暗沟			
24	喷灌		28	沉沙池	

  ＊   为水闸通用符号，当需区别类型时，可标注文字，如：分洪闸 进水闸

  ＊＊   为泵站通用符号，当需区别类型时，可标注文字，如：水轮泵站

三、曲面和坡面的表示法

    水工建筑物中常见的曲面有柱面、锥面、渐变面和扭面等。为了使图样表达得更清楚，往往在这些表面上画出一系列的素线或示坡线，以增强立体感，便于读图。

  （一）柱面

    在水工图中，常在柱面上加绘素线。这种素线应根据其正投影特征画出。假定圆柱轴线平行于正面，若选择均匀分布在圆柱面上的素线，则正面投影中，素线的间距是疏密不匀的；越靠近轮廓素线越稠密，越靠近轴线，素线越稀疏，如图 10－11（a）。

    有些建筑物上常常采用斜椭圆柱面，其投影如图 10－11（b）。图 10－11（c）表示一个闸墩，其左端为斜椭圆柱面的一半，右端为正圆柱面的一半。

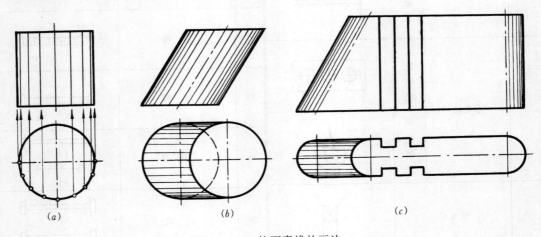

(a) (b) (c)

图 10－11 柱面素线的画法

（二）锥面

在圆锥面上加绘示坡线或素线时，其示坡线或素线一定要经过圆锥顶点的投影，如图 10 - 12（a）、（b）。

工程上还常常采用斜椭圆锥面，如图 10 - 13。o_1 为底圆周中心，s 为圆锥顶点，圆心连线 so_1 倾斜于底面。

图 10 - 13 的正视图和左视图都是三角形（包括被截去的顶部），其两腰是斜椭圆锥轮廓素线的投影，三角形的底边是斜椭圆锥底面的投影，具有积聚性。

俯视图是一个圆以及与圆相切的相交二直线段（包括被截去的顶部），圆周反映斜椭圆锥底面的实形，相交二直线是俯视方向的轮廓素线的投影。

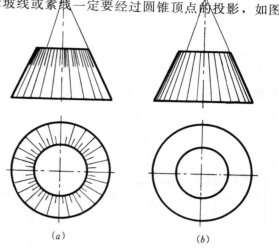

图 10 - 12　圆锥面的示坡线和素线的画法

若用平行于斜椭圆锥底面的平面 P 截断斜椭圆锥，则截交线为一个圆，俯视图上反映截交线圆的实形。为了求得截交线的投影，可先在正视图上找到截平面与椭圆锥轮廓素线投影的交点 a' 和 b'，$a'b'$ 就是截交线圆的正面投影（该投影积聚为一直线），$a'b'$ 之长等于截交线圆的直径。$a'b'$ 与斜椭圆锥圆心连线 $s'o_1'$ 的交点 o' 就是截交线圆的圆心的正面投影。用长对正的关系，可以在俯视图上作出截交线圆的实形，如图 10 - 13。

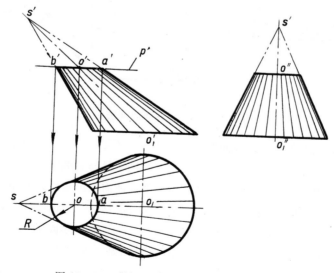

图 10 - 13　斜椭圆锥面的形成和素线的画法

（三）渐变面

在水利工程中，很多地方要用到输水隧洞。隧洞的剖面一般是圆形的，而安装闸门的部分却需做成长方形剖面。为了使水流平顺，在长方形剖面和圆形剖面之间，要有一个使方洞逐变为圆洞的逐渐变化的表面，这个逐渐变化的表面称为渐变面。人们把渐变面的内表面画成单线图，如图 10-14（a）。什么是单线图呢？单线图是只表达物体某一部分表面的形状、大小而无厚度的图样。

图 10-14（a）是上述渐变面的三视图，图 10-14（b）为渐变面的立体图。渐变面的表面是由四个三角形平面和四个部分的斜椭圆锥面所组成。长方形的四个顶点就是四个斜椭圆锥的顶点，圆周的四段圆弧就是斜椭圆锥的底圆（底圆平面平行侧面）。四个三角形平面与四个斜椭圆锥面平滑相切。

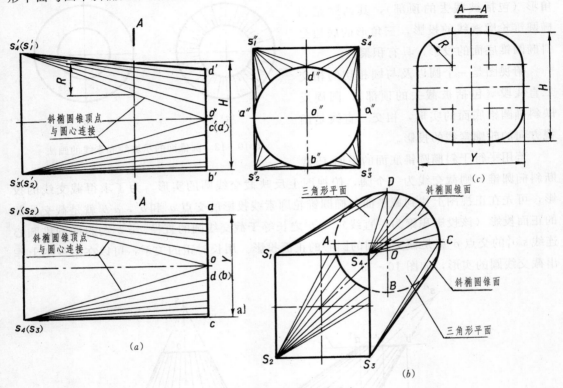

图 10-14　渐变面的画法

表达渐变面时，图上除了画出表面的轮廓形状外，还要用细实线画出平面与斜椭圆锥面分界线（切线）的投影。分界线在正视图和俯视图上的投影是与斜椭圆锥的圆心连接的投影恰恰重合。为了更形象地表示渐变面，三个视图的锥面部分还需画出素线，如图 10-14（a）。

在设计和施工中，还要求作出渐变面任意位置的剖面图。如图 10-14（a）正视图中 AA 剖切线表示用一个平行于侧面的剖切平面截断渐变面。剖面的高为 H，如正视图中所示；剖面的宽度为 Y，如俯视图中所示。剖面图的基本形状是一个高为 H，宽为 Y 的长方形。因为剖切平面截断四个斜椭圆锥面，所以剖面图的四个角不是直角而是圆弧。圆弧的圆心位置就在截平面与圆心连线的交点上，因此，圆弧的半径可由 AA 截断素线处量得，其值为 R，如图 10-14（a）正视图中所示。将四个角圆弧画出后，即得 A—A 剖面图，如图 10-14（c）。必须注意，不要把此图看成是一个面，而应把它看作是一个封闭的线框。剖面的高度 H 和角弧的半径 R 的大小是随 AA 剖切线的位置而定，越靠近圆

184

形，H 越小、R 越大。

（四）扭面

某些水工建筑物（如水闸、渡槽等）的过水部分的剖面是矩形，而渠道的剖面一般为梯形，为了使水流平顺，由梯形剖面变为矩形剖面需要一个过渡段，即在倾斜面和铅垂面之间，要有一个过渡面来连接，这个过渡面一般用扭面，如图 10－15（a）。

扭面 $ABCD$ 可看作是由一条直母线 AB，沿着两条交叉直导线 AD（侧平线）和 BC（铅垂线）移动，并始终平行于一个导平面 H（水平面），这样形成的曲面称扭面，又称双曲抛物面，如图 10－15（b）。

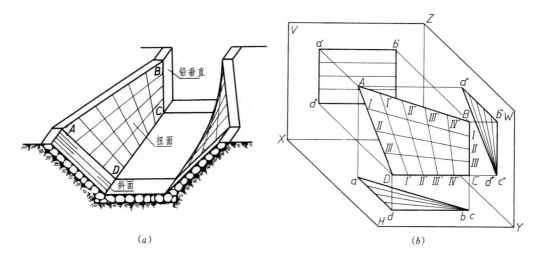

（a）　　　　　　　　　　　　　　　（b）

图 10－15　扭面的应用和形成

扭面 $ABCD$ 也可以把 AD 看作直母线，AB 和 DC 为两条交叉直导线，使母线 AD 沿 AB（水平线）和 DC（侧垂线）两条直导线移动，并始终平行于导平面 W，这样也可以形成与上所述同样的扭面。

在扭面形成的过程中，母线运动时的每一个具体位置称为扭面的素线。同一个扭面可以有两种方式形成，因此，也就有两组素线。按第一种方式形成的扭面，其素线 AB、$ⅠⅠ$、$ⅡⅡ$、…等都是水平线，因此其正面投影和侧面投影均为水平方面的直线，而素线的水平投影则呈放射线束。如果按第二种方式形成的扭面，则素线 AD、$Ⅰ'Ⅰ'$、$Ⅱ'Ⅱ'$、…等均为侧平线，其侧面投影呈放射线束，如图 10－15（b）。

在水工建筑物中，扭面是属于渠道两个侧墙的内表面。要表达扭面，可将渠道沿对称面处剖开，再画它的三视图，如图 10－16（b）。扭面的正视图为一长方形，其俯视图和左视图均为三角形（也可能是梯形）。在三角形内应画出素线的投影，在俯视图中画水平素线的投影，而在左视图中则画出侧平素线的投影，这是两组不同方向的素线。这样画出的素线的投影都形成放射状，这些素线的投影可等分两端的导线画出，使分布均匀。在正视图中可以画水平素线的投影，但按工程习惯，不画素线而注出"扭面"两字代替，如图 10－16（a）。

扭面过渡段的外侧面是连接闸室的梯形挡土墙和渠道的护坡。图 10－16（c）外侧面的左端与渠道护坡斜面连接，右端则与挡土墙斜面连接，所以扭面过渡段外侧面左端边线是一条向外倾斜的直线 EG，右端边线则是一条向内倾斜的直线 FH，它们是两条交叉直线。同样道理，外侧面上下两条边线亦为两条交叉直线。因此，扭面过渡段的外侧面也是一个扭面（外扭面）。如图 10 - 16 （a）所示，俯视图中，外侧面上下边线的投影为两条相交线段 ef 和 gh （虚线）；左右两端边线的投影为两条垂直方向的线段 eg、fh。这些边线的投影形成对顶的两个三角形线框。外扭面在左视图中的投影同样也形成对顶的两个三角形，在正视图中则与内扭面重合。

水工建筑物一般采取分段施工，各段之间的分界线称为结构分缝线。水工图上规定结构分缝线用粗实线绘制，如图 10 - 16 （b）。

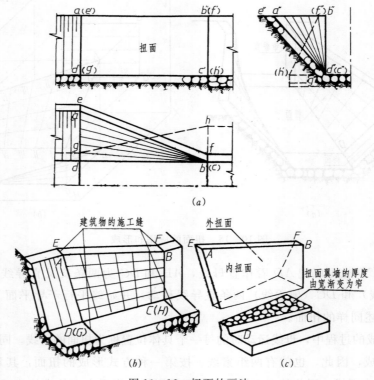

图 10 - 16　扭面的画法

（五）坡面

水工建筑物中经常会遇到斜坡面，如渠道、堤坝的边坡。水工图中常在斜坡面上要加画示坡线。第九章中已经介绍示坡线的方向应平行于斜坡面上对水平面的最大斜度线（即坡度线）或垂直于斜坡面上的水平线。它是用一系列长、短相间、间隔相等的细实线表示。画示坡线时注意间距要均匀，长短要整齐，不论长线或短线都应与斜坡面较高的轮廓线相接触。坝坡面上示坡线的画法如图 10 - 3 所示。图 10 - 17 （a）为渠道边坡示坡线的正确画法，图 10 - 17 （b）为错误画法。圆锥面上示坡线的画法如图 10 - 18 所示。示坡线应通过锥顶画出。

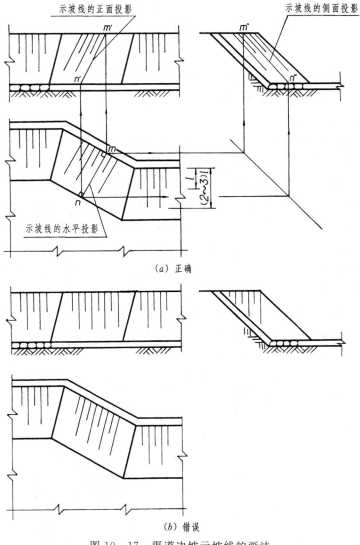

示坡线的正面投影

示坡线的侧面投影

示坡线的水平投影

（a）正确

（b）错误

图 10-17　渠道边坡示坡线的画法

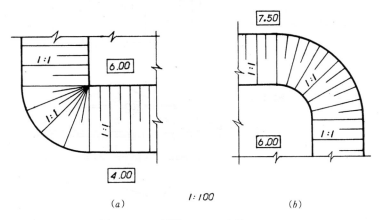

（a）　　　　　1:100　　　　　（b）

图 10-18　圆锥面上示坡线的画法

第三节　水工图的尺寸注法

注尺寸的基本规则和方法在前面有关章节中已作详细介绍，本节主要根据水工图的特点，介绍尺寸基准的选择和几种尺寸的注法。

（一）铅垂尺寸的注法

1. 标高的注法　水工图中的标高是采用规定的海平面为基准来标注的。标高尺寸包括标高符号及尺寸数字两部分。在图上标注标高时有以下几种情况：

（1）立面图和铅垂方向的剖视图、剖面图中，标高符号一律采用图 10-19（a）所示的 90°等腰三角形符号，用细实线画出，其中 h 约为字高的 2/3。标高符号的尖端向下指，也可以向上指，但尖端必须与被标注高度的轮廓线或引出线接触。标高数字一律注写在标高符号的右边，如图 10-19（d），标高数字一律以 m 为单位。零点标注成 ±0.000 或 ±0.00，正数标高数字前一律不加 "+" 号，如 27.56、28.300；负数标高数字前必须加注 "—" 号，如：—3.30、—0.374。

（2）平面图中的标高符号采用如图 10-19（b）的形式，是用细实线画出的矩形线框，标高数字写入线框中。当图形较小时，可将符号引出标注，如图 10-19（e），或断开有关图线后标注，如图 10-19（f）。

（3）水面标高（简称水位）的符号如图 10-19（c），水面线以下画三条细实线。特征水位标高的标注形式如图 10-19（d）。

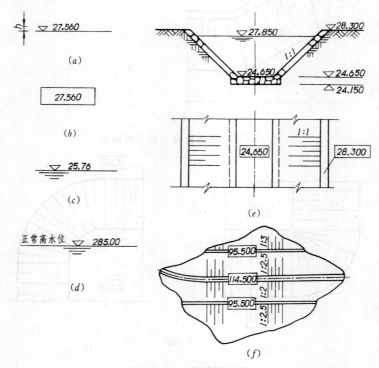

图 10-19　标高的注法

2. 高度尺寸　铅垂方向的尺寸可以只注标高，也可以既注标高又注高度，对结构物本身的尺寸和定型工程设计一般采用标注高度的方法。

在标注高度尺寸时，其尺寸一般以建筑物的底面为基准，这是因为建筑物都是由下向上修建的，以底面为基准，便于随时进行量度检验。

（二）水平尺寸的注法

为确定建筑物的各部分结构在水平方向的大小和位置，一般以建筑物的轴线（或中心线）和建筑物上的主要轮廓线为基准来标注尺寸。图 10-27 所示水闸，它的宽度尺寸就是以中心线为基准来标注的。

河道、渠道、堤坝及隧洞等长形建筑物，它们的中心线长度通常采用"桩号"的方法进行标注。这种标注方法便于计量建筑物的长度和确定建筑物的位置。桩号的标注形式为 k±m，k 为公里数，m 为米数。起点桩号注成 0+000，起点桩号之前（即与桩号的尺寸数字增加的方向相反）标注成 k—m（如 0—020），起点桩号之后注成 k+m（如 0+020）。图 10-20 为隧洞的桩号标注法，图中 0+043.000 表示第一号桩距起点为 43m，0+050.000 表示第二号桩距起点为 50m，两桩之间相距为 7m。

桩号数字一般垂直于轴线方向注写，且标注在轴线的同一侧，当轴线为折线时，转折点处的桩号数字应重复标注，如图 10-20。

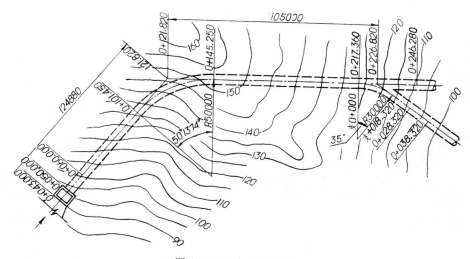

图 10-20　桩号标注法

（三）连接圆弧的尺寸注法

连接圆弧要注出圆弧所对的圆心角的角度。角的一个边用箭头指到与圆弧连接的切点（图 10-21 中的 A 点）；角的另一边带箭头（也可不带箭头）指到连接圆弧的另一端点（图 10-21 中的 B 点）。在指向切点的角的一边上注写圆弧的半径尺寸，连接圆弧的圆心、切点以及圆弧另一端点的高程和它们之间的长度方向尺寸，均应注出，如图 10-21。

（四）非圆曲线的尺寸注法

非圆曲线（如溢流坝面曲线）通常是在图幅上列表写出曲线上各点的坐标，如图 10-21 中的坐标值表。

溢流坝剖面图

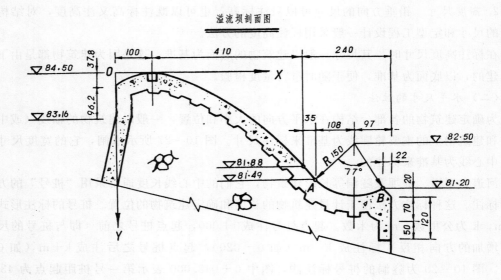

溢流坝面坐标值表

X (cm)	0	30	60	90	120	180	240	300	360	420	510
Y (cm)	37.8	10.8	2.1	0	2.1	18	44.1	76.7	118	169.5	262

图 10－21　圆弧及非圆曲线的尺寸注法

（五）多层结构的尺寸注法

多层结构的尺寸注法如图 10－22，用引出线并加文字说明，引出线必须垂直通过被引的各层，文字说明和尺寸数字应按结构的层次注写。

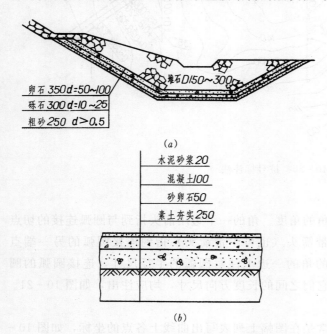

图 10－22　多层结构的尺寸注法

（六）关于封闭尺寸链和重复尺寸

水工建筑物的施工一般是分段进行的，施工精度也不像机械加工要求那样高，因此，要求每分段的尺寸必须全部注出，并且还要注总尺寸，这样就必然形成封闭尺寸链。在视图上注了标高又注高度尺寸这是常见而允许的重复尺寸，当建筑物的几个视图分别画在不同的图纸上时，为了便于读图和施工，也必须标注适当的重复尺寸。所以水工图中根据需要是允许标注封闭尺寸链和必要的重复尺寸，但标注时必须仔细进行校核，要防止出现尺寸之间矛盾和差错。

第四节　水工图的识读

一、识读水工图的目的和要求

读图的目的是为了了解工程设计的意图，以便根据设计的要求进行施工和验收。因此，读图必须达到下列基本要求：

(1) 了解水利枢纽所在地的地形、地理方位和河流的情况以及组成枢纽各建筑物的名称、作用和相对位置。

(2) 了解各建筑物的形状、大小、详细结构、使用材料及施工的要求和方法。

二、读图的步骤和方法

识读水工图的顺序一般是由枢纽布置图看到建筑结构图；先看主要结构后看次要结构；在看建筑物结构图时要遵循由总体到局部，由局部到细部结构，然后再由细部回到总体，这样经过几次反复，直到全部看懂。读图一般可按下述四个步骤进行。

1. 概括了解　了解建筑物的名称和作用

识读任何工程图样都要从标题栏开始，从标题栏和图样上的有关说明中了解建筑物的名称、作用、制图的比例、尺寸的单位以及施工要求等内容。

2. 分析视图　了解各个视图的名称、作用及其相互关系。

为了表明建筑物的形状、大小、结构和使用的材料，图样上都配置一定数量的视图、剖视图和剖面图。由视图的名称和比例可以知道视图的作用，视图的投影方向以及实物的大小。

水工图中的视图的配置是比较灵活的，所以在读图时应先了解各个视图的相互关系，以及各种视图的作用。如找出剖视和剖面图剖切平面的位置、表达细部结构的详图；看清视图中采用的特殊表达方法、尺寸注法等。通过对各种视图的分析，可以了解整个视图的表达方案，从而在读图中及时找到各个视图之间的对应关系。

3. 分析形体　将建筑物分为几个主要组成部分，读懂各组成部分的形状、大小、结构和使用的材料。

将建筑物分哪几个主要组成部分，应根据这些组成部分的作用和特点来划分。可以沿水流方向分建筑物为几段；也可以沿高程方向分建筑物为几层；还可以按地理位置或结构分建筑物为上、下游，左、右岸，以及外部、内部等。读图时需灵活运用这几种方法。

了解各主要组成部分的形体，应采用对线条、找投影、分线框、识体形的方法。一般是以形体分析法为主，以线面分析法为辅进行读图。

分析形体应以一两个视图（平面图、立面图）为主，结合其他的视图和有关的尺寸、材料、符号读懂图上每一条图线、每一个符号、每一个尺寸以及每一种示意图例的意义和作用。

4. 综合整理　了解各组成部分的相互位置，综合整理整个建筑物的形状、大小、结构和使用的材料。

识读整套水利工程图可从枢纽布置图入手，结合建筑物结构图、细部详图，采用上述的读图步骤和方法，逐步地读懂全套图纸，从而对整个工程建立起完整而清楚的概念。

读图中应注意将几个视图或几张图纸联系起来同时阅读，孤立地读一个视图或一张图纸，往往是不易也不能读懂工程图样的。

三、水工图识读举例

例 10 - 1　砌石坝设计图，图 10 - 23 (*a*)、(*b*)、(*c*)。

砌石坝的结构型式有多种，图 10 - 23 所示为浆砌石重力坝，而且做成既能挡水又能泄水两者结合成一个整体的水工建筑物。由于它主要是依靠砌石自身重量来维持坝体的抗滑稳定，所以它又称为砌石重力坝。这种坝型具有较大的重量，是一种大体积建筑物。

(1) 组成部分及其作用　该砌石坝坝顶长 140.0m，沿坝顶长可将其分为左、中、右 3 段。

中段为溢流段，主要用于泄洪，为空腹填渣重力坝，采用这种结构主要是为了减小扬压力和节省工程量。该段长 59.0m，溢流段净宽 50.0m，用闸墩分隔成五孔，每孔设 10.0m×9.0m 的弧形钢闸门，用于挡水和泄水。闸墩顶部靠下游一端设有交通桥与左右两段非溢流坝顶相连。闸墩顶部靠上游一端设有排架，在排架顶部设有工作桥安装闸门启闭机，供工作人员操作启闭弧形闸门之用。溢流段左右两侧设有导水墙，用来控制溢流范围。在高程▽123.60m 处设有两个底孔，用于施工导流和坝体检修时放空库水。

左、右两端为非溢流段　主要用于挡水，均为实体重力坝。这两段内均设有廊道通向溢流段内的空腹。在坝轴线桩号 0＋114、高程▽161.50m 处，设有直径为 1m 的涵管，用来引库水灌溉。

(2) 视图及表达方法　该砌石坝设计图由平面布置图、下游立面图、*A—A* 剖视图和非溢流坝标准剖面图等四个图形来表达的。

1) 平面布置图　是将整个砌石坝的平面图画在地形图上，按水流方向自上向下布置。表明了所在地区的地形、河流、水流方向、地理方位以及砌石坝各组成部分长度与宽度方向的相互位置关系；还表明了坝轴线的长度、顶面宽度、主要部位的高程和坝顶面及上、下游坡面与地面的交线等；另外还可以看出发电引水隧洞、灌溉涵管和通向坝顶的公路均位于河流的右岸。图中对弧形闸门以及闸门启闭机等附属设备都采用了省略画法。

2) 下游立面图　它是视向逆水流方向观察坝身所得的图形。它表明了砌石坝及各组成部分下游立面的外形轮廓和相互位置关系，各主要部位都注有高程。还表明了下游坝坡面与岩石基面的交线和原地面线等，对坝轴线各段的长度、溢流坝段闸孔分隔的情况以及导流底孔、廊道孔和挑流板下部直墙圆拱支承结构的形状特征都反映得较清楚。

3) 溢流坝 *A—A* 剖视图　剖切平面与坝轴线垂直剖切而得，它详细表明溢流坝段内部构造的形状、尺寸和材料。图中表明了溢流面顶部为曲线段，中间是直线段，下部接半径为 12.5m 的反圆弧段，做成挑流式消能。上游迎水面是坡度为 1：0.15 用混凝土浇成的防渗面板，在高程▽131.50m 处有灌浆平台，坝基设有用于防渗的灌浆帷幕，它采用了折断画法，为了汇集坝体和坝基渗水，还设有圆拱矩形廊道。图中可以看出空腹段前腿

（靠上游一端）底厚 20.1m，后腿（靠下游一端）底厚 14.0m，顶部由不同半径和不同中心角的两个圆弧构成，腹腔内填石渣，在高程▽122.0m 处向上浇 1.5m 厚混凝土穿孔透水板，它与前后腿连结成整体。在图形上部还表明了交通桥、工作桥的位置、桥面的宽度和高程，对弧形闸门采用示意图例画法。

4）非溢流坝标准剖面图　该剖面图表达六个不同高程处的断面形状，只要将图中的字母代之以剖面尺寸表中相应的数字即得。它表明非溢流坝段为实体重力坝，坝顶为钢筋混凝土路面。上游迎水面的结构与溢流坝段相同，灌浆帷幕采用折断画法，下游面在高程▽175.0m 以下斜面坡度为 1∶0.6，用浆砌块石筑成。

例 10－2　渡槽设计图，图 10－24（a）、（b）、（c）。

渡槽在渠系建筑物中是一种输送渠道水流跨越道路、河流、山谷、洼地的交叉建筑物。图 9－24 所示为砌石拱渡槽。

（1）组成部分及其作用　整个渡槽是由进口段、槽身、支承结构和出口段四部分组成。

1）槽身　它是渡槽的主体部分，用于输送水流，本渡槽槽身的横剖面为矩形，用条石砌筑而成，全长 72.1m，纵坡 1/500。

2）支承结构　它用于架设槽身，由槽墩、槽台、主拱圈、腹拱立墙、腹拱圈、拱腔等部分组成。

3）进、出口段　这两段是分别连接渠道与槽身的结构，渠道的横剖面通常是梯形的，而槽身的横剖面是矩形的，两者之间的连接通常采用扭面过渡。本设计图对这两段结构没有表达。

（2）视图及表达方法　表达该渡槽除画出正立面图外，还有四个剖视图、两个详图和一个用料说明表。

1）正立面图　它表达了渡槽的结构型式、支承结构各组成部分的位置关系以及长度和高度方向的主要尺寸。图中清楚地表明该渡槽共四跨，净跨 14m，矢跨比 1/5，有三个槽墩（1、2、3 号墩），两个槽台（1、2 号台）。等截面圆弧形的主拱圈支承在墩、台顶部的五角石上，在主拱圈上砌筑腹拱立墙和等截面圆弧形腹拱，在主、腹拱顶部再砌筑拱腔和槽身，槽身分成六段砌筑，每段间有伸缩缝。

2）详图甲、乙　主要是进一步表达主拱圈上部腹拱立墙和腹拱圈以及 2 号台在长度和高度方向的详细尺寸，腹拱净跨 1.45m，矢跨比约 1/4。

3）A—A 剖视图　主要表达 1 号墩和 2 号墩侧立面的形状和详细尺寸，同时也表明了槽身的剖面形状、大小和材料。为了进一步表达槽墩平面图的形状，又画出了 D—D 剖视图。图中可以看出两个槽墩在高程▽298.30m 以下的墩身部分，沿宽度方向两端头部做成半圆形，主要是以利水流畅通。在高程▽298.30m 以上的墩身为四棱台形。

4）B—B 剖视图　主要是为了表达 3 号墩侧立面的形状和详细尺寸，还画出了 E—E 剖视图，注意 3 号墩下部与 1、2 号墩构造有所不同。

5）C—C、F—F 剖视图　这两个剖视图主要是为了表达 2 号台侧立面和平面的形状以及高度和宽度方向的尺寸。

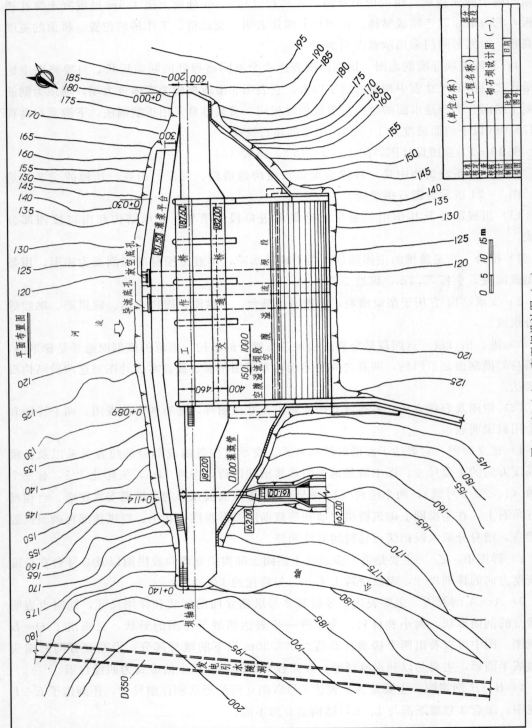

图 10-23 (a) 砌石坝设计图 (一)

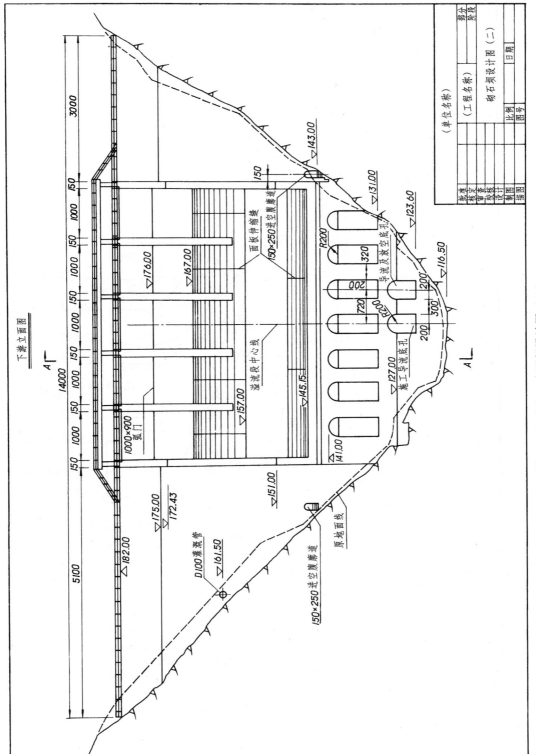

图 10-23 (b) 砌石坝设计图（二）

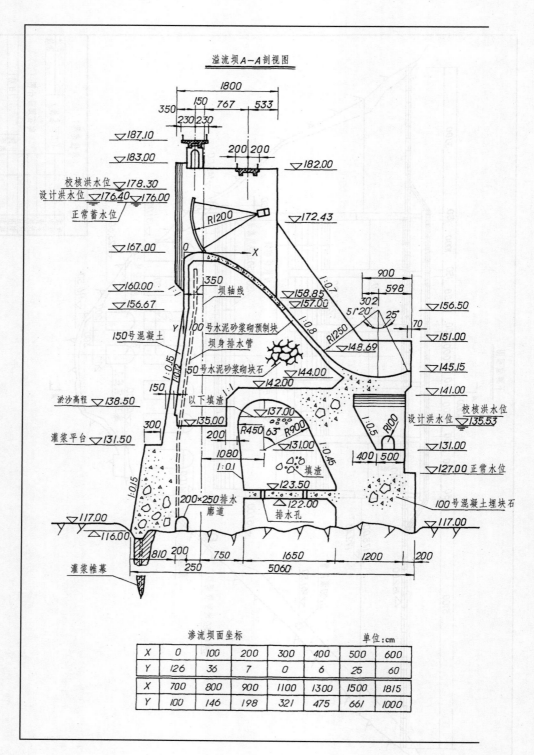

溢流坝A—A剖视图

渗流坝面坐标							单位:cm
X	0	100	200	300	400	500	600
Y	126	36	7	0	6	25	60
X	700	800	900	1100	1300	1500	1815
Y	100	146	198	321	475	661	1000

图 10-23（c）

非溢流坝标准剖面图

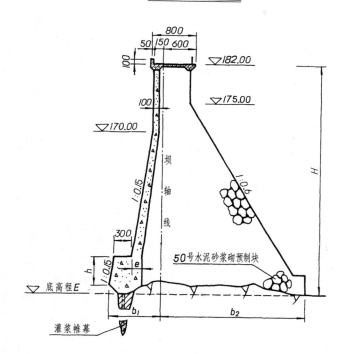

非渗流坝剖面尺寸

坝底宽E		130.00	140.00	150.00	160.00	170.00	182.00
坝高H		5200	4200	3200	2200	1200	顶面
坝底宽	b_1	1050	900	750	600	150	150
	b_2	3250	2650	2050	1450	850	550
灌浆平台高h		500	500	500	500	0	0
防渗面板厚e		180	160	130	100	100	0

	(单位名称)	
批准	(工程名称)	部分
核定		阶段
审查		
校核	砌石坝设计图（三）	
设计		
制图	比例	日期
描图	图号	

砌石坝设计图（三）

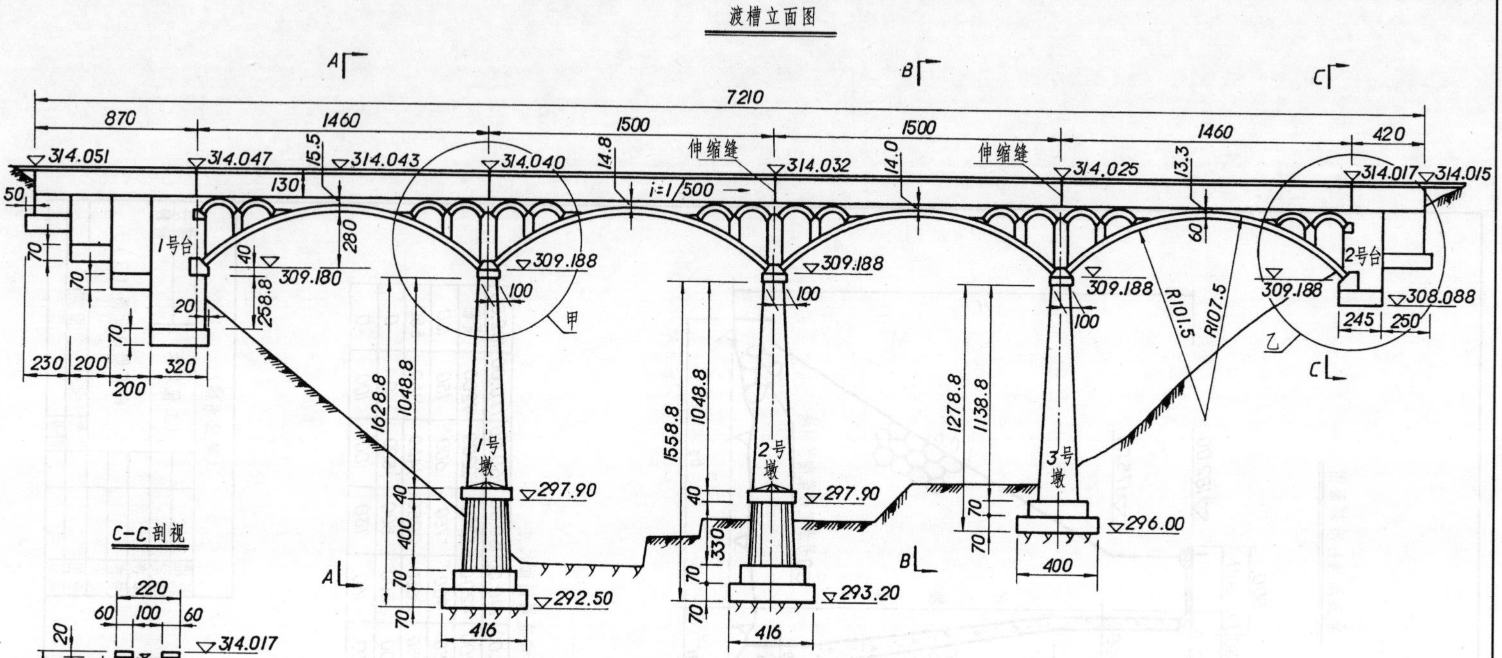

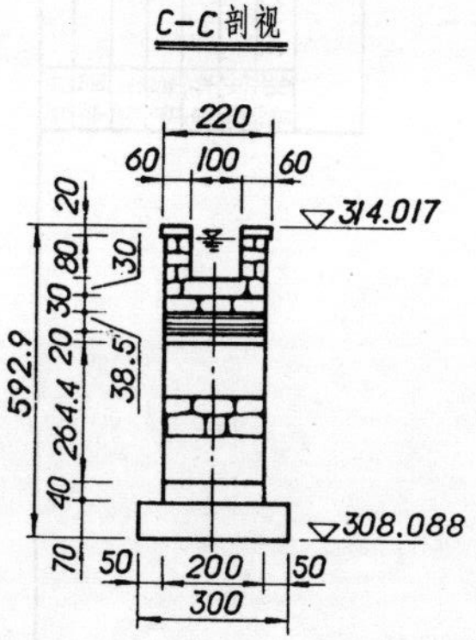

渡槽立面图

i=1/500

伸缩缝

1号墩　2号墩　3号墩

1号台　2号台

甲

C—C剖视

说明：
1. 本渡槽为砌石拱渡槽，设计流量 $0.5m^3/s$，设计比1/500，纵坡1/500。主拱圈为等截面圆弧形砌石板拱，失跨比1/5。拱上砌筑等截面圆弧形腹拱，净跨1.45m，失跨比约1/4。主、腹拱顶均要求开挖至新鲜基岩，采用100号砌石拱。墩台基础均要求开挖至新鲜基岩，槽台表面均用100号水泥砂浆砌石，槽身、拱架均用100号混凝土浇筑。
2. 1号墩和2号墩下部两端做成半圆形，以利洪水畅通。其余部分时断面为矩形断面。
3. 施工方法：均为现场砌筑，采用竹、木搭成拱架，在拱架上人工砌筑，待封拱养护后拆模。
4. 本图尺寸单位以cm计。

图 10-24（a）　渡槽设计图（一）

工程名称：
（单位名称）
渡槽设计图（一）
批准　核定　审查　校核　设计　制图　描图
部分　阶段
日期
比例　图号

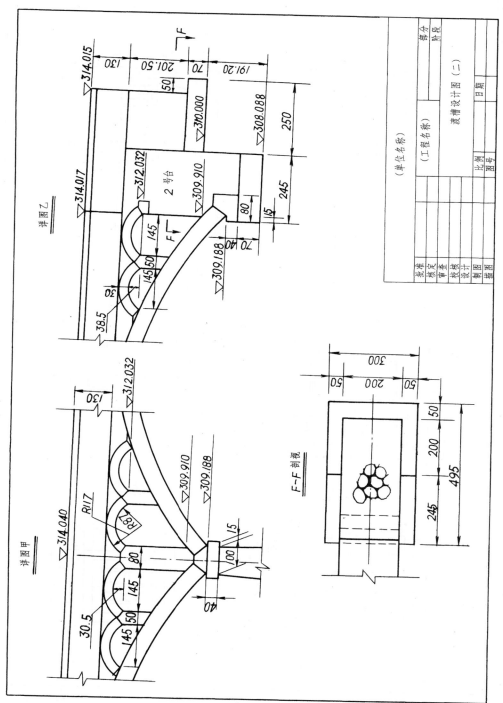

图 10-24（b） 渡槽设计图（二）

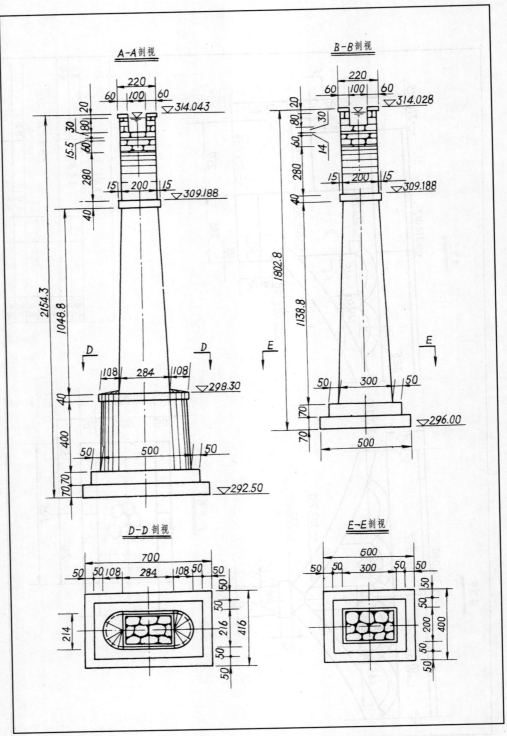

图 10-24 （c）

200

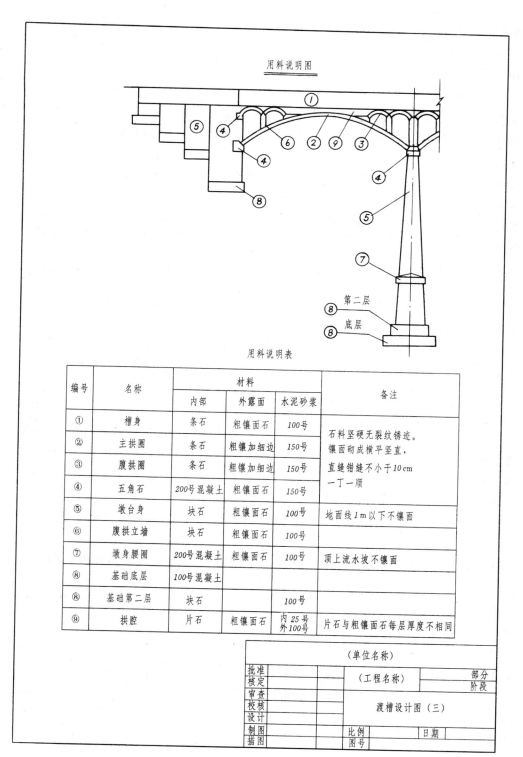

用料说明图

用料说明表

编号	名称	材料			备注
		内部	外露面	水泥砂浆	
①	槽身	条石	粗镶面石	100号	石料坚硬无裂纹锈迹。
②	主拱圈	条石	粗镶加细边	150号	镶面砌成横平竖直，
③	腹拱圈	条石	粗镶加细边	150号	直缝错缝不小于10 cm
④	五角石	200号混凝土	粗镶面石	150号	一丁一顺
⑤	墩台身	块石	粗镶面石	100号	地面线1 m以下不镶面
⑥	腹拱立墙	块石	粗镶面石	100号	
⑦	墩身腰圈	200号混凝土	粗镶面石	100号	顶上流水坡不镶面
⑧	基础底层	100号混凝土			
⑧	基础第二层	块石		100号	
⑨	拱腔	片石	粗镶面石	内25号 外100号	片石与粗镶面石每层厚度不相同

（单位名称）				
批准		（工程名称）		部分
核定				阶段
审查				
校核		渡槽设计图（三）		
设计				
制图		比例		日期
描图		图号		

渡槽设计图（三）

该渡槽除了采用以上视图、剖视图表达以外，另外还有一个用料说明表，从中可以了解各部分所用材料和砌筑要求。

例 10 – 3 水库枢纽设计图。

(1) 水库枢纽布置图 如图 10 – 25 (a)。

1) 组成部分及其作用 在山溪谷地或山峡的适当地点，筑一道坝，把这个地点以上的流域面积里流下来的雨水、溪水或泉水拦蓄起来，形成水库。水库枢纽工程大都包括三个基本组成部分，即拦河坝、输水道、溢洪道等建筑物。拦河坝是挡水建筑物，布置在两个山头之间，它的作用是拦断水流，抬高水位以形成水库。输水道是引水建筑物，它的作用是把水库中的水按需要引出水库供灌溉、发电及其他目的之用。溢洪道是水库满蓄期间排泄洪水的建筑物，它可以防止洪水因从坝顶漫溢而引起的溃坝事故。图 10 – 25 (a) 所示水库枢纽布置图中的拦河大坝为土坝，溢洪道修建在大坝西边山凹处，输水道布置在大坝的东边，经过隧洞把水引向下游供发电和灌溉用。

2) 视图及表达方法 枢纽布置图是在地形图上画出土坝、输水道、溢洪道等建筑物的平面图。它主要表达了工程所在区域的地形、水流方向、地理方位、各建筑物在平面上的形状大小及其相对位置，以及这些建筑物与地面相交的情况等。

A—A 剖视图是沿坝轴线和溢洪道顶部作的展开剖视，主要表达河槽与溢洪道的剖面形状，采用了纵横两种不同的比例画出，在右下角表示出输水隧洞中心的高程和位置。

(2) 土坝设计图 如图 10 – 25 (b)。

1) 组成部分及其作用 土坝由坝身、心墙、棱体排水和护坡四部分组成，主要用于挡水。该坝身成梯形剖面，用砂卵石材料堆筑，为防止漏水，在坝体内筑有粘土心墙。上、下游坡面为防止风浪、冰凌冲击以及雨水冲刷而设置的保护层，称为护坡。下游坝脚设有棱体排水，其主要作用是排除由上游渗透到下游的水量。为防止带走土粒和堵塞排水棱体，并设有反滤层。

2) 视图及表达方法 土坝设计图有坝身最大横剖面图，坝顶构造详图、上游护坡 A、B 详图和下游坝脚棱体排水详图等。

最大横剖面图是在河槽位置垂直于坝轴线剖切而得，它表达了坝顶高程为 138m、宽 8m。上游护坡为 1：2.75、1：3 和 1：3.5。下游护坡为 1：2.75 和 1：3，并在 125m 和 112m 高程处设有 3m 宽的马道。剖面图上同时表达了心墙、护坡和棱体排水的位置。上游面标注有设计和校核水位等。

坝顶详图表明坝顶筑有碎石路面、靠上游面一边砌有块石防浪墙，其下部与粘土心墙相连。靠下游面一边砌有路肩石。粘土心墙顶部高程为 136.4m、宽 3.6m。

由上游护坡详图 A 可以看出护坡分为干砌块石、堆石、卵石和碎石四层。详图 B 则表示上游坝脚防滑槽的尺寸。

棱体排水详图表达了块石棱体和反滤层的结构及尺寸。

例 10 – 4 水闸设计图，如图 10 – 27。

水闸是修建在天然河道或灌溉渠系上的建筑物。按照水闸在水利工程中所担负的任务不同，水闸可分为进水闸、节制闸、分洪闸、泄水闸等几种。由于水闸设有可以启闭的闸门，是既能关闭闸门拦水，又能开启闸门泄水，所以各种水闸都具有控制水位和调节流量的作用。

（1）组成部分及其作用　图 10-26 为水闸的立体示意图。水闸一般由三部分组成，即上游连接段、闸室和下游连接段。

1）上游连接段　水流从上游进入闸室，首先要经过上游连接段，它的作用一是引导水流平顺进入闸室；二是防止水流冲刷河床；三是降低渗透水流在闸底和两侧对水闸的影响。水流过闸时，过水断面逐渐缩小，流速增大，上游河底和岸坡可能被水冲刷，工程上经常用的防冲手段是在河底和岸坡上用干砌块石或浆砌块石予以护砌，称为护底、护坡。

自护底而下，紧接闸室底板的一段称为铺盖，它兼有防冲与防渗的作用，一般采用抗渗性能良好的材料浇筑。图 10-27 水闸的铺盖材料为钢筋混凝土，长度为 1025cm。

引导水流良好地收缩并使之平顺地进入闸室的结构，称为上游翼墙。翼墙还可以阻挡河道两岸土体坍塌，保护靠近闸室的河岸免受水流冲刷，减少侧向渗透的危害。翼墙的结构型式一般与挡土墙相同。图 10-27 水闸的上游翼墙平面布置型式为斜降式。

2）闸室　闸室是水闸起控制水位、调节流量作用的主要部分，它由底板、闸墩、岸墙（或称边墩）、闸门、交通桥、排架及工作桥等组成。图 10-27 所示水闸的闸室为钢筋混凝土整体结构，中间有一闸墩分成两孔，靠闸室下游设有钢筋混凝土交通桥，中部由排架支承工作桥。闸室段全长 700cm。

3）下游连接段　这一段包括河底部分的消力池、海漫、护底以及河岸部分的下游翼墙和护坡等。图 10-27 所示水闸消力池这段长为 1560cm。为了降低渗透水压力，在消力池和海漫部分留有冒水孔，下垫粗砂滤层。下游翼墙平面布置型式为反翼墙。

（2）视图及表达方法

1）平面图　由于水闸左右岸对称，采用省略画法，只画出以河流中心线为界的左岸。水闸各组成部分平面布置情况在图中反映得较清楚，如翼墙布置形式、闸墩形状、主门槽、检修门槽位置和深度等，冒水孔的分布情况采用了简化画法。闸室这段工作桥、交通桥和闸门采用了拆卸画法。标注 A—A、B—B、C—C、D—D、E—E、F—F 为剖切位置线，说明该处另外还有剖视图和剖面图。

2）A—A 剖视图　剖切平面经闸孔剖切而得，图中表达了铺盖、闸室底板、消力池、海漫等部分的剖面形状和各段的长度，图中还可以看出门槽位置、排架形状以及上、下游设计水位和各部分高程等。

3）上游立面图和下游立面图　这是两个视向相反的视图，因为它们形状对称，所以采用各画一半的合成视图，图中可以看出水闸的全貌，工作桥的扶梯和桥栏杆均采用简化画法。

4）剖面图　B—B 剖面表达闸室为钢筋混凝土整体结构，同时还可看出在岸墙处回填粘土剖面形状和尺寸。C—C、E—E、F—F 剖面表达上、下游翼墙的剖面形状、尺寸、砌筑材料、回填粘土和排水孔处垫粗砂的情况。D—D 剖面表达了路沿挡土墙的剖面形状和上游面护坡的砌筑材料等。

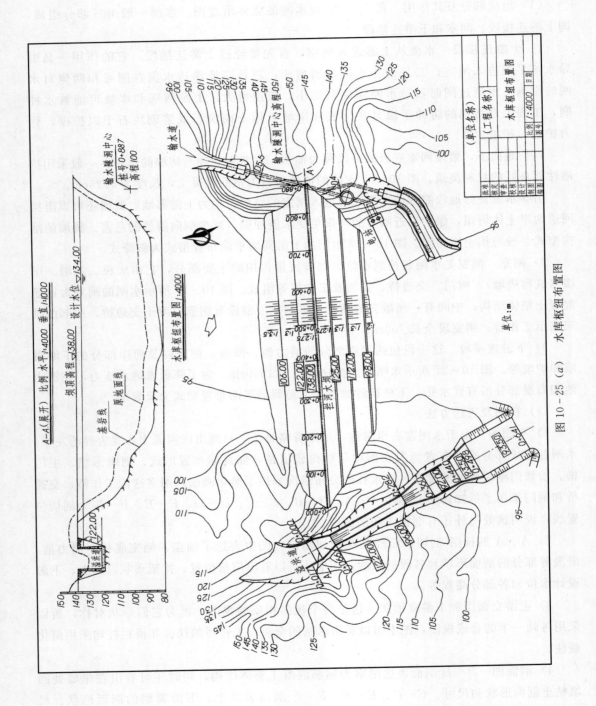

图 10-25 (a) 水库枢纽布置图

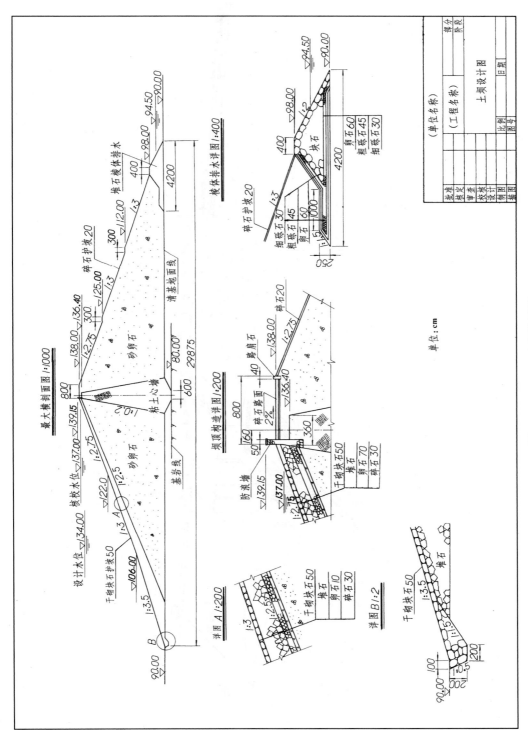

图 10-25 (b)　土坝设计图

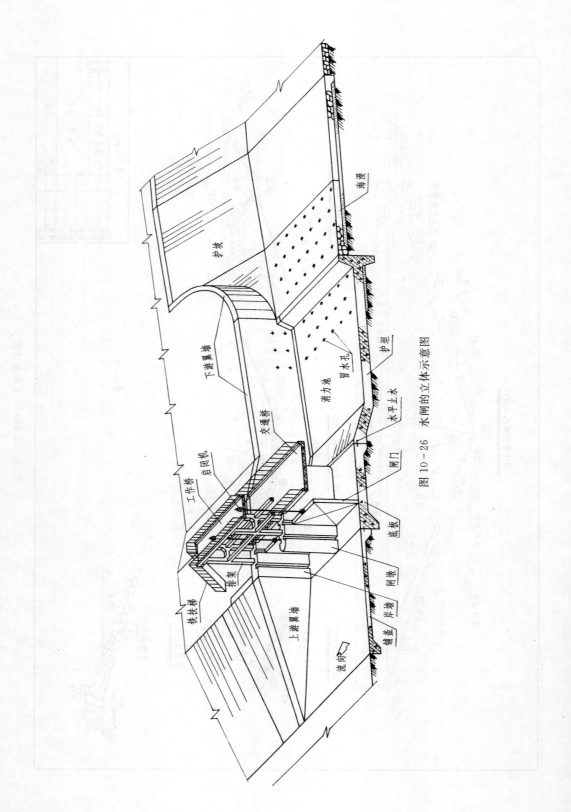

海漫

护坡

下游翼墙

消力池

冒水孔

护坦

水平止水

交通桥

闸门

工作桥

启闭机

底板

闸墩

排架

铁扶梯

上游翼墙

铺盖

岸墙

流向

图 10-26　水闸的立体示意图

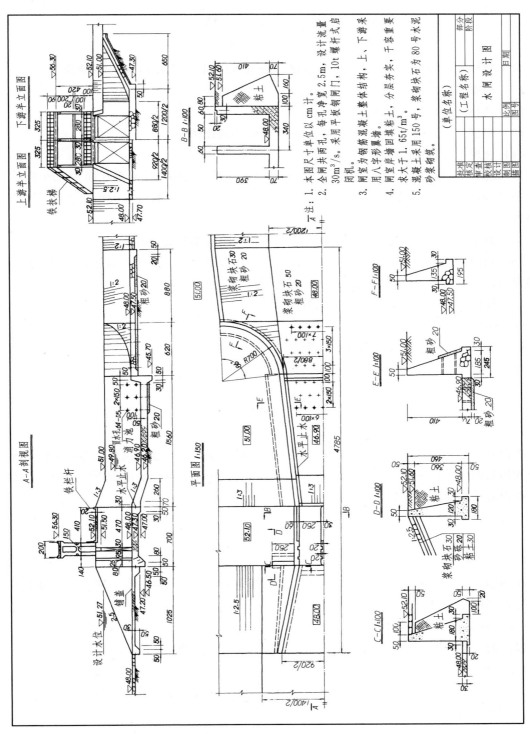

图 10-27 水闸设计图

图中尺寸除高程以米计外，均以 cm 为单位。

第五节 水工图的绘制

水工图样虽然种类很多，但绘制图样的步骤基本相同。绘图的一般步骤建议如下：

（1）根据已有的设计资料，分析确定所要表达的内容。

（2）选择视图，确定视图的表达方案。

（3）根据图样的种类和建筑物的大小，选择恰当的比例。

（4）合理布置各视图的位置：

1）视图应尽量按投影关系配置，并尽可能把有联系的视图集中布置在同一张图纸内。

2）按所选取的比例估算各视图（包括剖视和剖面等）所占的范围大小，然后进行合理布置。

（5）画出各视图的作图基准线，如轴线、中心线或主要轮廓线等。

（6）画图时，先画大的轮廓，后画细部；先画主要部分，后画次要部分；先画特征明显的视图，后画其他视图；有关视图可同时进行。

（7）标注尺寸和注写必要的文字说明。

（8）画建筑材料图例。

（9）经校核无误后，加深图线或上墨。

（10）填写标题栏，画图框线并完成全图。

第六节 钢筋混凝土结构图

在混凝土中，按照结构受力需要，配置一定数量的钢筋以增强其抗拉能力，这种由混凝土和钢筋两种材料制成的构件称为钢筋混凝土结构。用来表达钢筋混凝土结构的图形称为钢筋混凝土结构图，简称配筋图。

一、基本知识

（一）钢筋符号

在钢筋混凝土结构设计规范中，对国产建筑用钢筋，按其产品种类不同，分别给予不同符号，供标注及识别之用，详见表 10-2。

（二）钢筋的作用和分类

根据钢筋在构件中所起的作用不同，钢筋可分为下列四种，如图 10-28。

1. 受力钢筋　用来承受主要拉力的钢筋。

2. 钢　箍　承受一部分斜拉应力，并固定受力钢筋的位置，多用于梁和柱内。

3. 架立钢筋　用来固定梁内钢箍的位置。

4. 分布钢筋　一般用于钢筋混凝土板内，与板的受力钢筋垂直布置，将外力均匀地传给受力钢筋，如图 10-28（b）。

表 10 - 2　　　　　　　　　　　　　　　　　　钢 筋 种 类 和 符 号

钢筋种类	符 号	钢筋种类	符 号
Ⅰ级钢筋（3号钢）	ϕ	冷拉Ⅰ级钢筋	ϕ^l
Ⅱ级钢筋（16锰）	Φ	冷拉Ⅱ级钢筋	Φ^l
Ⅲ级钢筋（25锰硅）	Φ	冷拉Ⅲ级钢筋	Φ^l
Ⅳ级钢筋（44锰2硅）	$\mathbb{\Phi}$	冷拉Ⅳ级钢筋	$\mathbb{\Phi}^l$
Ⅴ级钢筋（热处理44锰2硅）	$\mathbb{\Phi}^t$	冷拉低碳钢丝（乙级）	ϕ^b
5号钢钢筋（5号钢）	Φ		

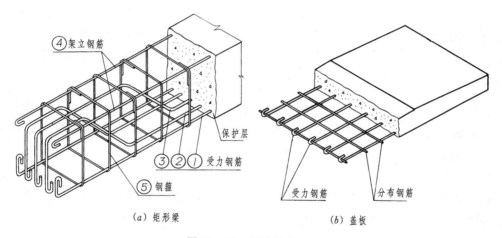

（a）矩形梁　　　　　　　　　　　　（b）盖板

图 10 - 28　钢筋的分类

（三）钢筋端部的弯钩

　　对于外形光圆的受力钢筋，为了增加钢筋与混凝土的结合，在钢筋的端部常做成弯钩。弯钩一般有两种标准形式，其形状和尺寸如图 10 - 29 所示。图中用双点划线表示弯钩伸直后的长度，这个长度为备料计算钢筋总长时的需要。

　　常用钢箍的弯钩形式如图 10 - 30 所示。

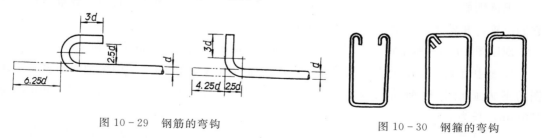

图 10 - 29　钢筋的弯钩　　　　　　　　　　　　图 10 - 30　钢箍的弯钩

（四）钢筋的保护层

　　为防止钢筋锈蚀，钢筋边缘到混凝土表面应留有一定的厚度，这一层混凝土称为钢筋的保护层。保护层厚度视不同的结构物而异，具体数值可查阅有关设计规范。

二、钢筋混凝土结构图

钢筋混凝土结构图包括钢筋布置图，钢筋成型图及钢筋明细表等内容。

（一）钢筋布置图

钢筋布置图除表达构件的形状、大小以外主要是表明构件内部钢筋的分布情况。画图时，构件的轮廓线用细实线，钢筋则用粗实线表示，以突出钢筋的表达。在剖面图中，钢筋的截面用小黑圆点表示，一般不画混凝土图例。

钢筋布置图不一定都要画三面视图，而是根据需要来决定，例如画图 10-31 钢筋混凝土梁的钢筋布置图，一般不画平面图，只用正立面图和剖面图来表示。

在钢筋布置图中，为了区分各种类型和不同直径的钢筋，规定对钢筋应加以编号，每类钢筋（即型式、规格、长度相同）只编一个号。编号字体规定用阿拉伯数字，编号小圆圈和引出线均为细实线。指向钢筋的引出线画箭头，指向钢筋截面的小黑圆点的引出线不画箭头，如图 10-31。钢筋编号的顺序应有规律，一般为自下而上，自左至右，先主筋后分布筋。

如尺寸③$\frac{2\phi16}{}$，其中③表示钢筋的编号为 3 号，$2\phi16$ 表示直径 16mm 的 Ⅰ 级钢筋共 2 根。又如尺寸 5 @200，其中 @ 为间距的代号，该尺寸表示相邻钢筋的中心间距为 200mm，共有 5 个间距。

（二）钢筋成型图

钢筋成型图是表明构件中每种钢筋加工成型后的形状和尺寸的图。图上直接标注钢筋各部分的实际尺寸，并注明钢筋的编号、根数、直径以及单根钢筋断料长度，所以它是钢筋断料和加工的依据，如图 10-31。

（三）钢筋明细表

钢筋明细表就是将构件中每一种钢筋的编号、型式、规格、根数、单根数、总长和备注等内容列成表格的形式，可用作备料、加工以及做材料预算的依据。

三、钢筋混凝土结构图的识读

识读钢筋混凝土结构图，就是对照图与表弄清各种钢筋的形状、直径、数量、长度和它的位置，并要注意图中有关说明，以便按图施工。

现以图 10-31 所示钢筋混凝土矩形梁为例，说明识读钢筋图的方法和步骤。

1. 概括了解　梁的外形及钢筋布置由正立面图和 $A—A$、$B—B$ 两个剖面图表示，在图的下方画出各种钢筋的成型图，还有钢筋明细表。矩形梁的尺寸宽 380mm，高 450mm，长为 5200mm。

2. 弄清楚各种钢筋的形状、直径、数量和位置　$B—B$ 剖面图表达梁的底部有五根受力钢筋，中间一根为③号钢筋，两侧自里向外分别为②号和①号钢筋各两根，其直径均为 16mm。梁顶部两角各有一根④号架立钢筋，直径为 10mm。从直径符号可知这四种编号的钢筋均为Ⅰ级钢筋。

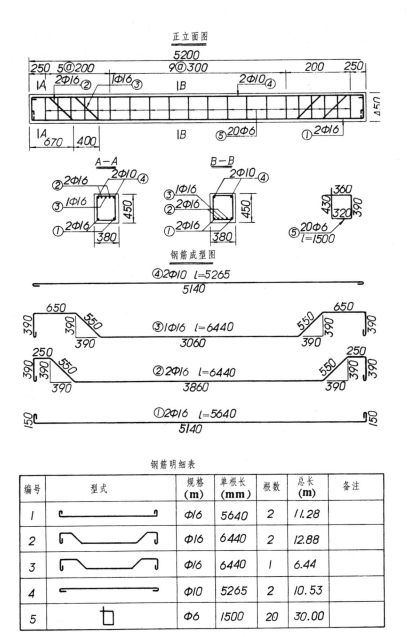

图 10-31 钢筋混凝土矩形梁

在 A—A 剖面图中，可以看出梁的底部只有两根钢筋，而顶部却有五根钢筋。对照正立面图不难看出，B—B 剖面图中底部②、⑧号的三根钢筋分别在离梁端 1070mm 和 670mm 处向上弯起，由于 A—A 剖面图的剖切位置在梁端，故底部是两根而顶部是五根钢筋。

211

正立面图上面画的⑤号钢筋为钢箍，是直径为 6mm 的Ⅰ级钢筋，共有 20 根，靠梁两端的钢箍间距为 200mm，梁中间的钢箍间距为 300mm。

各种钢筋的详细形状和尺寸可看钢筋成型图。各种钢筋的用量可看钢筋明细表。

3. 检查核对　由读图所得的各种钢筋的形状、直径、根数、单根长与钢筋成型图和钢筋明细表逐个逐根进行核对是否相符。

第十一章 房屋建筑图

第一节 房屋建筑图概述

一、房屋建筑图的分类

房屋建筑图是指导房屋施工、设备安装的技术文件。建筑一幢房屋需要许多张图纸表达，这些图纸一般分为三类。

1. 建筑施工图 简称"建施"，主要表达建筑物内部的布置，外部的形状以及装饰、构造、施工要求等情况。包括总平面、建筑平面图、立面图、剖面图和构造详图。

2. 结构施工图 简称"结施"，主要表达承重结构构件的分布情况、构件类型、大小及构造。包括结构布置平面图和构件详图。

3. 设备施工图 简称"设施"，主要表示给排水、电气、采暖通风等专业管道及设备的布置和构造情况。包括平面图、系统图和详图。

本章只介绍建筑施工图的表达和阅读方法。

二、建筑制图的有关规定

（一）比例

建筑专业图绘制，各种图纸的比例宜选用表 11-1 中的规定。

（二）图线

建筑专业图为了使表达的结构重点突出，主次分明，实线、虚线、点划线一般区分为粗、中、细几种。下面介绍各种线型的用途。

粗实线 平、剖面图中被剖切的主要建筑构造（包括构配件）的轮廓线，建筑立面图的外轮廓线等，宽度为 b。

表 11-1　　绘图选用的比例

图　名	比　例
总平面图	1：500、1：1000、1：2000
建筑物平、立、剖面图	1：50、1：100、1：200
建筑物局部放大图	1：10、1：20、1：50
构造详图	1：1、1：2、1：5、1：10、1：20、1：50

中实线 平、剖面图中被剖切的次要建筑构造（包括构配件）的轮廓线，建筑平、立、剖面图中建筑物配件的轮廓线等，宽度为 $0.5b$。

细实线 小于 $0.5b$ 的图形线、尺寸线、尺寸界线、图例线、索引符号 标高符号等，宽度为 $0.35b$。

中虚线 建筑构造及建筑构配件不可见的轮廓线，平面图中的起重机（吊车）轮廓线等，宽度为 $0.5b$。

细虚线 图例线，小于 $0.5b$ 的不可见轮廓线，宽度为 $0.35b$。

粗点划线 起重机（吊车）轨道线，宽度为 b。

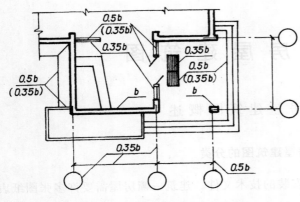

图 11-1 平面图图线宽度选用法

细点划线 中心线、对称线、定位轴线，宽度为 0.35b。

图 11-1、图 11-2、图 11-3、图 11-4 表示在各种图样中图线宽度选用法。图中有括号图线宽度，可用于绘制较简单的图样，采用两种线宽即 b 和 0.35b。

（三）定位轴线

定位轴线是施工时放样的重要依据。凡是承重墙、柱、大梁或屋架等主要承重构件的位置都应画轴线定位，并加以编号。规定平面图上定位轴线的编号，宜标注在图样的下方与左侧。横向编号应用阿拉伯数字，从左至右顺序编写，竖向编号应用大写字母，从下至上顺序编写，编号应注写在轴线端部的圆内。圆应用细实线绘制，直径为 8mm，详图上可增为 10mm，如图 11-5（a）。两根轴线之间的附加轴线，应以分母表示前一轴线的编号，分子表示附加轴线的编号，如图 11-5（b）。

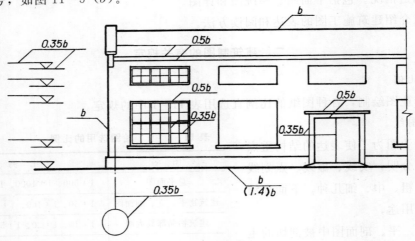

图 11-2 立面图图线宽度选用法

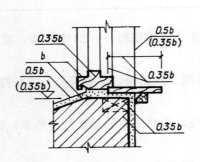

图 11-3 详图图线宽度选用法

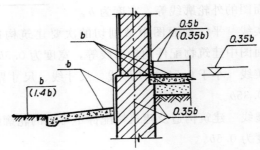

图 11-4 墙身剖面图图线宽度选用法

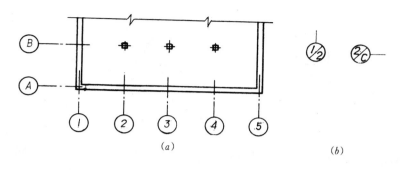

图 11-5　定位轴线

（四）标高

个体建筑物图样上的标高符号，应按图 11-6（a）所示形式以细实线绘制。如标注位置不够，可按图 11-6（b）形式绘制。

总平面图上的标高符号，宜用涂黑的三角形表示，如图 11-7。

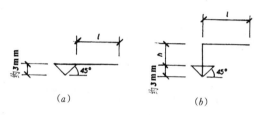

图 11-6　个体建筑标高符号

l—注写标高数字的长度；h—高度、视需要而定

图 11-7　总平面图标高符号

标高符号的尖端，应指至被注的高度。尖端可向下或向上。标高数字应以米为单位，注写到小数点以后第三位。在总平面图中，可注写到小数点以后第二位。零点标高应写成±0.000，正数标高不注

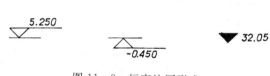

图 11-8　标高注写形式

"＋"，负数标高应注 "一"，例如 3.000、—0.600。注写形式如图 11-8。

标高分绝对标高和相对标高两种。绝对标高以青岛的黄海平均海平面为零点；相对标高以个体建筑物的室内底层地面为零点。

（五）索引符号和详图符号

图样中的某一局部或构件，如需要另画出详图，应标出索引符号，同时在详图下方标注详图符号，以便读图时查找。

索引符号是用一条引线指出需要另画详图的部位，在引线的另一端画细实线圆（φ10）。通过圆心作一水平线，在上半圆中用阿拉伯数字注明该详图的编号，下半圆中注明该详图所在图纸的图纸号。如果详图与被索引的图样同在一张图纸内，则不注图纸号，

而在下半圆中画一段水平细实线。如图 11-9 所示。

图 11-9　索引符号

详图符号应以粗实线绘制直径为 14mm 的圆。详图与被索引的图样同在一张图纸内时，应在详图符号中用阿拉伯数字注明详图的编号。如不在同一张图纸内，可用细实线在详图符号内画一水平直径，在上半圆中注明详图编号，在下半圆中注明被索引图纸的图纸号，如图 11-10 所示。

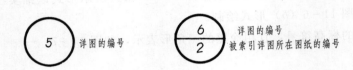

图 11-10　详图符号

（六）图例

（1）建筑材料图例　建筑制图标准与水利水电工程制图标准的建筑材料图例基本相同，这里只介绍几种常用材料图例的画法，如表 11-2。

表 11-2　　　　　　　　　　　　几种建筑材料图例

名　称	图　例	说　明
金属		斜线一律用 45°细实线
普通砖		断面较窄，不易画出图例时，可涂红
钢筋混凝土		剖面图上画出钢筋时，不画图例线断面较窄，不易画出图例时，可涂黑

（2）构造及配件图例　如表 11-3。

（3）总平面图例　如表 11-4。

表 11 - 3

名 称	图 例	说 明	名 称	图 例	说 明
楼 梯	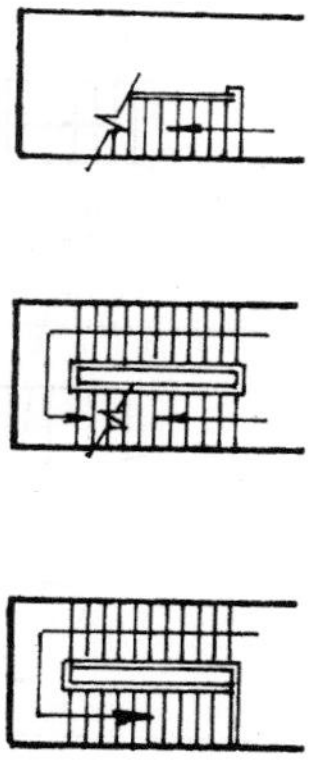	1. 上图为底层楼梯平面，中图为中间层楼梯平面，下图为顶层楼梯平面 2. 楼梯的形式及步数应按实际情况绘制	双扇双面弹簧门		
烟 道			单 层固定窗		
通风道			单层外开上悬窗		1. 窗的名称代号用 C 表示 2. 立面图中的斜线表示窗的开关方向，实线为外开，虚线为内开；开启方向线交角的一侧为安装合页的一侧，一般设计图中可不表示 3. 平、剖面图上的虚线仅说明开关方式，在设计图中不需表示
空门洞			单层外开平开窗		
单扇门（包括平开式单面弹簧）	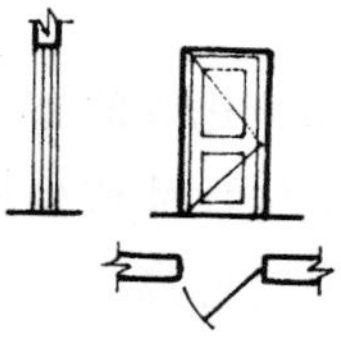	1. 门的名称代号用 M 表示 2. 剖面图上左为外，右为内，平面图上下为外，上为内 3. 立面图上开启方向线交角的一侧为安装合页的一侧，实线为外开，虚线为内开 4. 平面图上的开启弧线及立面图上的开启方向线在一般设计图上不需表示	单层内开平开窗	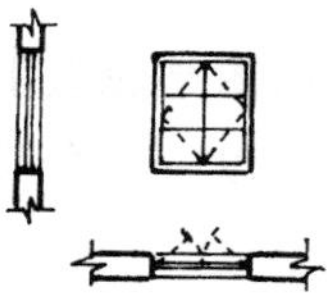	
双扇门					

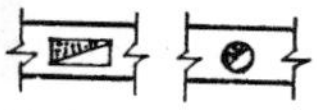

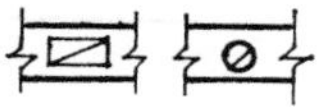

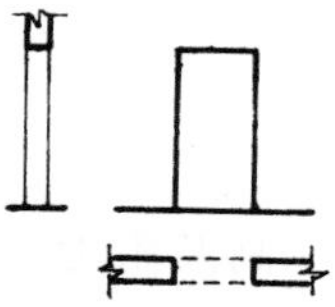

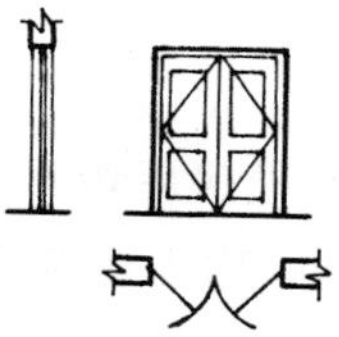

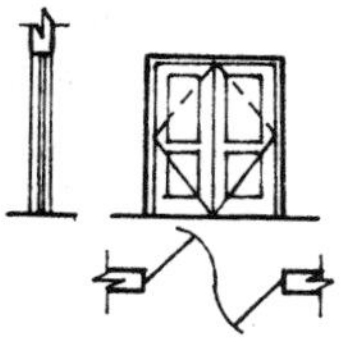

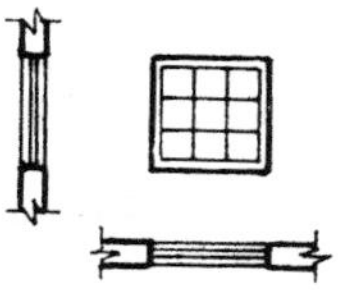

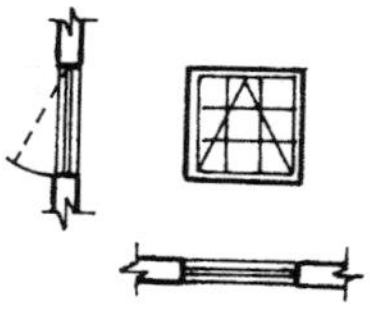

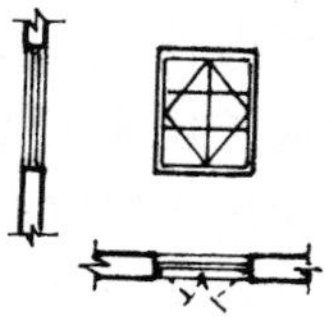

217

表 11-4　　　　　　　　　　　总平面图常用图例

名　　称	图　　例	名　　称	图　　例
新建的建筑物	 右上角用点数或数字表示层数	原有的道路	
原有的建筑物		台阶	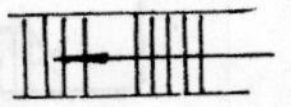 箭头表示向上
拆除的建筑物		填挖边坡	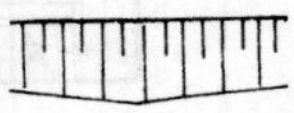
围墙及大门		阔叶灌木	
新建的道路	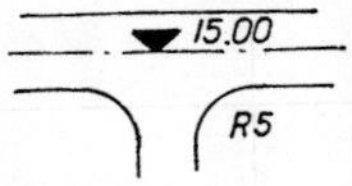 ▼15.00　R5	指北针	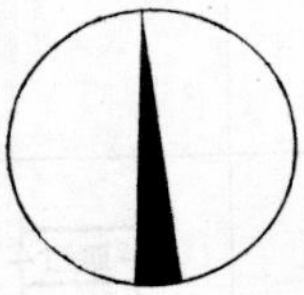 直径24mm　尾部宽3mm

第二节　建筑施工图

一、总　平　面　图

　　总平面图用来表示新建和原有建筑物的平面位置、朝向、标高及附近的地形、地物、道路、绿化等情况的图纸。它是施工放样的依据,如图 11-11。

　　总平面图内容:

　　(1) 表明建筑区内各建筑物位置、层数,道路、室外场地和绿化等的布置情况。

　　(2) 表明新建或扩建建筑物的具体位置,以米为单位标出定位尺寸或坐标。

　　(3) 注明新建房屋底层室内地面、室外整平地面和道路的绝对标高。

　　(4) 画出指北针或风向频率玫瑰图,以表示该地区的常年风向频率和建筑物的朝向。

二、建　筑　平　面　图

(一) 表达方法

　　房屋的建筑平面图是假想用一个水平切平面,沿门洞、窗洞把房屋切开,移去切平面以上部分,将切平面以下部分按直接正投影法绘制所得到的图形称为建筑平面图,如图 11-12。

　　一般房屋每层画一个平面图,并在图形的下方注明相应的图名,如"底层平面图"、

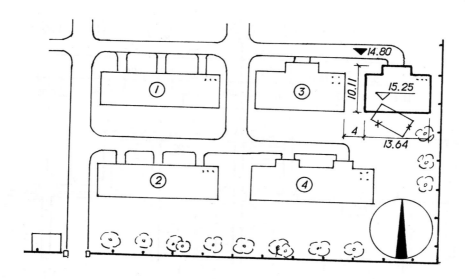

图 11-11　某职工住宅总平面图

"二层平面图"等。如果几个楼层平面布置相同时，也可以只画一个"标准层平面图"。

（二）基本内容（图 11-12）

（1）表示建筑物的平面布置，定位轴线的编号，外墙和内墙的位置，房间的分布及相互关系，入口、走廊、楼梯的布置等。一般在平面图中注明房间的名称或编号。

（2）表示门窗的位置和类型，门窗是按构造及配件图例绘制（表 11-3），并标注名称代号"M"或"C"和编号。

（3）底层平面图需表明室外散水、明沟、台阶、坡道等内容。二层以上平面图则需表明雨篷、阳台等内容。

（4）标注出各层地面的相对标高。在平面图中外部一般注有三道尺寸，最外一道为总长、总宽；中间一道是定位轴线的间距；靠里的一道表示门洞、窗洞的位置和大小。内部尺寸则根据需要标注如墙厚、门洞及位置尺寸等。

（5）标注剖切符号和索引符号。平面图上的剖切位置和剖视方向规定用垂直相交的粗实线表示，剖切位置线长约 5～6mm，剖视方向线约为 3mm，剖视方向宜向左或向上。如图 11-12 中Ⅰ—Ⅰ剖切符号。

三、建筑立面图

（一）表达方法

立面图是从房屋的前、后、左、右等方向按直接正投影法绘制的图形。如图 11-13。

立面图的名称，有定位轴线的建筑物，宜根据两端定位轴线号编注立面图名称（如：①～⑤立面图，A～E立面图），无定位轴线的建筑物，可按平面图各面的方向确定名称。

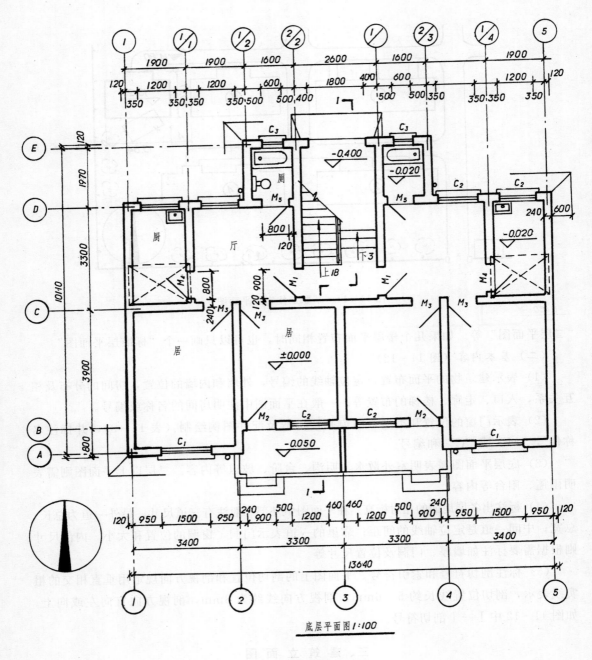

底层平面图1:100

图 11-12 建筑平面图

(二) 基本内容 (图 11-13)

(1) 表示建筑物外形轮廓,门窗、台阶、雨篷、阳台、雨水管等的位置和形状。

(2) 标注出室外地坪、楼地面、阳台、檐口、门、窗、台阶等部位的标高。

(3) 表明建筑外墙、窗台、勒脚、檐口等墙面做法及饰面分格等。

图 11-13　建筑立面图

四、建 筑 剖 面 图

（一）表达方法

假想用一个铅垂切平面，选择能反映全貌、构造特征、以及有代表性的部位剖切，按直接正投影法绘制的图形称为剖面图。剖面图的图名应与平面图上所标注的剖切编号一致。如图 11-14，Ⅰ—Ⅰ剖面图与图 11-12 底层平面图中剖切编号Ⅰ、Ⅰ相同。

（二）基本内容（图 11-14）

（1）表示房屋建筑构造和构配件的相互关系，如屋顶坡度、楼房的分层、各层楼面的构造、楼梯位置、走向等。

（2）表明房屋各部位的标高和高度，如室内外地坪、楼面、地面、楼梯、阳台、平台、台阶等处的高度尺寸和标高；楼层的层高和总高等。

（3）用图例或文字说明屋顶、楼面、地面的构造和内墙粉刷装饰等内容。

五、建 筑 详 图

对于建筑物的某些细部或构配件在平、立、剖面图中无法详尽表达时，可采用放大的比例画出这一部分的图形称为详图。建筑详图有外墙节点、楼梯、门窗、雨篷、阳台、台阶等。

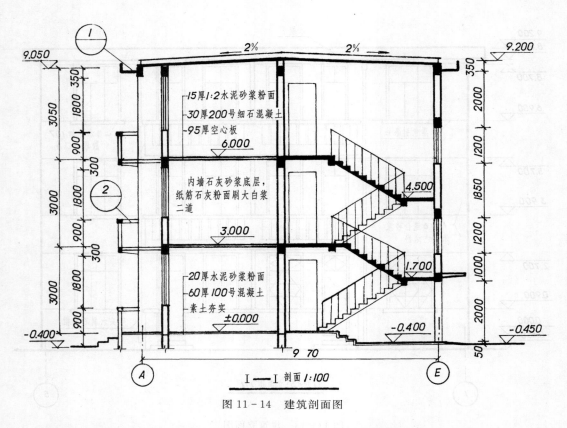

图 11-14 建筑剖面图

图 11-15、图 11-16 表示某职工住宅楼的阳台和天沟的建筑详图。

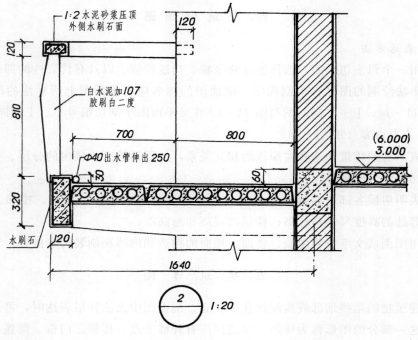

图 11-15 阳台详图

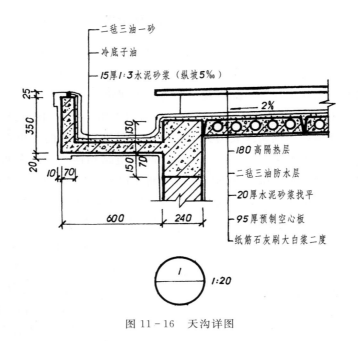

图 11-16　天沟详图

二毡三油一砂
冷底子油
15厚1:3水泥砂浆（纵坡5‰）

2%

180高隔热层
二毡三油防水层
20厚水泥砂浆找平
95厚预制空心板
纸筋石灰刷大白浆二度

1 1:20

第三节　建筑施工图的阅读

一、建筑施工图的读图步骤

一套完整的房屋建筑施工图有许多张图纸，怎样才能从这些图纸上了解房屋的位置、空间形状、内部分隔、外部装饰、尺寸大小和构造形式等内容呢？必须掌握一定的读图方法和步骤。

（1）首先看首页图，了解图名、图纸目录和设计说明等内容，对所建房屋有一概括了解。

（2）读总平面图，了解房屋所在地区地形、地物、标高和房屋的总长、总宽和定位情况。

（3）对照平、立、剖面图，了解房屋的内外形状、房间分布、大小、构造、装饰和设备等内容。

1）根据平面图，了解墙、柱的位置、尺寸和材料；内部隔墙、门窗洞的位置；各层房间的分布和使用情况；楼梯、卫生设备等的布置。

2）根据平、立、剖面图，了解门、窗的类型、数量和尺寸。

3）根据剖面图，了解墙身、地面、楼面、屋面和楼梯的构造和材料，内部装饰的要求等。

4）根据立面图，了解房屋的外貌，外墙饰面、材料和做法等。

（4）阅读建筑详图，了解房屋的细部或构配件的详细构造、材料和尺寸等。

二、建筑施工图读图举例

以图 11-11、图 11-12、图 11-13、图 11-14、图 11-15、图 11-16 所示某职工住宅楼建筑施工图为例，说明其读图方法和步骤。

（1）从图名"职工住宅楼"可知该建筑物为民用建筑。

（2）由图 11-11 可知，某职工住宅楼的总平面图是用 1：500 比例绘制。原有建筑物①、②、③、④四幢房屋用细实线表明其平面位置，图形右上角的小黑点数表示其层高。画有"×"的图形表示需要折除的房屋。房屋之间有道路相连。东、南两侧有砖砌围墙，大门位于南围墙。沿围墙植有阔叶灌木绿化带。新建房屋的平面轮廓用粗实线表示，右上角三个表示层数。新建房屋的定位是以原有③号房屋为准，西山墙与③号房屋的东山墙间距 4m，南面墙齐平。图中右下角画有指北针符号，表明建筑物朝南。

（3）阅读平面图，图 11-12 为底层平面图，每层一单元，中间为楼梯间，左、右各一户，每户有二室一厅，另有厨房、厕所。由定位轴线可知，起居室的开间为 3.4m 和 3.3m，进深 4.7m 和 3.9m；厅室的开间 3.5m，进深 3.3m；内外墙均为一砖厚。中间起居室有门通向阳台，两户中间有隔墙分开。各室均有一门一窗，从编号可知门有五种形式，窗有三种形式。厨房有搁板和水池；厕所有浴盆和坐便器等卫生设备。外墙周围有 600mm 宽散水；北面入口处有坡道，3 级踏步。每层楼梯为 18 级。底层阳台有台阶通往室外。室内地面标高±0.000；厨房、厕所地面-0.020；阳台地面为-0.050。

（4）阅读剖面图（图 11-14），由平面图可知 I—I 剖面是通过楼梯间、起居室和阳台垂直剖切的，表达了楼梯的垂直方向连接情况。入口处下有斜坡道，上有雨篷；进入楼内经 3 级踏步到达底层地面，标高为±0.000；底层楼梯第一梯段有 11 级踏步至休息平台，标高为 1.700；第二梯段有 7 级踏步至二层楼面，标高为 3.000；二层楼梯的两个梯段均有 9 级踏步，二层休息平台标高为 4.500；三层楼面标高为 6.000。同时表达了地面、楼面、屋顶、内外墙、门窗、阳台、天沟以及圈梁、过梁的位置和构造。高度尺寸表示了门、窗洞的高度和定位尺寸及各层的层高。由文字注解还可以看出楼、地面和内墙粉刷的做法。索引符号表示了天沟和阳台另画有构造详图 1、2。

（5）阅读立面图（图 11-13），①～⑤立面图是某职工住宅楼的南立面图。该住宅楼为三层平屋顶。表达了门窗、阳台、窗台、檐口、台阶、雨水管等的位置、形状以及门窗的开启方向。两边为三扇外开窗，中间有单扇内开门通阳台，另有两扇外开窗。注有室外地坪、室内地面、窗台、窗沿、檐口各主要部位的标高；文字注解说明了外墙装饰的做法，用混合砂浆粉刷米黄色涂料，沿窗台和窗沿有水平黑色引条线，窗台白水泥加 107 胶刷白二度，檐口水刷石，窗台以下做砂头水刷石墙裙。

（6）阅读详图（图 11-15、图 11-16），详图①表达了天沟和屋面的构造和尺寸。天沟为现浇钢筋混凝土结构，沟底铺 15mm 厚 1：3 水泥砂浆（纵坡 5‰），上浇冷底子油，再作二毡三油一砂防渗层。屋面为柔性防水屋面，上设隔热层做法如图中注解。详图②表达了阳台的构造、材料和详细尺寸。阳台板用二块空心板搁置在阳台悬臂梁上，预制栏杆隔板间距 150，上下与钢筋混凝土压顶和阳台梁嵌牢。

由于篇幅所限，只选用了该套建筑施工图的部分图纸，仅供教学和学生读图练习用。
图 11-17 是该住宅楼的立体图。

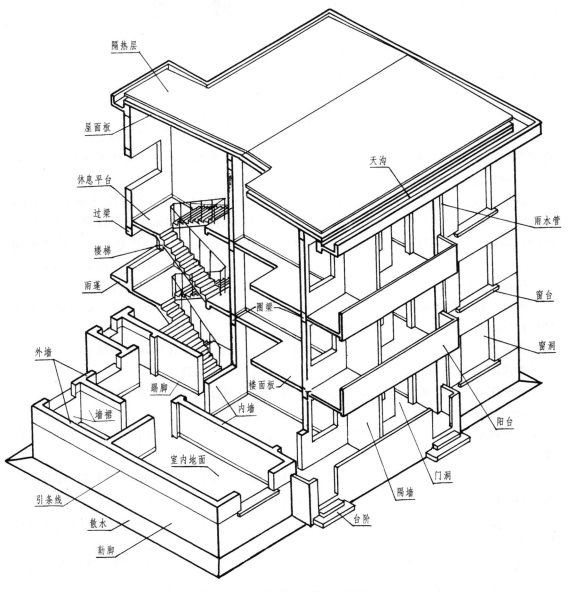

图 11-17　某职工住宅楼立体图

第十二章　机　械　图

第一节　概　述

（一）什么是机械图

机械图是生产机械产品（如机床、闸门启闭机、施工机械等）所使用的图样。在水工建筑物中，有些金属制件（俗称铁件）的图样，按其性质和要求，同样属于机械图。

（二）为什么要学习机械图

在工程设计、施工、管理工作中，常常遇到一些机械设备的选型、设计及维修问题，如闸门启闭机、水文绞车的选型及安装，施工机械的维修，闸门铁件的设计等。在这些工作中，必然要阅读或绘制机械图。因此，作为工程技术人员，还必须具备一定的机械图知识。

（三）机械图的分类

机器是由零件装配而成的，零件则是由原材料经一定工序加工而制成。即机器的生产过程包括制造零件和装配机器两个阶段。

机器生产过程的上述特点，决定了机械图分为两类，即零件图和装配图。

零件图的表达对象为某一零件，用于指导零件的加工制造。

装配图的表达对象为某一机器或部件，用于指序机器或部件的装配和检验。

（四）机械图的特点

既然机械图与水工图、房屋建筑图表达对象不同，具体要求不同，它必然具备一些自身的特点，概略地讲有以下几点。

（1）绘制机械图的基本原理仍然是正投影。因此，牢固地掌握本书制图基础部分所阐述的基本理论、基本知识及基本技能，是学好机械图的基础。

（2）绘制机械图必须严格遵循的标准是国家标准《机械制图》，该标准于 1984 年重新修订后颁布执行。

机械图中的基本视图，按 GB 4458.1—84 规定，采用六面基本视图，如本书第八章第一节所述。但其中的"正视图"在机械图中称为"主视图"，其他视图名称不变。

（3）对于零件上的标准要素（如螺栓、螺母的螺纹部分、齿轮的轮齿部分），绘图时，并不按正投影原理表达其真实形状，而是按机械制图国家标准的规定，采用统一的简化画法。不懂得简化画法就无法绘制和阅读机械图。

（4）与水工及房屋构件相比，机械零件的显著特点为"精确"（形状、尺寸及表面质量均如此），反映在机械图上，即出现了"技术要求"一项。

（5）由于机器结构紧凑，零件形体较小，绘制机械图常采用的比例为 1：1，缩小比例中应用较多的为 1：2、1：3、1：5、1：10 等，对于小零件则采用放大比例。

尺寸单位规定为毫米，在图上不需注明单位名称及代号。

第二节　螺纹及螺纹连接件的画法

一、螺　纹

（一）基本知识

在零件的圆柱或圆锥表面，按一定牙型加工成峰谷相间的结构称为螺纹。

在圆柱（或圆锥）表面上加工出的螺纹称为外螺纹，在孔壁上加工出的螺纹称为内螺纹，如图 12-1（a）、（b）所示。内外螺纹须配对使用。

螺纹在机械上应用广泛，其主要用途为连接和传动。

　　（a）　　　　　　　　　（b）

图 12-1　外螺纹和内螺纹

（二）螺纹要素

内外螺纹配对使用的条件是螺纹要素完全相同。螺纹要素也是加工螺纹的依据。现对螺纹要素分述如下。

1. 牙型　螺纹在轴向最大剖面中的形状称为牙型。常用标准螺纹的牙型有三角形、梯形、锯齿形等。图 12-2 所示为三角形牙型。

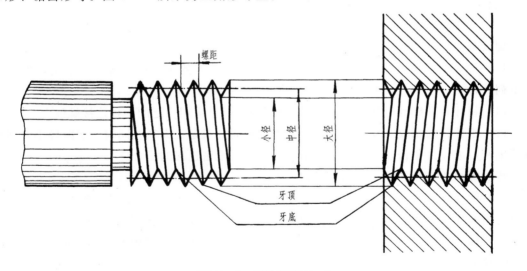

图 12-2　螺纹要素（一）

2. 直径　螺纹的直径分为大径、中径、小径三种。

大径　与外螺纹牙顶或内螺纹牙底相重合的假想圆柱面的直径称为大径。内、外螺纹的大径分别用 D、d 表示。通常用螺纹的大径代表螺纹的直径，故又称为螺纹的公称直径。

小径　与外螺纹牙底或内螺纹牙顶相重合的假想圆柱面的直径称为小径。内、外螺纹

的小径代号分别为 D_1、d_1。

中径 螺纹上有一假想圆柱面,该圆柱面的母线通过牙型上沟槽和凸起宽度相等的地方,此假想圆柱面的直径称为中径。内、外螺纹的中径代号分别为 D_2、d_2。

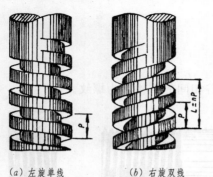

(a) 左旋单线　　(b) 右旋双线

图 12-3　螺纹要素（二）

3. 线数 螺纹的条数称为线数,代号为 n。只有一条螺纹的称为单线螺纹 ($n=1$),有两条或多条螺纹的称为双线 ($n=2$) 或多线 ($n>2$) 螺纹。图 12-3 (a) 为单线螺纹,图 12-3 (b) 为双线螺纹。

4. 螺距和导程

螺距 相邻两牙在中径线上对应两点间的轴向距离称为螺距,代号为 P (图 12-3)。

导程 同一条螺旋线上相邻两牙在中径线上对应两点间的轴向距离称为导程,代号为 L。

对于单线螺纹,其螺距即导程,将该要素称为螺距。

对于双线或多线螺纹,其导程等于螺距与线数的乘积,即 $L=n \cdot P$。

5. 旋向 螺纹有右旋和左旋之分。顺时针方向旋进的螺纹称为右旋螺纹,如图 12-3 (b),反之为左旋螺纹,如图 12-3 (a)。

上述螺纹诸要素中的线数和旋向两项,生产中常用的为单线、右旋螺纹。因此,牙形、大径、螺距为基本要素,称之为螺纹三要素。

（三）螺纹分类

螺纹分为标准螺纹、非标准螺纹、特殊螺纹三类。

1. 标准螺纹 凡牙型、大径、螺距均符合螺纹标准的称为标准螺纹。常用标准螺纹有下列几种:

（1）粗牙普通螺纹 牙型为三角形,顶角 $60°$,是应用广泛的一种连接螺纹。

（2）细牙普通螺纹 牙型与粗牙普通螺纹相同,只是在大径相同时,螺距较小,即螺纹牙细密,故连接紧密,不易松动,用于薄壁或需紧密连接的场合。

普通螺纹的直径与螺距系列节录如表 12-1。

（3）圆柱管螺纹 牙型为等腰三角形,顶角 $55°$,大径以英寸制计,螺纹牙的大小以每英寸内的牙数表示,用于管路零件的连接。

（4）梯形螺纹 牙型为等腰梯形,顶角 $30°$,是常用的传动螺纹。与普通螺纹一样,梯形螺纹的直径与螺距也有标准规定。

2. 非标准螺纹 牙型不符合标准的螺纹,称为非标准螺纹。

3. 特殊螺纹 牙型符合标准,但大径或螺距不符合标准的螺纹,称为特殊螺纹。

（四）螺纹的规定画法

机械制图国家标准 (GB 4459.1—84) 规定,螺纹的视图不按其真实投影绘制,采用简化画法,其主要规定如下。

1. 外螺纹 (图 12-4) 外螺纹通常用主视图和垂直螺纹轴线的投影面的视图来表达。

表 12-1　　　　　　　　普通螺纹直径与螺距 (GB 193—81)

公称直径			螺距		公称直径			螺距	
第一系列	第二系列	第三系列	粗牙	细牙	第一系列	第二系列	第三系列	粗牙	细牙
10			1.5	1.25、1、0.75、(0.5)	20	18		2.5	2、1.5、1、(0.75)、(0.5)
12			1.75	1.5、1.25、1、(0.75)、(0.5)	24			3	2、1.5、1、(0.75)
	14		2	1.5、(1.25)、1、(0.75)、(0.5)			25		2、1.5、(1)
		15		1.5、(1)	27			3	2、1.5、1、(0.75)
16			2	1.5、1、(0.75)、(0.5)	30			3.5	(3)、2、1.5、1、(0.75)

注　1. 优先选用第一系列，其次第二系列，第三系列尽可能不用。

　　2. 括号内尺寸尽量不用。

　　3. M14×1.25 仅用于火花塞。

在主视图中，螺纹的牙顶（大径）用粗实线表示；牙底（小径）用细实线表示（小径 d_1 可近似取为 $0.85d$），且应画入倒角内；螺纹终止线用粗实线表示。

在垂直螺纹轴线的投影面的视图（图 12-4 的左视图）中，牙顶用粗实线圆表示，牙底用约 3/4 圈细实线圆表示，倒角圆省略不画。

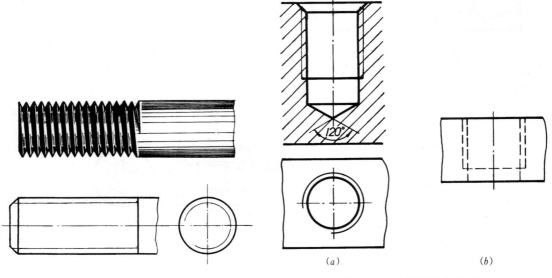

图 12-4　外螺纹的规定画法　　　　　　图 12-5　内螺纹的规定画法

2. 内螺纹（图 12-5）

内螺纹的主视图通常为全剖视图。在剖视图中，内螺纹牙顶（小径）用粗实线表示，锥坑顶角应为 120°；牙底（大径）用细实线表示，且不应画入倒角内；螺纹终止线用粗实线表示；剖面线应画至粗实线处。

在垂直螺纹轴线的投影面的视图中，内螺纹牙顶用粗实线圆表示，牙底用约 3/4 圈细实线圆表示,倒角圆省略不画。

当螺孔未被剖切而又必须表示出螺纹时,内螺纹的牙顶、牙底及螺纹终止线均用虚线表示,如图 12-5(b)所示。

3. 螺纹牙型　螺纹一般不需画出牙型。当必须在图上表示螺纹牙型时(如非标准螺纹),可用局部剖视图、全剖视图或局部放大图画出,如图 12-6(a)、(b)、(c)所示。

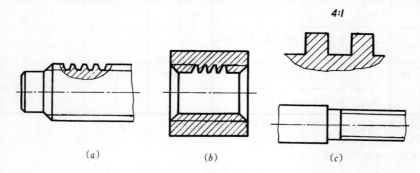

图 12-6　螺纹牙型的画法

4. 内外螺纹连接的画法　内外螺纹连接时,通常用剖视图表达。在剖视图中,内外螺纹旋合部分按照外螺纹绘制,其余部分仍按各自的画法表示,如图 12-7、图 12-8、图 12-9 所示。

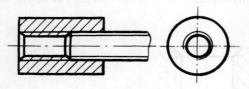

图 12-7　螺纹连接的画法(一)

（五）螺纹的标注

螺纹采用简化画法后,为了说明其主要要素,必须按规定在图样上作必要的标注。常用标准螺纹的具体标注内容见表 12-2。

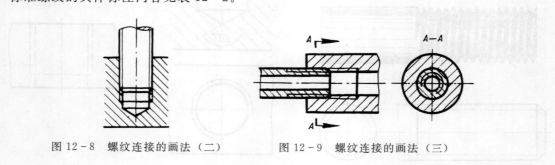

图 12-8　螺纹连接的画法(二)　　　图 12-9　螺纹连接的画法(三)

二、螺 纹 连 接 件

螺纹连接是应用广泛的一种可拆连接。

（一）连接类型

1. 螺栓连接　螺栓穿过被连接零件的光孔,然后套上垫圈旋紧螺母即成螺栓连接。它适用于被连接零件不太厚的情况。

2. 双头螺柱连接　双头螺柱一端旋入机体(厚度大的被连接零件)螺孔,另一端穿过厚度不大的被连接零件，最后套上垫圈旋紧螺母即形成连接。它适用于被连接零件中有一个厚度较大的情况。

表 12 - 2 　　　　　　　　　　　　　　　标准螺纹标注示例

螺纹分类	牙型	标注示例	意义
粗牙普通螺纹	60°	M24-6g	粗牙普通螺纹，大径 24、右旋、6g 为中径、顶径公差带代号
细牙普通螺纹	60°	M16×1.5左-5h6h	细牙普通螺纹，大径 16、螺距 1.5、左旋、中径公差带 5h，顶径公差带 6h
圆柱管螺纹	55°	G1″-2	圆柱管螺纹，管子通径 1″（25.4mm）
梯形螺纹	30°	T22×10(P5)LH-8e	梯形螺纹，大径 22、导程 10、双线、左旋、中径公差带 8e

3. 螺钉连接　将螺钉穿过一被连接零件光孔直接旋入另一被连接零件的螺孔内而形成连接。它适用于工作中受力不大的场合。

（二）螺纹连接件

螺栓、双头螺柱、螺钉、螺母、垫圈等均为标准件。对于标准件，不需绘制零件图，可列出其标记后向标准件厂购买，但在装配图中应绘制其视图。

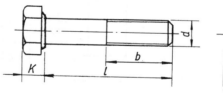

图 12 - 10　六角头螺栓

1. 螺栓（图 12 - 10）

（1）结构　螺栓由螺栓头和螺栓杆两部分组成。螺栓头通常为六角形，其端部制有倒角，这种螺栓称为六角头螺栓。

螺栓杆上制有螺纹，末端倒角。螺栓杆部分通常有两个长度，即公称长度 l 和螺纹长度 b。公称长度应根据设计要求从螺栓标准中选取标准值（见表 12 - 3）。

（2）标记　螺栓标记通常由名称、标准编号、型式及尺寸等组成。

例如　螺栓　GB 5782—86　M20×100

表示　粗牙普通螺纹，大径 $d=20$，公称长度 $l=100$ 的六角头螺栓。

又如　螺栓　GB 5785—86　M12×1.5×80（细牙）

（3）画法　画图中所需的螺栓各部尺寸可由两种方法获得，即查阅螺栓标准（如表 12 - 3）或按图 12 - 11 所示各部分比例关系确定（称为比例画法），后一种方法因其简便而应用较多。

表 12-3 六角头螺栓（GB 5782—86、GB 5785—86）

螺纹规格	d	M10	M12	M16	M20	M24
	$d \times P$	M10×1	M12×1	M16×1.5	M20×2	M24×2
		(M10×1.25)	(M12×1.25)		(M20×1.5)	
b	$l < 125$	26	30	38	46	54
	$125 < l \leqslant 200$	32	36	44	52	60
	$l > 200$	—	—	57	65	73
	e	17.77	20.03	26.75	33.53	39.98
	K	6.58	7.68	10.18	12.5	15
	s	16	18	24	30	36
l	GB 5782—86 GB 5785—86	4~100	45~120	55~160	65~200	80~240
l（系列）		20、25、30、35、40、50、(55)、60、(65)、70、80、90、100、110、120、130、140、150、160、180、200、220、240、260、280、300				

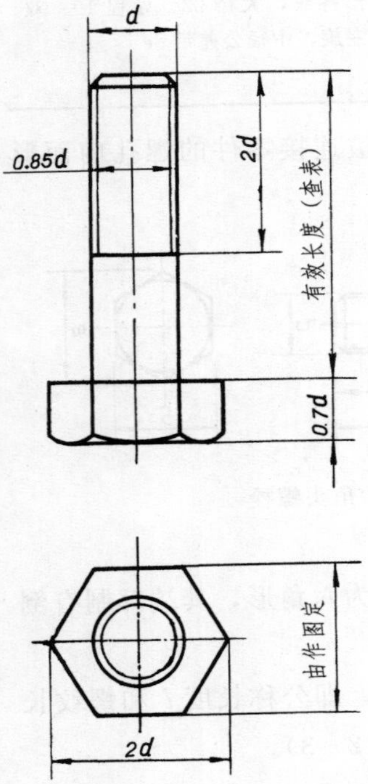

图 12-11　螺栓的比例画法

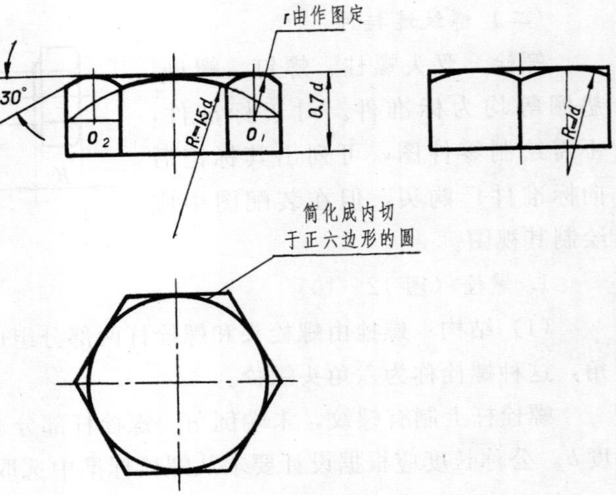

图 12-12　螺栓头的简化画法

六角头画法　六角头端部制有倒角，产生表面交线，画图时采取简化画法（用圆弧表示），如图 12-12 所示。

螺栓杆画法　与外螺纹的规定画法相同。

六角头螺栓标准摘录见表 12-3。

2. 双头螺柱

（1）结构　双头螺柱有 A、B 两种型式，如图 12-13 所示，其中：

L_1 称为旋入端，是旋入机体螺孔的部分。为确保连接可靠，L_1 的数值与机体材料有关。

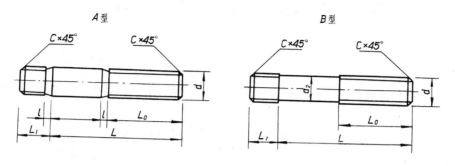

图 12-13　双头螺柱

当机体材料为钢或青铜等硬材料时，取 $L_1 = d$（标准编号为 GB 897—76）；

当机体材料为铸铁时，取 $L_1 = 1.25d$（GB 898—76）；

当机体材料为铝等软金属时，取 $L_1 = 1.5d$（GB 899—76）或取 $L_1 = 2d$（GB 900—76）。

L_0 称为紧固端，连接时与螺母旋合。

（2）标记　双头螺柱的标记由名称、标准编号、型式（B 型不注 B）、螺纹大径及有效长度 L 等组成。例如：

螺柱　AM 10×50　GB 898—76（A 型）；

螺柱　M$12 \times 1.5 \times 70$　GB 899—76（细牙、B 型）。

3. 螺钉　螺钉型式很多，图 12-14 所示为常用型式。

螺钉的标记由名称、标准编号、螺纹规格、长度 l 等组成。例如：

螺钉　GB 68—85　M5×20，如图 12-14（a）；

螺钉　GB 71—85　M5×12，如图 12-14（b）。

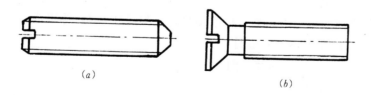

（a）

（b）

图 12-14　螺钉

4. 螺母　常用六角螺母如图 12-15 所示。

（1）标记　螺母标记由名称、标准编号、螺纹规格等组成。例如

螺母　GB 6170—86　M16（粗牙）

螺母　GB 6171—86　M12×1.5（细牙）

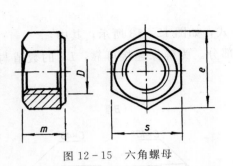

图 12-15　六角螺母

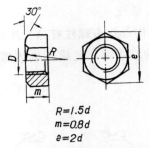

R=1.5d
m=0.8d
e=2d

图 12-16　螺母的比例画法

（2）画法　根据螺母的螺纹规格尺寸 D 按图 12-16 所示，即可查得画图所需的各部分尺寸。

螺母端部倒角后的交线，可参照螺栓六角头的近似画法来表达。

5. 垫圈　垫圈安装在螺母及被连接零件之间，它能增大两者的接触面积，使接触良好，同时能防止拧紧螺母时损伤零件表面。弹簧垫圈还具有防松作用。

（1）型式　垫圈有平垫圈和弹簧垫圈两种，分别如图 12-17、图 12-18 所示。

常用平垫圈有两端不倒角如图 12-17（a）及一端倒角如图 12-17（b）等两种。标准编号分别为 GB 97.1—85、GB 97.2—85。

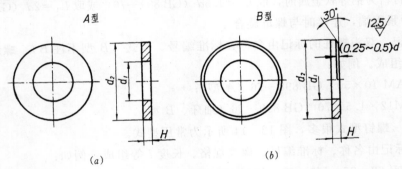

图 12-17　平垫圈

弹簧垫圈的标准编号为 GB 93—76。

（2）标记　垫圈的标记由名称、标准编号、公称尺寸（d）等组成。例如：

垫圈　GB 97.1—85—8（平垫圈）。

垫圈　GB 93—87—16（弹簧垫圈）。

（3）画法　平垫圈的比例画法如图 12-19。

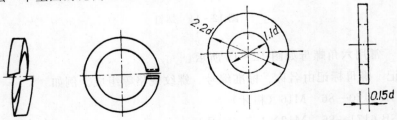

图 12-18　弹簧垫圈　　　　　　图 12-19　平垫圈的比例画法

（三）螺纹连接装配图

图 12-20 为螺栓连接图，图 12-21 为双头螺柱连接图，图 12-22 为螺钉连接图。

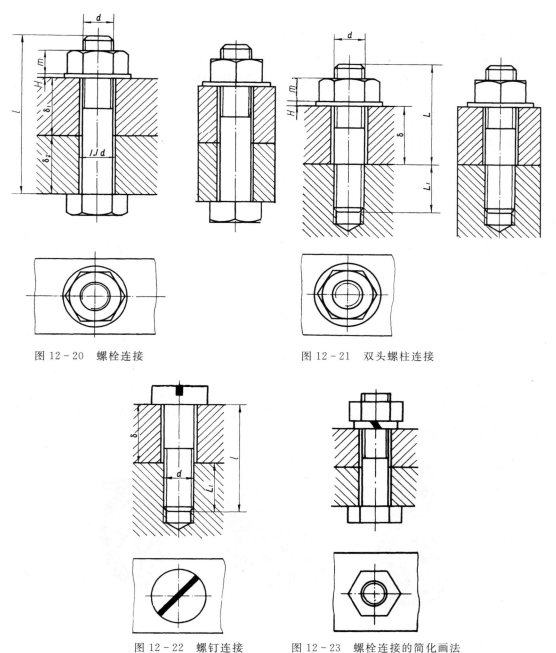

图 12-20　螺栓连接　　　　　　　　图 12-21　双头螺柱连接

图 12-22　螺钉连接　　　　图 12-23　螺栓连接的简化画法

1. 画法基本规定　画螺纹连接装配图时，应遵守以下规定：

（1）在剖视图中，为了区别相邻零件，它们的剖面线方向应相反或间隔不同，同一零件在各剖视图中其剖面线方向、间隔应相同。

（2）螺纹连接件被通过其轴线的剖切平面剖切时，按不剖切画图。

235

（3）两零件接触表面应画成一条线，相邻但不接触时，则应画成两条线。

除以上基本规定外，每种连接尚有其各自的特点。

2. 螺栓连接

（1）螺栓公称长度的确定：$l = \delta_1 + \delta_2 + m + H + (0.3 \sim 0.4)d$。

计算出 l 后，从标准 l 系列（表 12-3）中选取相近的标准值。

（2）在装配图中，螺栓连接也可采用图 12-23 的简化画法。

3. 双头螺柱连接

（1）双头螺柱旋入端应全部旋入机体螺孔。

（2）双头螺柱有效长度 L 的确定：

$$L = \delta + m + H + (0.3 \sim 0.4)d$$

按上式计算出 L 后亦应选取相近的标准值。

4. 螺钉连接

（1）螺纹终止线应在螺孔顶面以上。

（2）在垂直螺钉轴线的投影面的视图中，螺钉头部的一字槽应画成与水平线 45°，其宽度为 $2b$ 的粗实线。

第三节 齿轮和键

一、齿轮

（一）齿轮的基本知识

1. 作用 齿轮是一种应用广泛的传动零件，它的主要用途有传动、变速、变向等。图 12-24 所示为相啮合的三对齿轮。

| (a) | (b) | (c) |

图 12-24 齿轮传动

传动 相啮合的一对齿轮可将运动和动力由一根轴传递至另一根轴。输出动力的齿轮称为主动轮，接受动力的齿轮称为从动轮。

变速 若主动轮与从动轮齿数不相等，小齿轮为主动轮时，传动起减速作用。反之则起增速作用。

变向　　相啮合的一对齿轮转向相反，如果在它们之间增加一个齿轮（中间轮），则可使从动轮的转向与主动轮相同，这就是齿轮传动的变向作用。

2. 传动形式　齿轮传动的形式有：

（1）圆柱齿轮传动　用于两轴平行时，如图12-24（a）所示。其轮齿有直齿（平行于齿轮轴线）、斜齿、人字齿等。其中应用较多的为直齿圆柱齿轮。

（2）圆锥齿轮传动　用于两轴相交时，如图12-24（b）所示。

（3）蜗轮蜗杆传动　用于交叉两轴之间的传动，如图12-24（c）所示。

（二）直齿圆柱齿轮各部分名称及相互关系

1. 名称和代号　图12-25为一直齿圆柱齿轮的轴测图，现将图中所示齿轮各部分名称分述如下。

（1）齿顶圆　由轮齿顶面组成的圆周称为齿顶圆，其直径以 d_a 表示。

（2）齿根圆　由轮齿根部轮廓组成的圆周称为齿根圆，其直径以 d_f 表示。

（3）分度圆　齿顶圆和齿根圆之间的一个假想圆周。在分度圆上，齿厚弧长等于齿间弧长。分度圆直径以 d 表示。

（4）齿数　齿轮的轮齿数目，以 Z 表示。

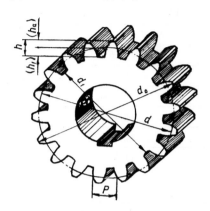

图12-25　直齿圆柱齿轮的轴测图

（5）齿距　在分度圆周上，相邻两齿同侧齿面间的弧长称为齿距，以 P 表示。

（6）模数　如上所述，分度圆的圆周长应等于齿数和齿距的乘积。

即
$$\pi d = ZP$$

$$d = \frac{P}{\pi} \cdot Z$$

令
$$m = \frac{P}{\pi}$$

则
$$d = mZ$$

式中，m 称为齿轮的模数，模数是齿轮的重要参数，务必搞清下列四点：

1）模数越大，轮齿随之厚大，齿轮所能传递的动力就越大。

2）为了便于设计和制造，国家规定了统一的模数标准数值，以供选用。标准模数详见表12-4。

表 12-4　　　　　　　　　　　标准模数（GB 1357—78）

第一系列	0.1、0.12、0.15、0.2、0.25、0.3、0.4、0.5、0.6、0.8、1、1.25、1.5、2、2.5、3、4、5、6、8、10、12、16、20、25、32、40、50
第二系列	0.35、0.7、0.9、1.75、2.25、2.75、（3.25）、3.5、（3.75）、4.5、5.5、（6.5）、7、9、（11）、18、22、28、36、45

注　在选用模数时，应优先选用第一系列，其次选用第二系列，括号内模数最好不选用。

3）啮合的一对齿轮，它们的模数必须相等，即 $m_1 = m_2$。

4）模数的单位为毫米，在图上不需注明其名称或代号。

（7）齿高　轮齿在齿顶圆和齿根圆之间的径向高度，称为齿高，以 h 表示。

（8）齿顶高　齿顶圆与分度圆之间的径向距离，称为齿顶高，以 h_a 表示。

（9）齿根高　齿根圆与分度圆之间的径向距离，称为齿根高，以 h_f 表示。

2. 尺寸关系和计算式　齿轮轮齿各部分尺寸及两轴中心距均与模数、齿数有关，其计算公式见表 12-5。

表 12-5　　　　　　　　　　　　直齿圆柱齿轮各部分的尺寸关系

名　称	代　号	计　算　公　式
齿顶高	h_a	$h_a = m$
齿根高	h_f	$h_f = 1.25m$
齿　高	h	$h = 2.25m$
分度圆直径	d	$d = m \cdot Z$
齿顶圆直径	d_a	$d_a = d + 2h_a = m \cdot Z + 2m = m(Z+2)$
齿根圆直径	d_f	$d_f = d - 2h_f = m \cdot Z - 2.5m = m(Z-2.5)$
两轴中心距	A	$A = \dfrac{d_1 + d_2}{2} = \dfrac{m(Z_1 + Z_2)}{2}$

（三）齿轮的规定画法

1. 基本规定　齿轮的轮齿部分采用简化画法，其余部分仍按正投影原理绘制。

2. 单个齿轮画法　通常用主、左两个视图表达。主视图为非圆视图，左视图反映为圆。

（1）主视图　为了清楚地表达孔和键槽，通常将主视图画成全剖视图，如图 12-26 所示。在剖视图中，轮齿按不剖画图，齿顶线、齿根线均为粗实线，分度线为点划线；剖面线应画至齿根线。

当主视图为外形视图时，齿根线用细实线绘制，如图 12-27 所示。

（2）左视图　左视图为外形视图，其中齿顶圆采用粗实线绘制；分度圆为点划线圆；齿根圆为细实线圆（图 12-27），也可省略不画（图 12-26）。

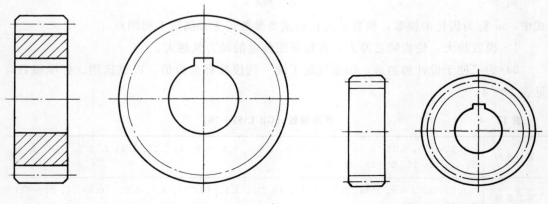

图 12-26　齿轮的规定画法（一）　　　　　图 12-27　齿轮的规定画法（二）

3. 啮合画法　图 12-28 所示为啮合画法。

（1）主视图　主视图采用全剖视图。在啮合区域，两齿轮的分度线重合为一条点划线；一齿轮的齿顶与另一齿轮的齿根之间应留有 0.25m 的间隙；两齿轮中，被遮挡齿轮的不可见轮廓用虚线绘制，或省略不画。

（2）左视图　在左视图中，两齿轮分度圆应相切；齿顶圆有两种形式，即两齿顶圆均全部绘制，如图 10-28（a），或将啮合区域内的部分省略，如图 12-28（b）；齿根圆为细实线圆，也可省略不画。

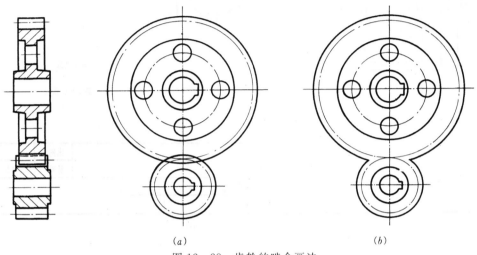

(a)　　　　　　　　　　　　(b)

图 12-28　齿轮的啮合画法

（四）齿轮的零件图

图 12-29 为齿轮的零件图。

1. 视图表达　主视图采用全部视图，重点表达轮齿部分。因该齿轮结构简单，左视图采用局部视图，表达孔及键槽。

2. 尺寸注法　轮齿部分一般只注齿顶圆和分度圆直径及齿宽，其余部分则需标注加工所需的全部尺寸。

3. 参数　列表注写齿数、模数、齿形角 α（20°）等。

4. 技术要求　注明尺寸公差、表面粗糙度及热处理等。

二、键

（一）作用　键是用来联结轴和轴上转动件的。联结时，键安放在轴和转动件的键槽中，如图 12-30 所示。

（二）型式　键是标准件。分为普通平键、半圆键和钩头楔键三种，如图 12-31（a）、（b）、（c）所示。其中普通平键应用最多。

平键的剖面形状为矩形，狭长的两侧面为工作面。联结时，键置于键槽中，其两侧面与键槽接触，而键的顶面与转动件键槽顶面应有间隙。

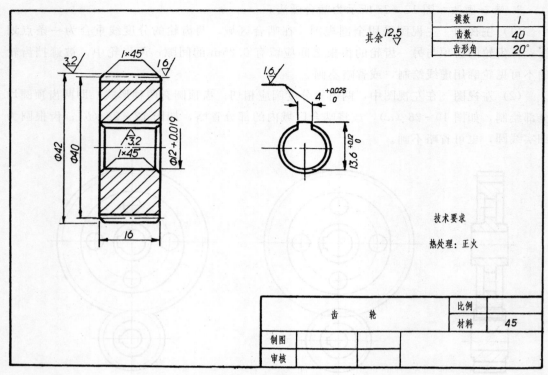

模数 m	1
齿数	40
齿形角	20°

技术要求

热处理：正火

齿	轮		比例	
			材料	45
制图				
审核				

图 12-29　齿轮零件图

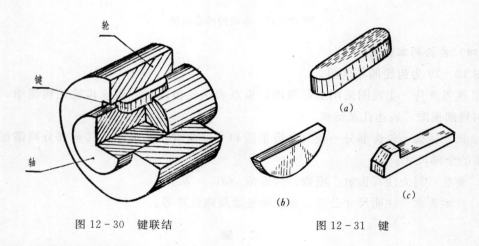

图 12-30　键联结　　　　　图 12-31　键

　　普通平键有三种结构形式，如图 12-32 所示。

（三）标记　平键的标记如：

键 8×25 GB 1096—79 表示 $b=8$、$L=25$ 的圆头普通平键（A 型不标注"A"）。

又如　键 C8×45 GB 1096—76　表示 $b=8$、$L=45$ 的单圆头普通平键。

（四）画法　键联结的画法如图 12-33 所示。在主视图中，轴上转动件采用全剖视，键按不剖绘制，轴上键槽用局部剖表达。左视图为全剖视图。画图时应注意：

（1）键的两侧面与键槽接触处，应画成一条线，其顶面与转动件键槽顶面应画成两条线。

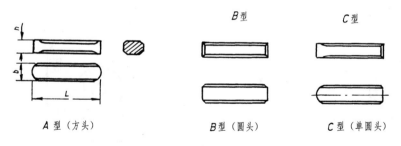

图 12-32　普通平键

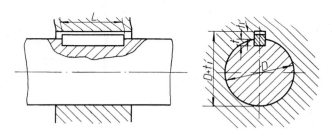

图 12-33　平键联结图

（2）调整剖面线的方向或间距，以便区分图中相接触的各零件。

第四节　零　件　图

一、零件图的作用与内容

（一）作用

制造零件所依据的图样称为零件图。图 12-34 所示为零件手动轴的零件图。

　零件图的作用贯穿零件生产的全过程。它是下列工作的依据：

1. 下料　根据零件图中规定的材料、规格、数量下料。

2. 加工　按零件图表达的零件形状、尺寸和技术要求进行加工。

3. 检验　按零件图上规定的全部要求，检验加工后的零件是否合格。

（二）内容

由于每个零件在机器中所起的作用不同，它们的形状、尺寸和技术要求各不相同，但一张符合生产要求的零件图通常包括下列内容。

1. 视图　表达零件的内外形状及结构。

2. 尺寸　表达零件各部分的大小及相对位置。

3. 技术要求　规定零件表面的粗糙度要求、尺寸公差、热处理等。

4. 标题栏　载明零件名称、材料和制图的比例，以及设计、描图、校核者签名和日期等。

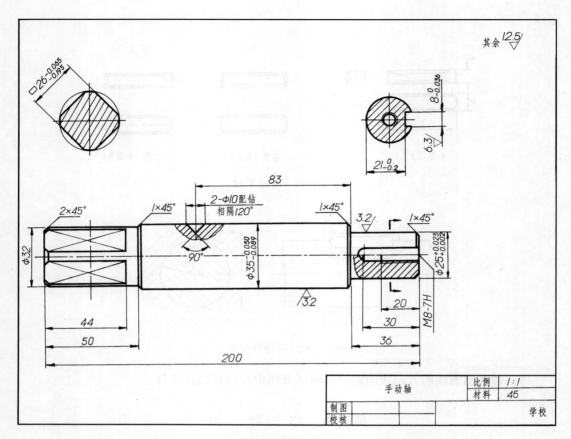

□26−0.065 −0.195

8 0 −0.036

6.3

21 0 −0.2

83

2−Φ10配钻
相隔120°

2×45°

1×45°

1×45°

3.2

1×45°

Φ32

90°

Φ35 −0.050 −0.089

Φ25 +0.023 +0.002

3.2

20

M8−7H

44

30

50

36

200

手动轴		比例	1:1
		材料	45
制图			学校
校核			

图 12−34 零件图

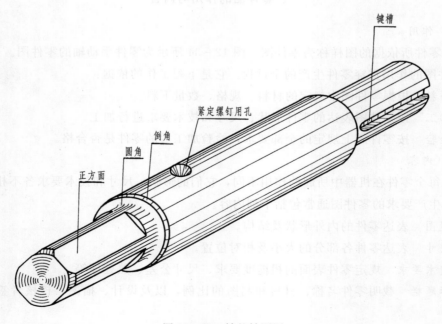

键槽

紧定缧钉用孔

倒角

圆角

正方面

图 12−35 轴的轴测图

二、典型零件表达

每个零件都有特定的形状结构，在选择其视图表达方案时，应力求以较少的视图将零件的形状、结构表达得最清楚。如将各种零件按结构特点进行典型分类，从而归纳出表达零件的一般规律，对于确定某一零件的表达方案，是会有所助益的。

（一）轴套类零件

1. 结构特点（图12-35） 主体多为内外回转面，通常具有共同轴线。局部结构常见的有键槽、销孔、退刀槽等。

2. 视图表达（图12-36、图12-37）

（1）视图数量 轴套类零件通常选用一个基本视图（主视图）表达主体结构。如需表达内部轮廓，则主视图为剖视图。为了表达局部结构，再辅以适当数量的剖面图、局部放大图等。

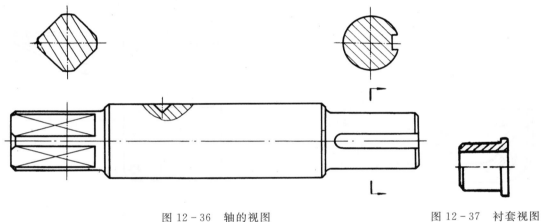

图12-36 轴的视图　　　　　　　　　图12-37 衬套视图

（2）位置 轴套类零件的加工主要是在车床上进行的，为便于工人车削时读图，主视图轴线应为水平（加工位置）。

必须强调指出，轴套类零件除视图外，还需标注必要的尺寸，才能将零件的主体及局部结构表达清楚。

（二）轮盘类零件

1. 结构特点（图12-38） 主体结构与轴套类零件相似，为内外回转面。但其有较为复杂的端面结构，如均布孔、轮辐等。

2. 视图表达 轮盘类零件一般用两个基本视图来表达，如图12-39所示滚轮的视图。

主视图 一般为非圆视图，轴线成水平，多为剖视图。

左视图 着重表达轮盘类零件的端面结构。

（三）支架类零件

1. 结构特点 支架类零件形状多样，结构也较复杂，制造时需经多道加工工序，加工位置也各不相同。拨叉、连杆、支座等为常见的支架类零件，图12-40所示底座亦为支架类零件。

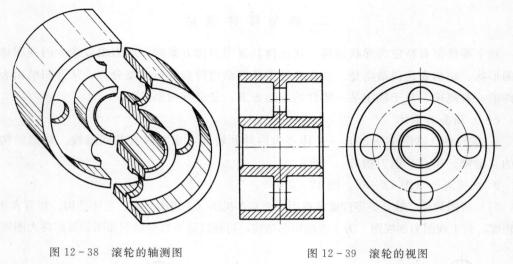

图 12-38 滚轮的轴测图   图 12-39 滚轮的视图

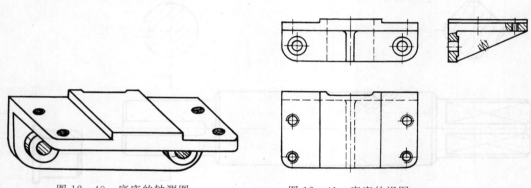

图 12-40 底座的轴测图   图 12-41 底座的视图

2. 视图表达   支架类零件通常用两个以上的视图来表达。如图 12-41 所示底座选用了三个基本视图，其中：

主视图   着重表达底座与其上零件支架及机体的连接关系。

俯视图   着重表达底座与支架连接螺孔的平面位置。

左视图   着重表达肋板的形状。

三、零件图的尺寸注法

零件图上标注尺寸，基本要求是正确、完整、清晰、合理。其中正确、完整、清晰的要求，在前面的有关章节中已有明确阐述。至于"合理"，则是要满足机器设计的性能要求及加工、测量的需要。这是一个涉及多方面专业知识的问题，下面只介绍其中的一些基本知识。

（一）基准

1. 分类   零件图中的尺寸基准分为设计基准和工艺基准。

（1）设计基准   根据零件在机器中的位置、作用，为保证其使用性能而确定的基准。

（2）工艺基准   根据零件的加工工艺过程，为加工测量方便而确定的基准。

2. 常用基准   正确选择基准，既重要又不易，需要一个不断学习和实践的过程。要经常注意那些作为基准在零件图中常出现的面、线和点，以便选用。例如：零件的对称平面、重要的轴肩端面、底面、回转轴线、球心，等等。

（二）不应出现封闭尺寸链

所谓封闭尺寸链，就是各段尺寸与总体尺寸首尾相接形成封闭的环路，如图 12－42 所示轴的长度尺寸即为封闭尺寸链。

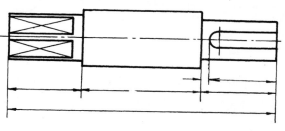

封闭尺寸链之所以不合理，是因为加工时，难以同时保证总体尺寸及各分段尺寸都具有一定的精度，如欲勉强做到这一点，势必提高了生产成本。

避免出现封闭尺寸链的方法是：空出一个次要尺寸不标注（称为开口环），而在加工中自然获得。

图 12－42　封闭尺寸链

避免封闭尺寸链的出现，不仅指零件的整体，就某一局部而言，也不允许出现封闭尺寸链，图 12－42 中右部尺寸的标注也是错误的。

（三）按加工顺序标注尺寸

（1）重要尺寸应从设计基准出发直接标注。凡是有配合关系的表面的径向尺寸及影响零件使用要求的其他尺寸均属重要尺寸，应从设计基准直接标注。

（2）除重要尺寸外，其余尺寸可结合加工顺序予以标注。

（四）标注尺寸应便于测量

零件图上标注的尺寸，应该是可以测量的，"合理"的要求才能实现。在图 12－43 中，(a) 图所示各尺寸，加工时无法测量，因而标注应视为"不合理"，而 (b) 图所示才是"合理的"。

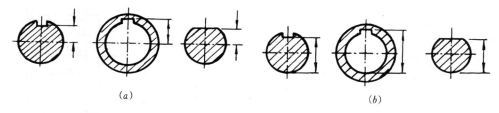

(a)　　　　　　　　　　　　　(b)

图 12－43　标注尺寸应便于测量

（五）常见零件工艺结构及其标注

零件的结构除了取决于它的作用外，还需考虑加工和装配的要求，这就是所谓的零件的工艺结构。

1. 铸造圆角　铸造生产中，为防止砂型尖角处落砂和避免铸件尖角处产生裂纹，在木模两表面转角处均应做成圆角，由此而在铸件上形成的圆角称为铸造圆角，如图 12－44 所示。

铸造圆角半径一般为 $R3～R5$，在图上常于"技术要求"中统一说明，如写成"图中未注圆角半径 $R5$"。

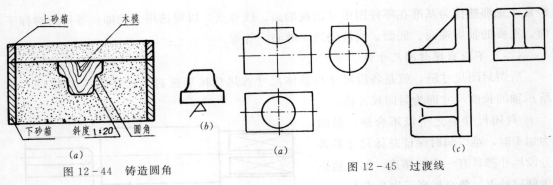

图 12-44 铸造圆角　　　　　　　　　　　　图 12-45 过渡线

由于圆角的存在，零件表面交线变得模糊不清，但为了读图时区别不同表面，仍需画出交线的投影，只是将其两端与小圆角之间留有间隙，这种示意线称为过渡线，如图 12-45 所示。

2. 倒角　为便于装配，将零件端部做成锥台、即成倒角，通常为 45°。倒角的注法如图 12-46 所示。

3. 退刀槽　车削螺纹时，为了便于退出车刀，在加工部位末端预先车出一槽，称为退刀槽，如图 12-47（a）。

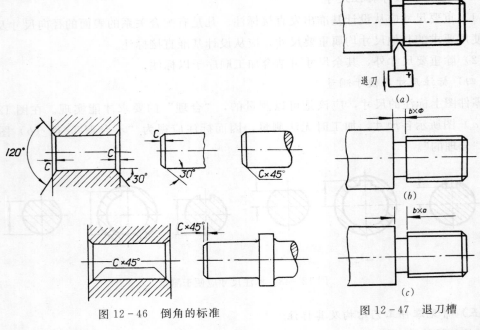

图 12-46 倒角的标准　　　　　　　　　图 12-47 退刀槽

退刀槽尺寸的注法，一般可按"槽宽×直径"如图 12-47（b）或"槽宽×槽深"如图 12-47（c）标注。

（六）零件图尺寸标注举例

例　在图 12-36 的基础上给轴标注尺寸（图 12-48）。

解

（1）选择径向及轴向尺寸基准。

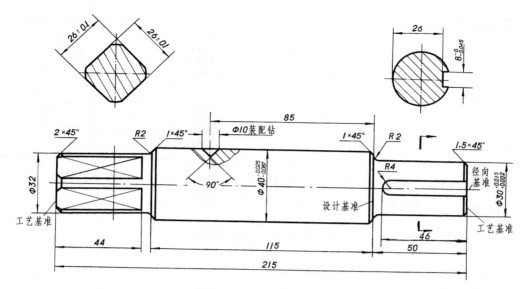

图 12－48　轴的尺寸注法

　　径向基准　为保证轴上齿轮正确啮合、正常运转，轴的回转轴线应为径向设计基准。

　　车削加工时，轴两端用顶针支承，故回转轴线也是其工艺基准。设计基准与工艺基准一致，为最佳选择。

　　轴向基准　为保证轴上齿轮有准确的轴向位置，φ40 右轴肩为轴向设计基准，轴的两端面为工艺基准。

　　（2）标注全部径向尺寸和轴向重要尺寸"50"。

　　（3）按轴的加工顺序标注其余轴向尺寸。轴的加工顺序分析如表 12－6。

表 12－6　　　　　　　　　　　　　　　　　　　轴 的 加 工 顺 序

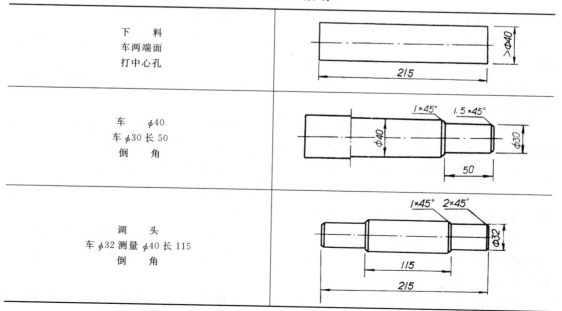

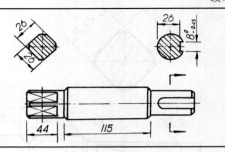

左端 φ32 铣方，长 44
右端铣键槽

标注全部轴向尺寸后，检查是否出现封闭尺寸链，如有，应加以改正。

（4）标注局部结构尺寸（倒角、圆角尺寸）及剖面图中尺寸。

四、公差配合的基本概念

（一）互换性

在现代生产中，零件多是批量生产的。装配机器时，要求在一批相同零件中，不经选择或修配，任取一零件就能投入装配，并能达到规定的使用要求。机器使用过程中，当某一零件损坏时，要求用相同规格的新零件替换而不发生任何障碍。零件的这种"通用性"称为互换性。

零件的互换性，不但给装配和修理带来极大的方便，而且有利于组织专业化生产，提高生产率，降低成本，保证产品质量。

（二）公差

为了获得互换性，必须对零件的尺寸规定一个允许的变动量，即尺寸公差，简称公差。

1. 名词解释

（1）基本尺寸　设计时通过计算或由经验而决定的尺寸，称为基本尺寸。

（2）极限尺寸　允许尺寸变动的两个界限值。它以基本尺寸为基数来确定，其中较大的一个称为最大极限尺寸，较小的一个称为最小极限尺寸。

（3）实际尺寸　加工后通过测量所得到的尺寸称为实际尺寸。实际尺寸在两个极限尺寸之间者为合格品。

（4）上偏差与下偏差　最大极限尺寸减基本尺寸所得的代数差称为上偏差，代号 ES（孔）或 es（轴）；最小极限尺寸减基本尺寸所得的代数差称为下偏差，代号 EI（孔）或 ei（轴）。上、下偏差的数值可以为正、负或零。上、下偏差统称为极限偏差。

（5）公差　允许尺寸的变动量称为公差。公差等于最大极限尺寸与最小极限尺寸之差，或上偏差与下偏差的代数差的绝对值。

（6）公差带图　用以说明基本尺寸、极限尺寸、上偏差及下偏差之间关系的示意图称为公差带图，如图 12-49（注意孔、轴公差带的不同图形代号，本部分以后各图亦沿用此代号，并不再逐一说明）。

零线在公差带图中是确定偏差的基准直线，即零偏差线，表示基本尺寸。零线以上的偏差为正，零线以下的偏差为负。

公差带是由代表上、下偏差的两条直线所限定的区域。

由此可见，公差带图的两个要素是"公差带大小"和"公差带位置"，且分别由"标准公差"和"基本偏差"确定。

2. 标准公差和公差等级　标准公差是国家标准表格中列出的用以确定公差带大小的系列数值。其大小与基本尺寸分段及公差等级有关。

GB 1800—79 规定，公差等级分为 20 级，即 IT01、IT0、IT1、IT2、…、IT18。若基本尺寸在同一尺寸段时，公差等级数字越大，标准公差值就越大，公差带越宽，精确程度越低。其中 IT01～IT12 用于配合尺寸，IT13～IT18 用于非配合尺寸。

3. 基本偏差　上、下偏差中接近零线的那个偏差称为基本偏差，它用以确定公差带相对于零线的位置。

GB 1800—79 规定，基本偏差代号用拉丁字母表示，大写为孔，小写为轴，各 28 个，如图 12-50 所示。

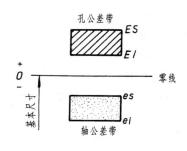

图 12-49　公差带图

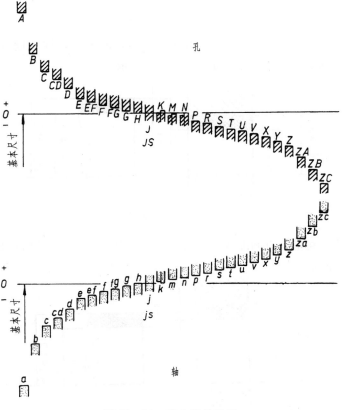

图 12-50　基本偏差系列

249

由图 12-50 可知，轴的基本偏差中，$a \sim h$ 为上偏差 es，且为负值，其中 h 的基本偏差为零。$i \sim zc$ 为下偏差 ei，其中 i 为负值，$k \sim zc$ 为正值。

孔的基本偏差中，$A \sim H$ 为下偏差 EI，且为正值，其中 H 的基本偏差为零。$J \sim ZC$ 为上偏差 ES，其中 J 为正值，$K \sim ZC$ 为负值。

JS 和 js 的公差带对零线对称分布，即其基本偏差认为是上偏差或下偏差都可以。

（三）配合

1. 定义　基本尺寸相同，互相结合的孔和轴的公差带之间的关系称为配合。

2. 分类

（1）间隙配合　具有间隙（包括最小间隙为零）的配合，称为间隙配合。间隙配合时，孔的公差带在轴的公差带之上，如图 12-51 所示。

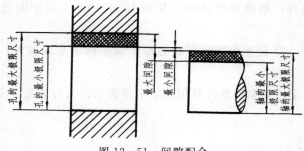

图 12-51　间隙配合

（2）过盈配合　具有过盈（包括最小过盈为零）的配合，称为过盈配合。过盈配合时，孔的公差带在轴的公差带之下，如图 12-52 所示。

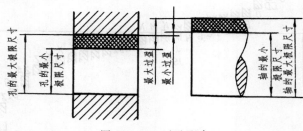

图 12-52　过盈配合

（3）过渡配合　可能具有间隙或过盈的配合，称为过渡配合。此时，孔、轴公差带相互交叠，如图 12-53 所示。

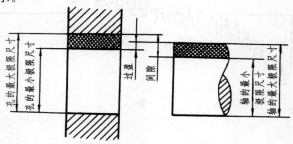

图 12-53　过渡配合

3. 基准制 形成各种不同的配合，有两种基本方法，即

（1）基孔制 基本偏差为一定的孔公差带，与不同基本偏差的轴的公差带形成各种配合的一种制度，称为基孔制，如图 12-54 所示。

基孔制的孔称为基准孔，代号 H，下偏差（基本偏差）为零。

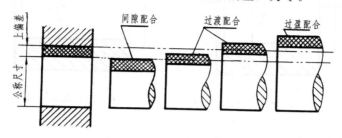

图 12-54 基孔制

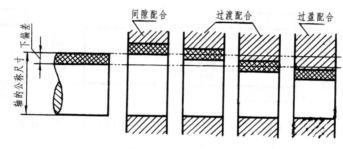

图 12-55 基轴制

（2）基轴制 基本偏差为一定的轴的公差带，与不同基本偏差的孔的公差带形成各种配合的一种制度，称为基轴制。

基轴制的轴称为基准轴，代号 h，上偏差（基本偏差）为零。

国标规定，在一般情况下，优先采用基孔制。

（四）公差配合标准

1. 装配图 在装配图中，标注形式为：

如图 12-56 中：$\phi 30 \dfrac{H7}{k6}$ 表示基本尺寸为 30 的基孔制过渡配合，基准孔的公差等级为 7 级，轴的公差等级为 6 级。

又如图 12-57 中：$\phi 50 \dfrac{G7}{k6}$ 表示基本尺寸为 50 的基轴制间隙配合，基准轴公差等级为 6 级，孔的公差等级为 7 级。

2. 零件图 在零件图中有三种标注形式。

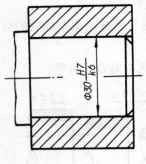
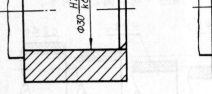
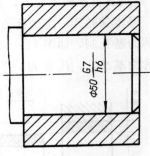

图 12-56　公差配合标注（一）　　　图 12-57　公差配合标注（二）

（1）标注基本尺寸和上、下偏差值，如图 12-58 所示。

（2）标注基本尺寸和公差带代号，如图 12-59 所示。

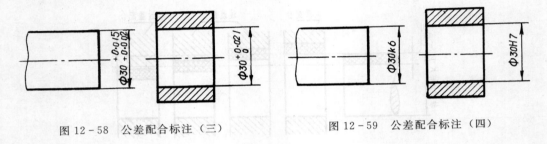

图 12-58　公差配合标注（三）　　　　　图 12-59　公差配合标注（四）

（3）在基本尺寸后面同时标注公差带代号和上、下偏差值，并将偏差值置于括号内，如图 12-60 所示。

3. 应注意的问题

（1）上偏差应注写在基本尺寸右上方，下偏差应与基本尺寸在同一底线上。偏差值单位亦为毫米。字号比基本尺寸数字小一号。

（2）上、下偏差的小数点及其后的位数均应对齐。

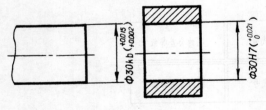

图 12-60　公差配合标注（五）

（3）当上偏差或下偏差为零时，应用数字"0"标出，不可省略，并与另一偏差小数点前的个位数对齐。

（4）当两个偏差的绝对值相同时，只需注写一次，并应在偏差值与基本尺寸之间注写符号"±"，且二者数字高度相同。

（5）在装配图中标注标准件、外购件（如轴承）与零件（如轴）的配合时，仅注相配零件（轴）的公差带代号。

（五）极限偏差表

轴和孔的极限偏差数值，可根据基本尺寸及公差带代号查阅极限偏差表而获得。

表 12-7 为轴的极限偏差表格摘录。

表 12-7   **轴 的 极 限 偏 差**

基本尺寸(mm) 大于	至	公差带(μm) f8	f9	g6	h6	h7	h8	js6	k6	k7	m6	n6	s7	r7
—	3	−6/−20	−6/−31	−2/−8	0/−6	0/−10	0/−14	±3	+6/0	+10/0	+8/+2	+10/+4	+24/+14	+20/+10
3	6	−10/−28	−10/−40	−4/−12	0/−8	0/−12	0/−18	±4	+9/+1	+13/+1	+12/+4	+16/+8	+31/+19	+27/+15
6	10	−13/−35	−13/−49	−5/−14	0/−9	0/−15	0/−22	±4.5	+10/+1	+16/+1	+15/+6	+19/+10	+38/+23	+34/+19
10	14	−16/−43	−16/−59	−6/−17	0/−11	0/−18	0/−27	±5.5	+12/+1	+19/+1	+18/+7	+23/+12	+46/+28	+41/+23
14	18													
18	24	−20/−53	−20/−72	−7/−20	0/−13	0/−21	0/−33	±6.5	+15/+2	+23/+2	+21/+8	+28/+15	+56/+35	+49/+28
24	30													
30	40	−25/−64	−25/−87	−9/−25	0/−16	0/−25	0/−39	±8	+18/+2	+27/+2	+25/+9	+33/+17	+68/+43	+59/+34
40	50													
50	65	−30/−76	−30/−104	−10/−29	0/−19	0/−30	0/−46	±9.5	+21/+2	+32/+2	+30/+11	+39/+20	+83/+53	+71/+41
65	80												+89/+59	+73/+43
80	100	−36/−90	−36/−123	−12/−34	0/−22	0/−35	0/−54	±11	+25/+3	+38/+3	+35/+13	+45/+23	+106/+71	+86/+51
100	120												+114/+79	+89/+54

表 12-8 为孔的极限偏差表格摘录。

例 试确定配合 $\phi 26\dfrac{H7}{r7}$ 中轴和孔的极限偏差值。

解

（1）查表 12-7 根据基本尺寸分段"24~30"、基本偏差为 r、公差等级为 7 级，得轴 $es=+0.049$mm，$ei=+0.028$mm。即

    轴：$\phi 26^{+0.049}_{+0.028}$

（2）查表 12-8 根据基本尺寸分段">24~30"、公差等级为 7 级的基准孔，得孔 $ES=+0.021$mm，$EI=0$。即

    孔：$\phi 26^{+0.021}_{\ \ \ \ 0}$

五、表 面 粗 糙 度

1. **基本概念** 零件经机械加工后，其表面上具有的较小间距和峰谷所组成的微观几何形状不平的程度，称为表面粗糙度。

表 12 - 8　　　　　　　孔 的 极 限 偏 差

基本尺寸(mm) 大于	至	公差带(μm) D9	F9	G7	H7	H8	H9	J7	J8	K7	K8	M7	N7	U8
—	3	+45/+20	+31/+6	+12/+2	+10/0	+14/0	+25/0	±4/-6	+6/-8	0/-10	0/-14	-2/-12	-4/-14	-18/-32
3	6	+60/+30	+40/+10	+16/+4	+12/0	+18/0	+30/0	—	+10/-8	+3/-9	+5/-13	0/-12	-4/-16	-23/-41
6	10	+76/+40	+49/+13	+20/+5	+15/0	+22/0	+36/0	+8/-7	+12/-10	+5/-10	+6/-16	0/-15	-4/-19	-28/-50
10	14	+93/+50	+59/+16	+24/+6	+18/0	+27/0	+43/0	+10/-8	+15/-12	+6/-12	+8/-19	0/-18	-5/-23	-33/-60
14	18													
18	24	+117/+65	+72/+20	+28/+7	+21/0	+33/0	+52/0	+12/-9	+20/-13	+6/-15	+10/-23	0/-21	-7/-28	-41/-74
24	30													-48/-81
30	40	+142/+80	+87/+25	+34/+9	+25/0	+39/0	+62/0	+14/-11	+24/-15	+7/-18	+12/-27	0/-25	-8/-33	-60/-99
40	50													-70/-109
50	65	+174/+100	+104/+30	+40/+10	+30/0	+46/0	+74/0	+18/-12	+28/-18	+8/-21	+14/-32	0/-30	-9/-39	-87/-133
65	80													-102/-148
80	100	+207/+120	+123/+36	+47/+12	+35/0	+54/0	+87/0	+22/-13	+34/-20	+10/-25	+36/-18	0/-35	-10/-45	-111/-146

表 12 - 9　　　　　　　表面粗糙度的符号及适用范围

符　号	意　义
	基本符号,单独使用这符号是没有意义的
	基本符号上加一短划,表示表面粗糙度是用去除材料的方法获得的。例如:车、铣、钻、磨等
	基本符号上加一小圆,表示表面粗糙度是用不去除材料的方法获得的。例如:铸、锻等

2. 评定参数　评定表面粗糙度的主要参数是加工表面轮廓的算术平均偏差 R_a (基本长度内被测轮廓各点至轮廓中线距离总和的平均值)。R_a 的具体数值视加工表面的不同要求而异。

代　号	意　义
$\overset{3.2}{\bigvee}$	用任何方法获得的表面，R_a 的最大允许值为 $3.2\mu\mathrm{m}$
$\overset{3.2}{\bigtriangledown}$	用去除材料方法获得的表面，R_a 的最大允许值为 $3.2\mu\mathrm{m}$
$\overset{3.2}{\bigvee\kern-0.6em\circ}$	用不去除材料方法获得的表面，R_a 的最大允许值为 $3.2\mu\mathrm{m}$

3. 代号　图样上表示表面粗糙度的代号包括表面粗糙度符号及 R_a 值两项。关于符号的规定见表 12-9。完整的表面粗糙度代号及含义见表 12-10。

4. 标注

（1）每一加工表面的粗糙度代号只标注一次。代号应注在可见轮廓线、尺寸线、尺寸界线或其延长线上。符号的尖端必须从材料外指向被注表面。代号中数字及符号的方向应如图 12-61 所示。

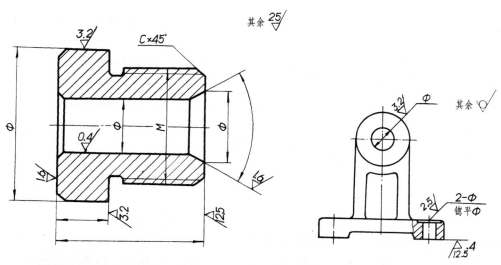

图 12-61　表面粗糙度代号的标注（一）　　　　图 12-62　表面粗糙度代号的标注（二）

（2）图中多处为相同的表面粗糙度要求时，可在图纸右上角统一标注代号，并加注"其余"二字，如图 12-62、图 12-63 所示。

（3）当图中所有零件表面均为同一表面粗糙度要求时，则在图纸右上角统一标注其代号，如图 12-64 所示。

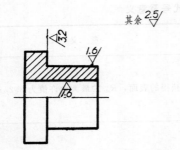
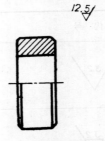

图 12-63　表面粗糙度代号的标注（三）　　图 12-64　表面粗糙度代号的标注（四）

（4）上述统一标注的符号及文字的高度应为图中符号及文字的 1.4 倍。

六、零件常用金属材料简介

制造零件的材料多为金属材料。在零件图中，零件材料填写在标题栏内"材料"一栏中。常用金属材料有：

1. 普通碳素钢　普通碳素钢中应用较多的为甲类钢，代号为 A。按机械性能的高低，甲类钢计有 A1～A7 等 7 个钢号，数字越大，钢的强度越高。数字后面加注"F"者为沸腾钢。各钢号应用举例见表 12-11。

表 12-11　　　　　　　　　　　　普通碳素钢的钢号及用途

钢　号	应　用　举　例
A1 A1F	机械中受轻载荷的零件、铆钉、螺钉、垫片、外壳及焊接件等
A2 A2F	受力不大的铆钉、螺钉、轴、凸轮及焊接件等
A3 A3F	螺栓、螺钉、螺母、拉杆、钩、连杆、轴及焊接件等
A4 A4F	机械中的一般零件，焊接性尚可
A5	重要的螺钉、拉杆、轴、销及齿轮，焊接性尚可
A6	承受大载荷的齿轮及轴，焊接性不够好
A7	承受大载荷的齿轮及轴，焊接性差

2. 优质碳素钢　与普通碳素钢相比，优质碳素钢含杂质较少，机械性能较高。其牌号以平均含碳量的万分之几表示，常用的有 35、45 等，数字越大，含碳量越高，强度及硬度越高，塑性越差。数字后面加化学元素符号"Mn"者为较高含锰量钢。铸钢件代号，系在钢号前加注"ZG"。常用优质碳素钢应用举例见表 12-12。

3. 灰铸铁　灰铸铁的含碳量比钢高（＞2.11％C），杂质多，强度较低，但其价廉，铸造性能好，故应用广泛。

256

表 12 - 12

表 12 - 12   常用优质碳素钢的钢号及用途

钢　号	用　途　举　例
20	塑性、焊接性好，用于制造轴套、螺栓、螺母等
35	曲轴、转轴、轴销、螺母、垫圈等
45	高强度中碳钢，一般经调质后使用。用于制造轴、齿轮、管接头、锁紧螺母等
65Mn	弹簧、弹簧垫圈等

灰铸铁的代号以汉语拼音字母"HT"，表示，字母后面 3 位数字表示最低抗拉强度。常用灰铸铁的牌号及用途见表 12 - 13。

表 12 - 13   常用灰铸铁的牌号及用途

牌　号	用　途　举　例
HT100	用于承受低载荷低磨损的零件，如盖、外罩等
HT150	用于承受中等载荷的零件，如端盖、轴承座等
HT200 HT250	用于承受较大载荷较重要的零件，如气缸、齿轮、衬套、床身等
HT300 HT350	用于承受高负荷的零件，如床身、机座、气缸体、齿轮等

七、零件图的识读

（一）读图步骤

（1）阅读标题栏，了解零件概貌。标题栏中载明零件的名称、材料、比例等。根据零件名称，可以推想零件类型及用途；根据比例可估计出零件实际大小；根据零件材料，大致可知其加工方法。

（2）看视图，想象零件形状。首先分析表达方案，即采用了几个视图，是外形视图还是剖视图，剖视图的剖切位置及投影方向如何，有无规定画法，等等。通过分析，了解各视图彼此之间的内在联系。然后应用形体分析、线面分析等读图方法，先整体后局部，先主要部分后次要部分，由表及里依次读懂零件各组成部分的形状，进而想象出零件的整体结构。

（3）看尺寸标注，明确各部分大小。分析尺寸基准，分清各类尺寸，在读懂视图的基础上，进一步弄清零件各部分的大小及相对位置。

（4）看技术要求，掌握质量指标。根据图上所规定的各加工表面的粗糙度要求及尺寸公差，明确加工测量方法，确保零件各项质量指标的实现。

例　识读图 12 - 65 所示滚轮支架零件图。

解

（1）阅读标题栏　标题栏中载明，该零件名称为滚轮支架（属支架类零件），其作用是支承轴及轴上滚轮，并由螺栓与底座相连，材料为灰铸铁，说明毛坯为铸件，再经切削加工而得成品。

（2）分析视图 滚轮支架零件图共采用三个基本视图，即主视图、俯视图和左视图。主视图中用局部剖表达 2-φ8.8 孔的轮廓，左视图采用全剖视图，使 φ12 孔及螺孔的轮廓成为可见，其中内螺纹及肋板均采用了规定画法，重合剖面则表达了肋板的剖面形状。主视图和俯视图中均有过渡线出现。

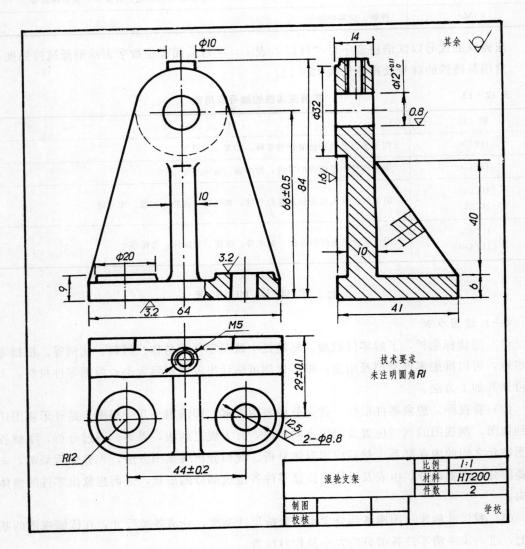

图 12-65 滚轮架

视图表达方案搞清楚后，采用形体分析法可进一步想象出该零件的空间形状。从左视图着手，将其分为三个线框，并根据投影规律找出其对应投影。运用读图知识，不难看出，该零件由三部分组成：带圆角的长方形底板，其上左右对称分布两个 φ8.8 光孔，钻孔部位采用凸台结构，减少加工面，工艺上合理；圆弧头竖板，其上的 φ12 钻孔用以支承滚轮轴，$\phi10$ 凸台系为加工紧固螺钉孔所设；三角形肋板，提高了零件的刚度。由主、左视图可知，上述三部分的位置关系是：底板在下，竖板在其后上方，肋板居前，左右居中。

（3）分析尺寸及技术要求：

1）尺寸分析　滚轮支架长度尺寸以零件的对称轴线为基准，宽度尺寸以零件后表面为基准，高度尺寸以底面为基准。三类尺寸齐全。

2）技术要求　该零件上有三处重要尺寸均规定了尺寸公差。这三处是：与底座相连螺栓孔（2－$\phi8.8$）中心距，与滚轮轴相配 $\phi12$ 孔的直径及该孔轴线与底面的距离。作此规定，保证了零件的使用性能。

关于表面粗糙度要求，加工表面中要求最高是配合表面 $\phi12$ 孔表面（0.8），其次为摩擦表面 $\phi32$ 后表面（1.6）及底面（3.2）无连接关系的表面（如筋板表面）则不经切削加工。

（4）总结：综合上述分析，树立该零件的完整形象（作用、结构、尺寸、技术要求），该零件图识读工作，结束。

第五节　装　配　图

表示一部完整的机器或机器部件（统称装配体）的装配关系和工作原理的图样，称为装配图。

图 12-66 所示为滚轮架的轴测图。滚轮架是支承传送带的常用部件。它由底座、滚轮支架、轴、滚轮、衬套等组成。工作时，随着传送带移动，滚轮连同衬套绕轴转动，为了向摩擦表面注入润滑油，轴心开有注油孔。

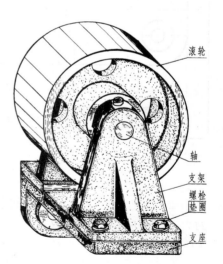

图 12-66　滚轮架

一、装配图的内容

（一）视图

装配图中的视图的作用是表示装配体的装配关系和工作原理。由于零件加工依据的不是装配图，而是零件图，所以装配图不必将所有零件的形状都表达清楚。在选择视图时，不应忽视这一点，以免视图数量过多。

零件的各种表达方法，如视图、剖视、剖面等都可以用来表达装配体的内外结构。由于装配体一般都有壳体，多数零件位于机壳内，装配图更经常的采用剖视图。

在装配图的各视图中，重要的是主视图，它较多地表达装配体的主要结构。一般应按工作位置放置或将其放正，以最能表达零件间的装配关系、工作原理、传动路线的视图作为主视图。

主视图尚不足以表达装配体的主要装配关系时，可选用其他视图或剖视图。

（二）尺寸

装配图中标注尺寸是为了表明装配体的性能、零件间的装配要求和机器与基础的连接关系。因此，装配图中应标注下列尺寸：

1. 特征尺寸　表示装配体性能和规格的尺寸。如图 12-67 中滚轮直径"$\phi 100$"。

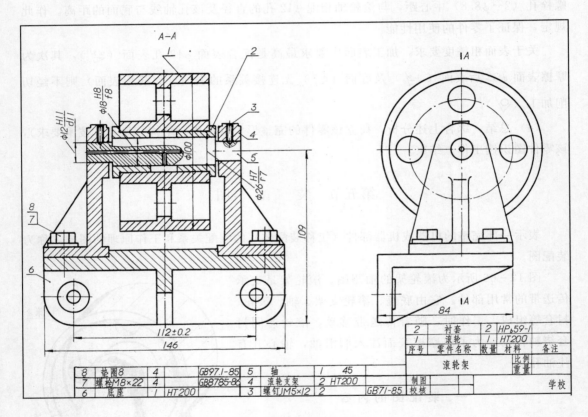

图 12-67　滚轮架装配图

2. 装配尺寸　表示零件间装配性质或相对位置的尺寸，如图 12-67 中的"$\phi 26 \frac{H7}{r7}$"、"$18 \frac{H8}{f8}$"、"$\phi 12 \frac{H11}{d11}$"。

3. 安装尺寸　表示部件或机器与机体或基础连接关系的尺寸，如图 12-67 中的"112 ± 0.2"。

4. 外形尺寸　表示装配体外形轮廓的尺寸，如图 12-67 中的"146"、"84"、"109"。

（三）技术要求

装配体的技术要求一般包括装配要求、检验要求和使用要求等，应视具体情况将以上全部或部分内容注写于装配图中。

260

（四）零件序号、明细表、标题栏

装配图也必须有标题栏，其作用与零件图的标题栏类似。

装配图中还需将装配体的所有零件编号，并绘制零件明细表，在明细表中注明各零件的序号、名称、数量、材料等项内容，以便生产管理和备料。

编写零件序号时，应遵守国家标准的有关规定：

（1）装配图上所有零件均需编号，相同零件只编一个序号，并应与明细表中的序号一致。

（2）零件序号和所指零件间用指引线（细实线）相连接，指引线应自零件可见轮廓内引出，并在末端画一圆点。指引线外端通常画一横线（细实线）以填写序号，如图 12-68 所示。

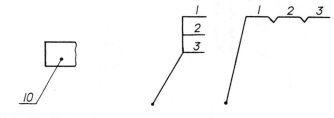

图 12-68　序号表示法　　　　图 12-69　公共指引线

螺纹连接件及装配关系清楚的零件组，可采用公共指引线，如图 12-69。

（3）指引线不能互相交叉。指引线通过剖面线区域时，应避免与剖面线平行。

（4）序号在图纸上应按水平或垂直方向排列整齐，并按顺时针或逆时针方向依次排列。

填写明细表时，序号应自下而上顺序填写，以便一旦发现有漏编的序号时可随时补填。

对于标准件，在明细表中"名称"栏内注出其规格尺寸，在"备注"栏内注出它的标准号。

二、装配图的画法特点

（一）基本规定

本章第二节所讲的螺纹连接装配图画法中，关于相邻零件轮廓线、剖面线的方向及间隔、实心杆件在剖视图中的表示方法等规定，同样适用于装配图。

（二）特殊画法

1. 简化画法　对重复出现的螺栓、螺母、垫圈等规格相同的零件，可只在一个视图或剖视图中画出其中的一个，其他省略不画。但需用点划线标明其位置，如图 12-70 中的轴承盖连接螺钉。滚动轴承也可采用图 12-70 中的简化画法。

2. 夸大画法　零件间的小间隙或薄垫片，为表达清楚，可不按比例而适当放大画出。图 12-70 中轴承盖连接螺钉与盖上孔的间隙就采用了夸大画法。

3. 拆卸画法　在装配图的某个视图上，当某些零件遮住了所需表示的其他结构或装配关系，而这些零件在其他视图中又已得到表达时，则可假想拆去该零件后画图，将被遮住的结构或装配关系显示出来。

4. 假想画法　表示运动件的极限位置，或与装配体有关而又不属于此装配体的零件，

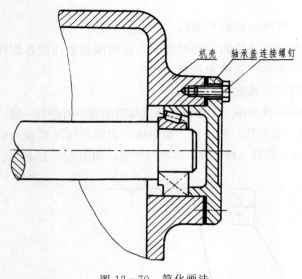

图 12-70 简化画法

可用双点划线画出其轮廓。

三、装配图的识读

由于装配图涉及多个零件，装配关系复杂，读图更应按一定的方法步骤进行，现以图 12-67 为例介绍识读装配图的基本方法。

（一）概括了解

从标题栏中，首先了解装配体的名称、功用。再阅读零件明细表，了解组成装配体的各零件的概况。滚轮架由八个不同规格的零件装配而成，其中有三个为标准件，不属读图重点。

（二）分析视图

图 12-67 共采用两个基本视图。主视图为全剖视图，重点表达零件间的装配关系，左视图着重表达外形。

（三）分析零件

分析零件的目的是为了弄清各零件间的装配关系及装配体的工作原理，是识读装配图的一项基本工作。

分析零件的方法是从主要零件着手。滚轮架的主要零件是滚轮，从零件明细表中查得其编号为1，循着序号指引线，找出该零件在主视图中的剖面轮廓，结合左视图，可看出它的大致形状、结构。再根据滚轮的支承、滚轮与轴的联结、轴的支承、滚轮架与底座的连接等问题，逐步扩大读图范围，结合装配图画法的基本规定，将各零件在相关视图中的位置和轮廓区分清楚。

（四）分析零件间的装配连接关系

划清各零件的轮廓后，还需仔细研究各相关零件间的连接方式和装配性质。

如图 12-67 所示，滚轮与衬套采用过盈配合，工作中一起转动。衬套与轴采用间隙配合，使润滑油可进入摩擦表面。滚轮支架与底座，底座与机体的连接尺寸规定了相应的尺寸公差，是为了保证连接及安装的顺利进行。

（五）总结

将上述读图成果围绕下列问题加以归纳、综合。

（1）装配体由哪些零件组成，在结构上是如何保证装配体正常工作的？

（2）装配体中各零件如何进行拆装？

（3）装配图在表达装配体的工作原理和装配关系方面，视图选择是否得当？有无更好的表达方案？

第十三章 计算机绘图

第一节 概 述

随着科学技术的飞速发展，依靠手工绘图的工艺已经远远不能适应图样高精度、高速度的要求。而计算机和数控技术的发展，使自动化绘图成为现实。20世纪50年代初期，根据数控机床的原理，发明了第一台平板式绘图机。随后光笔图形显示器、图数转换器等设备的发展和生产，更有力地促进了计算机绘图技术的不断完善，计算机辅助设计的技术得到了发展，已成为计算机科学中的一个重要分支。目前已在航空、造船、建筑、测绘、气象等部门得到了广泛地应用。

一、计算机绘图系统

计算机绘图系统包括硬件（设备）和软件（程序）两部分组成。

（一）硬件（设备）

包括有主机、输入设备和输出设备等。图13-1所示为 APPLE II 和 FWX4675 计算机绘图系统的设备。

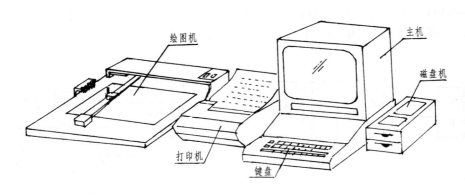

图 13-1 计算机绘图系统设备

1. 主机 由运算器、控制器、内存贮器三部分组成。它的任务是对输入的程序、数据、命令进行处理、运算，形成一组一组的数据输出，并控制和协调各外部设备的正常工作。

2. 输入设备 有键盘、磁盘机等，其功能是将源程序、数据、命令输入计算机。

3. 输出设备 包括打印机、显示器、磁盘机和绘图机等。

打印机 在纸上打印出程序清单、运算结果和图形等。

显示器 在荧光屏上显示出程序、图形等。

磁盘机　用来存贮程序和数据等。

绘图机　在图纸上绘制出精确的图形、字符、数字等。

图 13-2 框图表示计算机绘图系统的工作关系。

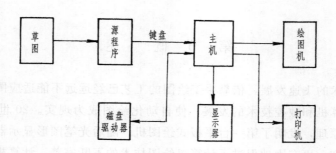

图 13-2　计算机绘图系统的工作关系

（二）绘图软件

软件是各种程序的总称，绘图软件有基本绘图程序、功能绘图程序和应用绘图程序。目前多数绘图机都配有前二级功能。应用程序用户可根据需要进行设计。绘图程序一般用计算机高级语言（如 BASIC、FORTRAN、ALGOL 等）编写。

二、绘图机工作原理

绘图机绘图的过程，也就是绘图笔和图纸之间产生相对运动的过程。当计算机向绘图机的驱动部件发出一个走步信息后，驱动部件就带动绘图笔（或图纸）移动一个步距（图13-3）。绘图机的步距一般在 $0.1 \sim 0.02$ mm 之间，步距越小，绘图机的精度也越高。

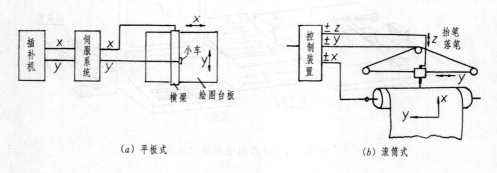

（a）平板式　　　　　　　　　　　　（b）滚筒式

图 13-3　绘图机绘图过程

绘图机的走步方向一般有 $+X$、$-X$、$+Y$、$-Y$、$+X+Y$、$+X-Y$、$-X-Y$、$-X+Y$ 等 8 个方向，如图 13-4 所示。但多数绘图机只提供 4 个基本走步方向，即 $+X$、$-X$、$+Y$、$-Y$。而绘其他方向的线段时，绘图机仍是用这 4 个基本方向的走步"逼近"所要画的线段，由若干个微小直线段构成的折线来代替，如图 13-5。由于绘图机的步距很小，所以肉眼看去线段仍是光滑的。

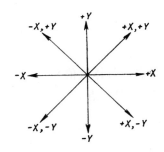

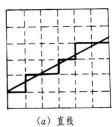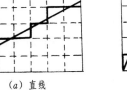

(a) 直线　　　　　　　　(b) 曲线

图 13-4　绘图机的 8 个走步方向　　　图 13-5　绘图机 4 个基本走步方向画线方法

第二节　绘图机绘图

一、FWX4675 绘图机的性能

FWX4675 绘图机的绘图幅面是 $345mm \times 260mm$，步距是 $0.1mm/$脉冲，绘图速度 $50mm/s$，具有 13 条绘图指令，配有 6 支彩色绘图笔。具有画实线、虚线、字符、坐标轴等功能。

绝对坐标原点位于绘图台板的左下角，X 坐标轴的正方向朝右，Y 坐标轴的正方向朝上，坐标值单位为步长（$0.1mm$），其 X 坐标值不大于 3450，Y 坐标值不大于 2600，如图 13-6 所示。

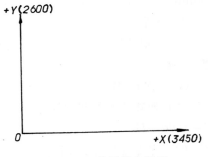

图 13-6　绘图机坐标系

二、绘图指令

（一）绘图指令符及功能（表 13-1）

表 13-1　　　　　　　　　　　　　绘图指令符及功能

指令符	功　　　能
D	绝对画线，从目前笔位到由绝对坐标设定的点
I	相对画线，从目前笔位到由相对坐标设定的点
M	绝对移笔，抬笔移动到由绝对坐标设点的点
R	相对移笔，抬笔移动到由相对坐标设定的点
L	线型格式，"L_P" P=0 画实线，P=1 画虚线
B	虚线间隙，"B_l"（间隙 $0.1 < l \leqslant 12.7mm$）
X	画坐标轴，"$X_{P,q,r}$" P=0 画 X 轴，P=1 画 Y 轴，q 为两刻度值所夹线段长度，r 为轴的刻度分格数
H	返回原点，抬笔到绘图机的原点
S	字符大小，"S_n" n=0～15（$0.7mm \times 0.4mm$ 的 1 到 16 倍）
Q	字符方向，"Q_n" n=0、1、2、3（字符分别旋转 $0°$、$90°$、$180°$、$270°$）
P	画 ASCⅡ 码字符
N	画机内配置的专用符号
J	自动选笔，"J_n" n=1～6（分别为 1～6 号笔）

（二）指令书写格式举例

1. 绘图指令 D

格式　①PRINT "DX1，Y1"（X1、Y1 是具体数值）

　　　②PRINT "D"；X1；"，"；Y1（X1、Y1 是变量名或具体数值）

功能　表示绘图笔从当前位置按绝对坐标画直线到（X1、Y1）点。

2. 绘图指令 M

格式　①PRINT "MX1，Y1"（X1、Y1 是具体数值）

　　　②PRINT "M"；X1；"，"；Y1（X1、Y1 是变量名或具体数值）

功能　表示绘图笔从当前位置按绝对坐标抬笔到（X1、Y1）点。

其他指令的书写格式将在以后图形编程举例中介绍。

三、图 形 编 程

（一）矩形的绘图程序

如图 13-7 已知矩形 A（10，10），长 W = 150mm，宽 H = 80mm

1. 分析

（1）根据 A 点的坐标和矩形长、宽，计算：

$X2 = X1 + W$　$Y2 = Y1 + H$

（2）换算成绘图机坐标：A（100，100），$W = 1500$，$H = 800$

（3）先令绘图笔返回原点。使 M 命令抬

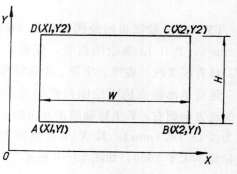

图 13-7　矩形编程

笔至 A 点，再用 D 命令画 A→B→C→D→A 的矩形。最后抬笔返回原点，程序结束。

2. 编制绘图程序

```
10   PRINT "H"                                         返回原点
20   READX1，Y1，W，H
25   DATA 100，100，1500，800                          提供绘图参数
30   LETX2=X1+W：Y2=Y1+H
40   PRINT "M"；X1；"，"；Y1  抬笔到 A 点
45   PRINT "D"；X2；"，"；Y1；绘制矩形
     "，"；X2；"，"；Y2；"，"；X1；"，"；
     Y2；"，"；X1；"，"；Y1
50   PRINT "H"                      抬笔返回原点
55   PR#0                           切断绘图机指令
60   END                           程序结束
```

（二）圆的绘图程序

编写图 13-8 所示圆心坐标为（XC，YC）半径为 R 的圆的绘图程序。

1. 分析

（1）当圆心坐标为（XC，YC），半径为 R 时，其圆周上任一点的坐标表达式：

$$X = XC + R\cos T$$

$$Y = YC + R\sin T \quad (0 \leqslant T \leqslant 2\pi)$$

（2）将圆周 N 等分，即得 M_0、M_1、…、N_n 各点，其中 M_n 和 M_0 重合。如用上述坐标表达式计算出各等分点的 X，Y 坐标值，再用"D"命令依次画出线段 M_0M_1、M_1M_2、…、M_{n-1}

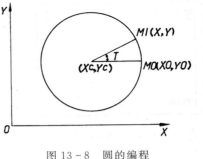

图 13-8 圆的编程

M_n，这些线段围成一个正多边形，当 T 很小时，则可以直代曲，用这个圆内接正多边形代替圆。

2. 编制绘图程序

```
10    INPUTXC，YC，R，N              用键盘输入变量值
20    T＝360/N ＊ 0.01745            化为弧度
25    X0＝INT、(XC＋R)；Y0＝INT、(YC)  计算 M₀ 点坐标
30    PRINT "H"                      绘图笔返回原点
35    PRINT "M"；X0；"，"；Y0          抬笔到 M₀ 点
40    FORI＝1TON                     为一循环体，
45    T1＝I ＊ T                       完成 N 次坐标
50    X＝INT、(R ＊ cos (T1) ＋XC＋0.5)  值计算，并绘
55    Y＝INT、(R ＊ sin (T1) ＋YC＋0.5)  制 N 条线段
60    PRINT "D"；X；"，"；Y
65    NEXTI
70    PR1NT、"H"；PR♯0
80    END
```

注　当 N 值小于 60 时，即 $T > 6°$，则画出的图形是正多边形，N 就是其边数。

第三节　图　形　显　示

一、APPLE-Ⅱ 荧屏显示器

荧屏显示器是计算机输出的一种设备，它能将计算机正在处理或已处理了的数据、字符或图形在荧屏上显示出来。图形显示是由色块（或色点）在荧屏上连接成图形。显示的方式有两种。

（一）低分辨率图形显示

荧屏作为一个直角坐标面，它的原点在屏幕的左上角，X 轴沿顶端一行向右（0～39）；Y 轴沿着左边一列向下（0～47）。因此，整个屏幕被划成 40 列、48 行，可显示

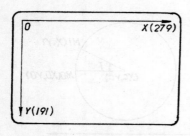

图 13-9　高分辨率屏幕坐标

40×48＝1920 个色块。由于色块较大图形清晰度较低，所以只适用于绘简单图形。其绘图语句为 "GR"。

（二）高分辨率图形显示

高分辨率屏幕原点（0，0）在左上角，X 轴正方向朝右（0～279），Y 轴正方向朝下（0～191），如图。13-9。整个屏幕 192 行 280 列，能把屏幕区分为 280×192＝53760 个色点。由于屏幕的分辨率高，因此显示的图形清晰度较高。

二、APPLE-Ⅱ屏幕绘图语句

（一）进入高分辨率图形方式的命令

格式　　［行号］HGR。

功能　　清除屏幕，进入高分辨率图形第 1 页和图文混合方式。下部 4 行供文本显示。图形的 Y 轴最大坐标值为 159。

格式　　［行号］HGR2。

功能　　清除屏幕，进入高分辨率图形第 2 页全屏幕图形显示。

（二）置颜色语句

格式　　［行号］HCOLOR＝颜色号。

颜色号取 0～7 整数如表 13-2。

表 13-2　　　　　　　　　　　　　　颜　色　号

色　号	0	1	2	3	4	5	6	7
颜　色	黑	绿·	紫·	白	黑	橙·	蓝·	白

注　带 "·" 号者，要依据所用显示器而定。

（三）显示图形语句

1. 格式　　［行号］HPLOT、X，Y。用最近一次设定的颜色，在屏幕的（X，Y）处显示一亮点。

2. 格式　　［行号］HPLCT TOX，Y。从当前位置亮点到另一点（X，Y）显示出一直线段。

3. 格式　　［行号］HPLOT、X1，Y1T0X2，Y2。在（X1，Y1）到（X2，Y2）之间显示一直线段。

4. 格式　　［行号］HPLOT、X1，Y1TOX2，Y2TOX3，Y3。从（X1，Y1）到（X2，Y2）显示一条直线段，接着从（X2，Y2）到（X3，Y3）再显示一条直线段。

三、高分辨率图形显示程序编制

（一）直线段的显示程序

如图 13-10 已知线段 A（10，10），B（130，80），其高分辨率图形显示程序如下。

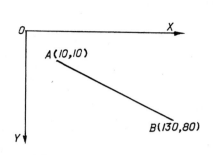

图 13－10　显示 AB 直线段

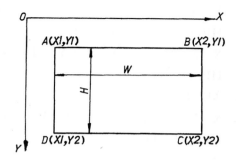

图 13－11　显示矩形 ABCD

5　HGR2　　　　　　　　执行全屏幕显示

10　HCOLOR＝3　　　　　选定颜色——白

15　HPLOT 10，10 TO 130，80.　　从 A 点到 B 点显示一直线段。

20　END　　　　　　　　程序结束

（二）矩形的显示程序

如图 13－11 已知矩形 A(20，20)，W＝200，H＝120，其高分辨率图形显示程序如下。

5　HGR

10　HCOLOR＝3

15　READ X1，Y1，W，H

20　X2＝X1＋W：Y2＝Y1＋H

3O　HPLOT X1，Y1 TO X2，Y1 TO X2，Y2 TO X1，Y2 TO X1，Y1

35　DATA 20，20，200，120

40　END

（三）子程序

在绘图时将常用的图线、几何图形等编成一个独立的有通用性的程序，这种程序称为子程序。调用子程序而本身不被调用的程序，称为主程序。

主程序中转子语句的格式

〔行号〕　GOSUB 行号 后面行号是子程序的首行号。即去调用那个子程序。

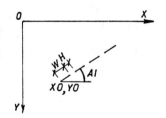

图 13－12　虚线

子程序中返回语句的格式

〔行号〕　RETURN 写在子程序的最后一个语句。继续执行主程序。

1. 虚线的子程序（图 13－12）

300　REM

305　HPLOT X0，Y0

310　Q＝AI＊0.01745

315　FOR J＝1 TON

320　X＝X0＋(W＊J＋H＊(J－1))＊cos(Q)：

$$Y = Y0 - (W * J + H * (J-1)) * \sin(Q)$$

```
325  HPLOT TO X,Y
330  X=X+H*cos(Q):Y=Y-H*sin(Q)
335  HPLOT X,Y
340  NEXT J
345  X=X+W*cos(Q):Y=Y-W*sin(Q)
350  HPLOT TO X,Y
355  RETURN
```

2. 点划线的子程序(图 13-13)

```
400  REM
405  HPLOT X0,Y0
410  Q=AI*0.01745
415  J=1 TON
420  X=X0+(W*J+3*H*(J-1))*cos(Q):
     Y=Y0-(W*J+3*H*(J-1))*sin(Q)
425  HPLOT TO X,Y
430  X=X+H*cos(Q):Y=Y-H*sin(Q)
435  HPLOT X,Y
440  X=X+H*cos(Q):Y=Y-H*sin(Q)
445  HPLOT TO X,Y
450  X=X+H*cos(Q):Y=Y-H*sin(Q)
455  HPLOT X,Y
460  NEXT J
465  X=X+W*cos(Q):Y=Y-W*sin(Q)
470  HPLOT TO X,Y
475  RETURN
```

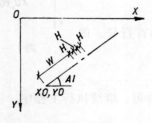

图 13-13 点划线

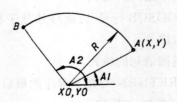

图 13-14 圆、圆弧

3. 圆（或正多边形）、圆弧的子程序（图 13-14）

```
500  REM
505  Q1=A1*0.01745:Q2=A2*0.01745
510  X=X0+R*cos(Q1):Y=Y0-R*sin(Q1)
```

270

515　HPLOT X,Y

520　DT＝(Q2－Q1)/N

530　FORK＝1 TON

540　X＝X0＋R＊cos(Q1＋K＊DT)：
　　　Y＝Y0－R＊sin(Q1＋K＊DT)

545　HPLOT TO X,Y

555　NEXT K

560　RETURN

（四）编写如图 13-15 所示闸墩三视图的主程序

1. 分析　闸墩三视图由直线段、矩形和圆弧组成，有实线、虚线、点划线三种线型。

2. 显示程序　见表 13-3。

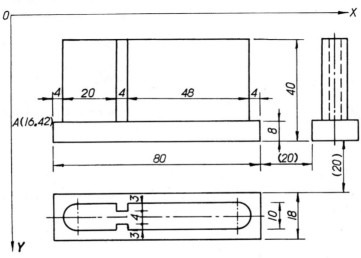

图 13-15　闸墩三视图

表 13-3

语　句	解　释
10　HGR：HCOL0R-3	微机显示图形命令
20　DIM X（50），Y（50），W（12），H（12） 22　DIM R（10），A1（10），A2（10），N（6）	分配 X，Y 等数据存贮单元，所需用数组
25　FOR I＝1 TO 20 30　READ X（I），Y（I） 35　NEXTI 40　FOR I＝1 TO 10 45　HPLOT X（2＊1-1），Y（2＊I-1） 　　　 TOX（2＊I），Y（2＊I） 50　NEXT I 60　DATA 25，74，40，74，40，74，40，77，40，77， 　　　 44，77，44，77，44，74，44，74，87，74 65　DATA 25，84，40，84，40，84，40，81，40，81， 　　　 44，81，44，81，44，84，44，84，87，84	输入 X，Y 数据，用循环语句给出 10 条线段 （a）

271

语　句	解　释
70　FOR I＝1 TO 6 75　READ X (I), Y (I), W (I), H (I) 80　NEXT I 85　FOR I＝1 TO 6 90　X1＝X (I)：Y1＝Y (I)：W＝W (I)：H＝H (I) 95　X2＝X1＋W：Y2＝Y1＋H 100　HPLOT X1, Y1 TO X2, Y1 TO X2, Y2 　　TO X1, Y2 TO X1, Y1 105　NEXT I 110　DATA 16, 42, 80, 8, 20, 10, 72, 32, 40, 10, 4, 　　32, 1 6, 70, 80, 18, 116, 42, 18, 8, 120, 　　10, 10, 32	给矩形参数 X，Y，W，H 赋值，再用循环语句绘出六个矩形线框 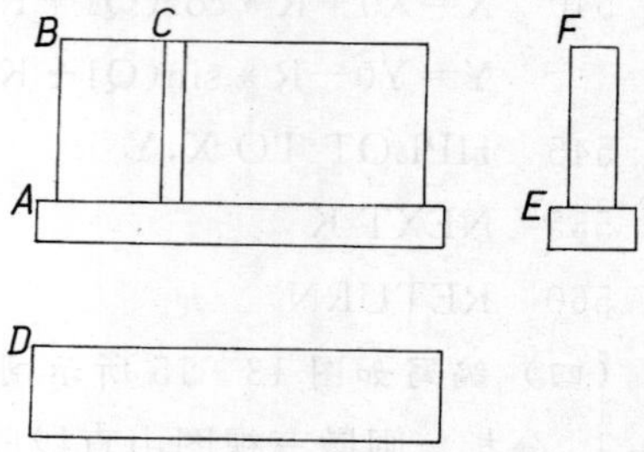 (b)
112　N＝90 115　FOR I＝1 TO 2 118　READ XO, YO, R, A1, A2, N 120　GOSOB 500 125　NEXT I 130　DATA 25, 79, 5, 90, 270, 30, 87, 79, 5270, 90, 30	给圆的子程序参数 XO，YO，R，A1，A2 赋值，再用循环语句绘出二个半圆弧 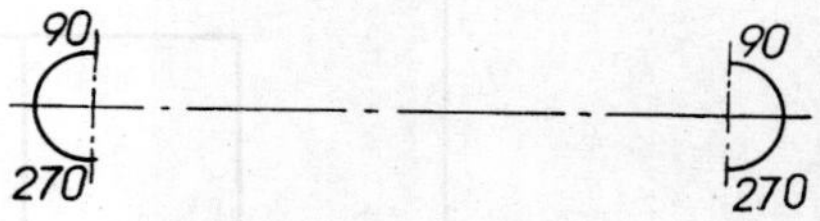 (c)
135　FOR I＝1 TO 2 140　READ XO, YO, A1, W, H, N 145　GOSOB 300 148　NEXT I 150　DATA 123, 42, 90, 3, 1, 7, 127, 42, 90, 3, 1, 7	用虚线子程序绘出左视图中两条虚线
155　FOR I＝1 TO 4 160　READ XO, YO, A1, W, H, N 165　GOSUB 400 170　NEXT I 175　DATA 13, 79, 0, 16, 1, 4, 25, 87, 90, 16, 0, 1, 　　87, 87, 90, 16, 0, 1, 125, 53, 90, 14, 1, 2	用点划线子程序绘出四条点划线
180　END	程序结束

图书在版编目（CIP）数据

工程制图/杨昌龄主编 . —3 版 . —北京：中国水利水电
出版社，2007（2021.7 重印）
中等专业学校教材
ISBN 978 - 7 - 80124 - 361 - 4

Ⅰ . 工⋯　Ⅱ . 杨⋯　Ⅲ . 工程制图-专业学校-教材
Ⅳ . TB23

中国版本图书馆 CIP 数据核字（2007）第 122747 号

中 等 专 业 学 校 教 材
工　程　制　图
（第三版）
江苏省扬州水利学校　杨昌龄　主编

＊

中国水利水电出版社
（原水利电力出版社）　出版、发行

（北京市海淀区玉渊潭南路 1 号 D 座　100038）
网址：www. waterpub. com. cn
E - mail：sales@ waterpub. com. cn
电话：（010）68367658（营销中心）
北京科水图书销售中心（零售）
电话：（010）88383994、63202643、68545874
全国各地新华书店和相关出版物销售网点经售
北京印匠彩色印刷有限公司

＊

184mm×260mm　16 开本　17.75 印张　409 千字
1978 年 12 月第 1 版　1978 年 12 月第 1 次印刷
1985 年 8 月第 2 版
1991 年 10 月第 3 版　2021 年 7 月第 26 次印刷
印数 243231—245730 册
ISBN 978-7-80124-361-4
（原 ISBN 7-120-01350-5/TV・471）
定价 **54.00** 元

ISBN 978-7-80124-361-4

0 4>

9 787801 243614

定价: 54.00 元